卷首语
Prologue

　　1851 年，世博会在英国伦敦诞生，从此它成为记录人类工业和科技进程的盛会，成为国际舞台上重要事件。时值 2015 年米兰世博会召开，这一国际盛事再次吸引国人目光，同时，也引发对 2010 年上海世博会后利用的关注。

　　经历五年高速发展，上海世博园区已成为撬动上海新一轮城市转型发展的动力。与国际经验不同，上海世博会从开始整体策划阶段就关注了后续开发利用问题，在世博会结束后便悄然开始转型，目前建设已初具规模，在开发模式、设计、建造等多方面都体现出上海城市转型发展思路。

　　当世博会的宗旨从"展示"转变为"思考"后，就意味着它不再仅仅是一场嘉年华似的聚会。在一场宏大的事件之后，世博会如何利用事件效应，如何对场址的后续利用和发展进行综合考虑，以及其后对城市带来的影响才是更为大众所关注的。《世博回望：聚焦上海后世博开发》关注 2010 年上海世博会闭幕后整体园区再利用情况，主题部分的开篇从 2010 年世博总规划师吴志强教授和 2015 年米兰世博会总体规划协调人博埃里教授共同致巴黎国际展览局的一封信开始，信中主要阐述了对世博会后利用的建议，引出话题。

　　主题部分从大事件对城市影响、区域开发、后世博单体建筑利用评估等角度展开研究，邀请各方专家从大事件对城市发展影响、历届世博会比较、区域发展、建筑利用后评估等层面进行阐述。对世博园区项目进行全面、详实记录，从永久性建筑后续利用、老场馆建筑改建设计、新建建筑设计理念三个角度记录了包括文化中心、世博中心、世博展览馆、中华艺术宫、

儿童艺术剧场、当代艺术博物馆、世博 A 片区中央商务区建筑群、世博 B 片区央企总部区建筑群、上海世博会博物馆云厅等近 30 个项目的开发、规划、建筑单体设计、建设情况，呈现全景式思考。在"人物"栏目采访了上海世博会总规划师吴志强、上海世博会总建筑师沈迪，分享其世博理念、上海世博经历及其后世博人生。

　　华东建筑集团股份有限公司于 10 月 30 日正式上市，专设"上市报道"专题进行报道，以此契机，邀请包括业内外相关人士共话设计企业上市话题。

　　"空间创作"刊登了包括江苏建筑职业技术学院图书馆、玉树州行政中心、上海四行仓库保护及复原设计、万华城工业化住宅适老样板房等富有创意、具有较高完成度的项目。

　　"全球热点"聚焦米兰 2015 年世博会展馆建筑，介绍其体验性互动的设计特点。

　　"跨界"以精彩的产品设计拓展设计的理念，丰富读者的感受。"评论派"中对未来设计工作方式、商业资本与设计的关系等行业热点话题展开评论，观点犀利，读来有趣。"专题"报道了时代建筑在意大利米兰举办的国际学术研讨会。"动态"报道了现代设计集团选派员工赴美游学后的心得体会，以及其他振奋人心的最新行业动态，是行业内很好的互动交流平台。

　　在此特别感谢现代设计集团上海建筑设计研究院有限公司院长刘恩芳女士担任本期客座主编。

上海现代建筑设计（集团）有限公司 副总裁
沈立东

Since the first World Expo in London in 1851, it became an important event to record the process of human industry and technology. During Milan 2015 World Expo, this international event attracts our attention again. In the mean time, it also raises concerns about the post-use of the 2010 Shanghai World Expo Park.

After five-year high speed development, Shanghai World Expo Park has become new power of the new round of urban transformation development in Shanghai. Different from the international experience, the post-use of Expo Park was taken into account early in planning stages. Therefore, the post constructions have taken shape immediately when the Expo ended, reflecting the thoughts on urban transformation of Shanghai in many aspects, such as development mode, design and construction etc.

When the purpose of World Expo turns into thinking rather than exhibition, it means the Expo is not only a carnival, but a public concern on how to use the Expo Park and how does it affect the city. "Looking back: Focus on the post-use of Shanghai World Expo" focuses on the post-use of Expo park after 2010 comprehensively. It begins from a letter to BIE, written by the chief planner of 2010 Shanghai World Expo, Prof. WU Zhiqiang and the chief planning coordinator of 2015 Milan World Expo, Prof. Stefano BOERI. The letter raises several suggestions about the utilization of World Expo, and leads to the topic.

The topic begins to study the effect of social events on urban development, regional development, and post-evaluation of individual buildings. Experts were invited to discuss from different aspects, including effect of social events on urban development, comparisons of previous World Expo, regional development, and post-occupancy evaluation. It also elaborates this subject from almost 30 projects, including Mercedes-Benz Arena, Theme Pavilion of Shanghai World Expo, Shanghai Expo Centre, China Art Museum, Children's Art

Theatre, Power Station of Art, buildings of Central Business District in Expo Area A, buildings of Headquarters of the Central Enterprises in Expo Area B, Shanghai World Expo Museum Cloud Hall. PEOPLE interviews Prof. WU Zhiqiang, the chief planner of 2010 Shanghai World Expo, and SHEN Di, Chief Architect of Shanghai World Expo, sharing their Expo notions, Expo Experience, and Post-Expo Life.

Because of the listing on October 30th, this issue specializes LISTING REPORT to report this subject and takes this opportunity to invite relevant people to discuss the topic of design company's going public.

ARCHITECTURAL DESIGN publishes several creative projects with high completeness, including Jiangsu Architectural Institute Library, Administration Centre of Yushu State, Protection and Restoration of Sihang Warehouse, Design Model of Wanhua City for the old. GLOBAL ISSUE focuses on the pavilions of Milan 2015 World Expo, introducing its interactive function of architecture.

CROSSOVER DESIGN develops the design philosophy by excellent product design to enrich readers' feeling. CRITIC discusses hot topics in architectural industry, such as design work style in future, relationship between capital and design. As an interactive platform, FEATURE reports Expo as Eco-driver from Shanghai to Milan International Symposium held by Time Architecture. INFORMATION reports the experience of Young Designers of Xian Dai studying at the University of Oregon in America, together with other latest news.

Special thanks to Lady LIU Enfang, President of Shanghai Architectural Design Research Institute Co., Ltd., to be a guest editor in chief of this issue.

Vice President of Shanghai Xian Dai Architectural Design (Group) Co.,Ltd.
SHEN Lidong

目录　　　　　　　　　　　　　　　　　CONTENTS

主题项目	Project

上市报道   Listing Report

[主编]
上海现代建筑设计（集团）有限公司

[执行主编]
沈立东

[副主编]
胡俊泽

[主编助理]
董艺、隋郁

[编辑]
赵杰、郭晓雪

[策划]
现代设计集团
时代建筑

[时代建筑编辑]
高静、杨聪婷、罗之颖、丁晓莉

[装帧设计]
杨勇

[校译]
陈淳、杨聪婷

征稿启事：欢迎广大读者来信来稿：

1. 来稿务求主题明确，观点新颖，论据可靠，数据准确，语言精练、生动、可读性强。稿件篇幅一般不超过4000字。

2. 要求照片清晰、色彩饱和，尺寸一般不小于15cmx20cm; 线条图一般以A4幅面为宜；图片电子文件分辨率应不小于350dpi。

3. 所有文稿请附中、英文文题、摘要(300字以内)和关键词(3~8个)；注明作者单位、地址、邮编及联系电话，职称、职务，注明基金项目名称及编号。

4. 来稿无论选用与否，收稿后3月内均将函告作者。在此期间，切勿一稿多投。

5. 作者作品被选用后，其信息网络传播权将一并授予本出版单位。

6. 投稿邮箱：yi_dong@xd-ad.com.cn

购书热线：021-52524567＊62130

体验性建筑互动
的正确姿势
米兰世博会展馆群览

邵峰 / 文　SHAO Feng

Interactive Function of Architecture
Pavilions of Milan Expo

1. 阿联酋馆

"米兰、阿布扎比两相宜"，阿联酋馆的方案其实是世界首个零排放城市的样本，在世博会结束后，它将迁建回马斯达尔城用作剧院等。12m 高的模拟沙漠纹理的高墙，用让游客体验在古代沙漠城市传统的步道和庭院中行走的感觉。该馆的设计者诺曼福斯特事务所也是 2010 年上海世博会阿联酋馆的设计者。

2010年5月，上海世博会正式启动，那是一场建筑与文化的宏大盛会，时隔五年，第42届世界博览会如期呈现。为了再次领略这个全球级别最高的博览会，同时连续两届世博会各由同一位建筑师"执笔"英国馆、德国馆等，在与上海相差14°14′纬度的地球另一个角落，好奇于建筑师们会有何种别样思考，带着这些问题，笔者来到了米兰。

2015年米兰世博会共有55个国家馆、9个主题联合馆、24个企业馆和9个公益社会组织馆等，它们不仅传达着科技迭代和驱动展示手段的更新，更重要的是预示着一种新的建筑形式孕育而生，并适用于这种集体性互动体验活动。

2. 德国馆

一个个被喻为"思想的幼苗"的结构体散落在"灵感的田野"上，德国馆试图将自己展示为一片充满活力且富饶的"风景"。"思想的幼苗"的根部在室内的展示空间，新芽状叶瓣部分呈现在建筑上层平台空间，仿生设计语汇在内部和外部空间之间建立起互动。上下层游客之间也可以互动，如在"根叶"之间输送养分那样，仿佛参与到"幼苗"的成长过程中去。Schmidhuber 事务所同时也是 2010 上海世博会德国馆的设计者。

互联网语境中的"用户体验设计"，其核心是交互设计，一款具有优秀交互设计的产品可以为互联网公司创造几十亿元的估值。同样，在当下的时代环境，建筑设计不仅要在美学和功能上做平衡，还需要把握第三支点——"互动体验性"。这里说的建筑互动体验性，不是简单地依靠附加高科技设备，而是要通过被动式的建筑设计，激活人类体验世界的五个接口：视觉、触觉、嗅觉、味觉、听觉。2015年米兰世博会中就有一些国家馆设计已不那么重视形体、光影、体块，而更加强调感官的"互动体验性"。

3. 巴西馆

一张张力结构的索网，织出一个意想不到的空间形式。这是参观者的必经之路，脚下是巴西的各种经济农作物，头上是亚马逊森林各种鸟类嘤嘤成韵，感官能量瞬间迸发。

4~6. 奥地利馆

每小时产生 62.5kg 的氧气，让参观者体验空气的存在。有序呈现的 12 种奥地利森林植物所营造的微气候让参观者淡忘了身处建筑之中，而专注于呼吸。

7. 英国馆

参观者被拟定为一群勤劳的蜜蜂，整个展馆分为果园、草间、蜂巢三部分，这是一条回"家"的路，让人身临其境地感受蜜蜂的艰辛和快乐。

8. 瑞士馆

"地球的资源足够给所有人吗？"这是瑞士馆外墙上用大字写的话，而整个瑞士馆的游客互动体验也体现在这句话上。所有游客乘坐电梯来到最顶层，四个塔楼里的货架上装着满满的咖啡、盐、水、苹果，代表瑞士的主要资源。游客可以随意拿走，但拿完后货品不会补充。整个地板是一个升降装置，一层拿完下一层才会开放。你的"贪念"决定了未来参观者的"口福"，几乎所有游客都会陷入沉思。瑞士馆用建筑设计为理念策划服务，用一种相当巧妙的构思向游客传递可持续发展的重要议题，真心希望本届世博会结束时，瑞士馆没有沉到底。

9. 意大利馆

意大利馆作为永久建筑，从中可以感受到设计师的严谨，参数化的异形混凝土设计，构思了一个"石化林"的外观形象，将生物性材料运用到建筑表皮上。据说，这些材料"在阳光直射时，会'捕获'空气中的污染物，并把它们转化成惰性盐，从而帮助净化大气中的烟雾"，从而具象化了"城市森林"的概念。

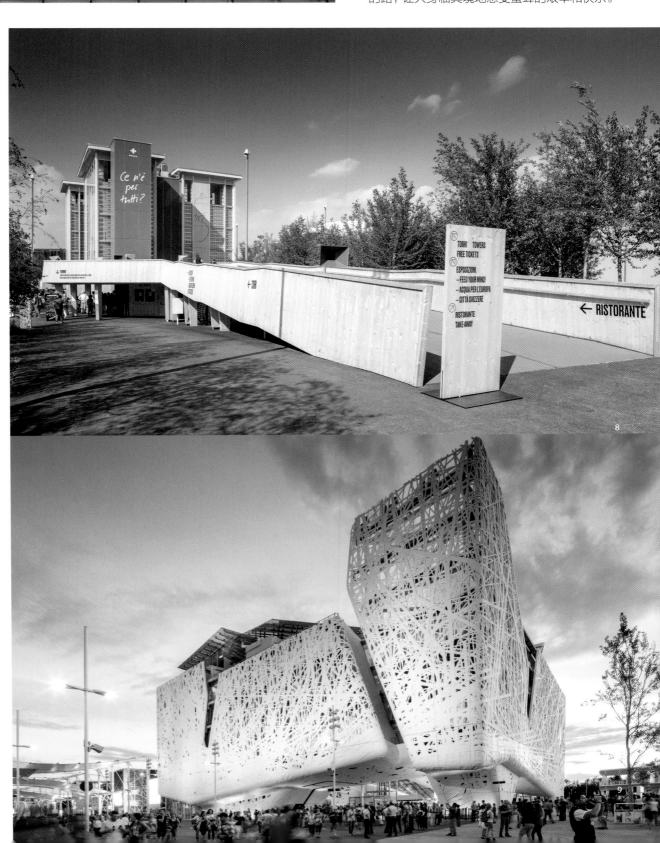

10. 波兰馆

设计灵感源于波兰苹果的生产和出口，其在欧洲市场占有主导地位，建筑的表皮采用出口苹果所用的包装木箱作为主要材料，间隔错落形成了整个建筑形态，通过狭长的楼梯步道可以通往"苹果园"的入口，为了让游客体验广阔无垠的波兰苹果种植园，设计师采用了镜面反射创造出一个意想不到的空间。

Witoj
Benvenuto
Welcome

11. 爱沙尼亚馆

"Gallery of Estonia"，如同它的馆名，爱沙尼亚以"巢箱"作为承载体，以互动体验作为手法，将本国的自然、科技、文化和美食，逐个呈现在"画作"之上。这种将新理念和现代技术手段相结合的目的就是多层次地促进展馆本身和观众的互动。

12. 日本馆

除了主展馆建筑外，日本馆几乎全部采用三维榫卯的木制结构设计而成。展厅入口处，单支点悬挂着木条，游客抚摸木条，会产生撞击声。这一切都是为日本馆"箸"主题作铺垫与呼应。箸即筷子，日本与中国的饮食文化相同，几乎都是用筷子进食。通过筷子饮与触摸屏餐桌互动，让欧洲观众了解和学习东方饮食文化。

11

12

13. 俄罗斯馆

该馆最大的亮点，也是建筑与游客最多的互动点，就是展馆主入口处悬挑 30m 的镜面挑檐，俄罗斯馆不费吹灰之力就吸引了大批的游客在入口广场与镜面挑檐互动。不需要多么高科技的附加设备，这就是建筑互动性设计的巧妙之处。登上挑檐的屋顶可以眺望整个园区，整个园区限高，屋顶处相对于美国馆的高度还略高一点。

14. 法国馆

从游客的角度来说，经过布置着琳琅满目的法国农作物的"序园"后，就进入"最能治疗颈椎病"的法国馆。天花板上波浪形的网格状木架挂满了法国典型的农副产品，这是利用最少的占地面积做最多的产品展示的"逆世界"，法国生活、法国制造、法国味道都在头顶上，游客穿越展馆时享受到一种充分调用各种感官的游历过程。

15. 美国馆

就本届米兰世博会的主题来说，美国在食物方面没什么可以骄傲的，但这并没有阻碍美国展示自己的优势。东向整面垂直农场墙代表美国先进的农业现代化，和国家性格一样，场馆本身也有很强的开放性，譬如屋顶平台空间，与俄罗斯馆设计有相通之处。美国馆在巧妙设计的"国旗"的顶部也有让游客可以俯瞰整个园区的制高点，这应该是所谓的大国强国姿态的另一种体现吧。

16. 荷兰馆

荷兰馆以一种若即若离的形式存在，就像一个大公园一般，或者说，简直就是一个嘉年华会的现场。荷兰馆的一个重要组成部分就是"滚动厨房"，其中包含9个不同的餐车，从中可以了解到荷兰企业家与他们每个人独特的产品和故事。每个餐车都有一个自己的故事，每一件产品也都有自己独特的来历，最重要的是，它们是荷兰文化重要的组成部分。

17. 尼泊尔

因为国内大地震，尼泊尔官方没有派团参加，虽然整个展馆基本完工，但是现场未放置任何展品，游客可以更纯粹地观赏尼泊尔式宗教建筑的精湛工艺。和2010年上海世博会一样严谨的施工，让欧洲游客能感受到朝圣者圣洁无上的信仰，世博会官方还在主干道上设立了尼泊尔地震慈善捐款箱，希望能帮助当地重建。

本文图片来源：邵峰建筑摄影工作室（SFAP Studio）

作者简介

邵峰，男，青年建筑摄影师

聚焦上海后世博开发
POST-EXPO DEVELOPMENT

后世博开发地图
Post-Expo Development Map

现代设计集团在后世博开发中承接的项目列表

一轴四馆
1. 世博源
2. 中华艺术宫（原中国馆）
3. 世博中心
4. 梅赛德斯－奔驰文化中心（原世博文化中心）
5. 上海世博展览馆（原世博会主题馆）

A片区
6. 世博绿谷
7. 世博A片区能源中心
8. 华泰金融大厦
9. 华林国际金融大厦
10. 远东集团上海办公大楼

11. B片区
世博B地块总控
世博酒店
国网世博办公楼

宝钢总部基地
华能上海大厦
世博发展集团大厦
招商局上海中心
中国黄金大厦
中化集团世博商办楼
中国建材大厦
中外运长航上海世博办公楼
中信大厦/中信泰富大厦
中国商飞总部基地

C片区
12. 上海世博会展中心（原非洲联合馆）

D片区
13. 世博会博物馆
14. 上海世博会纪念展（原城市足迹馆）
15. 上海儿童艺术剧场（原上汽集团一通用汽车馆）

E片区
16. 城市最佳实践区
沪上生态家
正大新生活（上海）投资咨询有限公司等
星巴克（城市最佳实践区店）
上海设计中心·南馆
斯凯孚中国（SKF）亚太区总部
世博城市最佳实践区商业餐饮中心
成都案例馆活水公园改造
简餐厅

外围区域
17. 世博村路300号上海市政府委办局机关办事处（原世博村B地块）
18. 世博村J地块商务办公楼

摄影：邵峰

致世博局
的一封信
A LETTER TO BIE

主题：聚焦上海后世博开发　Post-Expo Development

尊敬的巴黎国际展览局，主席及委员会
感谢你们的关注，

尊敬的主席，尊敬的女士们，先生们，

我们很荣幸能从最初开始，参与 2010 年上海世博会和 2015 年米兰世博会的经历。

这是两个绝佳的机会，能呼吁全球的关注，来讨论城市和农业的未来，一同寻找解决气候变化、城市野蛮生长、农田损毁及饥荒问题的办法。

2010 年上海世博会主题（城市，让生活更美好）与 2015 年世博会主题（滋养地球，生命的能源），都探讨了可持续发展的大课题，这并不是一个巧合。

从可持续发展角度看，世博会可能陷入给主办城市留下负面资产的危险，留下字面意义上不可持续的遗产。

我们非常熟知世博局的规定，首先，在为期 6 个月的最后一个晚上闭幕，其次，拆除大部分的场馆，为了不给主办城市留下有形的痕迹。这些规则也已经实行了几十年。

但是在今天，主办世博会的城市会投入大量的公共资源来筹备场地，建造各种功能建筑，建设新的基础设施来适应数以百万计的游客的交通和住宿需求。因此，这两个规则开始变得不合时宜了。

矛盾的是，世博局在 6 个月的展览后迅速撤出主办城市，并没有考虑延续性，也没有制订相应的后期场地再利用计划。

同样矛盾的是，这些世博建筑和展馆被迫拆除，而它们原本可以为主办城市构建未来提供重要的帮助。

因此我们一起呼吁，以可持续发展的概念，希望世博局能重新审视条款三，并考虑以下提议：

主办城市能自己决定是否保存展览区的建筑物；

世博局能够在世博会后与主办城市共同建设"后世博"。这一阶段所需要的不再是外国参展，而是主办城市在世博期间建立的联系、项目与合作网络。

我们呼吁上海和米兰世博会的主办方、主管者及两国领导人来讲述我们的提议。我们确信，这个提议会被之后的主办方所赞同，并从 2025 年迪拜世博会开始实施。

感谢
此致敬礼！

吴志强教授
2010 年上海世博会园区总规划师

斯丹法诺·博埃里教授
2015 年米兰世博会总规划建筑
委员会成员

To the attention of
the President and Committee of
the BIE (Bureau International des Expositions), Paris
Alla cortese attenzione
del presidente e del Comitato
del Bie (Bureau International des Expositions), Paris

Dear President, Ladies and Gentlemen,
Gentile Presidente, Gentili Signori,

we were lucky enough to attend the experiences of Expo in Shanghai in 2010 and Milan in 2015 from the very first steps.
abbiamo avuto la fortuna di partecipare fin dai primi passi alle esperienze degli Expo di Shanghai nel 2010 e di Milano nel 2015.

Two outstanding opportunities to call the whole world to discuss the future of cities and agriculture, to search together for solutions to the major issues of climate change, wild urbanisation, agricolture destruction, hunger.
Due straordinarie occasioni per chiamare il mondo intero a discutere del futuro delle città e dell'agricoltura, a cercare insieme soluzioni ai grandi temi del cambiamento climatico, dell'urbanizzazione selvaggia, della distruzione dell'agricolture, della fame.

It is no accident that the theme of Expo 2010 ("Better City, Better Life") and Expo 2015 ("Feeding the Planet, Energy for Life") are so bound together by a common focus on the great theme of Sustainability.
Non è certo un caso che il tema di Expo 2010 ("Better City, better Life") e quello di Expo 2015 ("Feeding the Planet, Energy for Life") siano così legati da una comune attenzione verso il grande tema della Sostenibilità.

For this reason, it seems really paradoxical to us that the Expo event risks of becoming an event that leaves a legacy of neglect and ruins in the cities in which it is hosted. A legacy that is literally Unsustainable.
Per questa ragione, ci sembra davvero pardossale che l'evento Expo rischi di diventare un evento che lascia in eredità nelle città in cui viene ospitato un'eredità di abbandono e rivone. Un'eredità letteralmente Insostenibile.

We know that the rules of Bie, which provide for the immediate closure of Expo the same night of the end of the six months of the event and the dismantling of most of the pavilions, have aimed for decades not to affect and leave tangible traces in the hosting cities.
Sappiamo bene che le regole del Bie, che prevedono l'immediata chiusura di Expo la notte stessa della fine dei sei mesi dell'evento e lo smontamento della gran parte dei Padiglioni hanno avuto per decenni lo scopo di non condizionare e lasciare tracce tangibili nelle città ospiti.

But today, now that the cities hosting Expo invest substantial public resources in the preparation of the site, in the construction of many of the utility architectures, in the construction of new infrastructures for mobility and the hospitality of millions of visitors, these two rules have really become anachronistic.
Ma oggi, oggi che le città che ospitano Expo investono ingenti risorse pubbliche nella preparazione del sito, nell'edificazione di molte delle architetture di servizio, nella costruzione di nuove infrastrutture per la mobilità e l'ospitalità di milioni di visitatori, queste due regole sono diventate davvero anacronistiche.

It is a contradiction that the BIE disappears from the city and the site of Expo immediately after the end of the Exhibition without giving continuity to the relationships built during the six months of the event and without accompanying a serious program of re-use of the areas.
E' assurdo che la BIE sparisca dalla città e dal sito di Expo subito dopo la fine dell'Esposizione senza dare continuità alle relazioni costruire durante i sei mesi dell'evento e senza accompagnare un serio programma di riuso delle aree.

And it is a contradiction to oblige to dismantle buildings and pavilions that instead could be an important aid to open a new future in the sites used for the exhibition.
Ed è assurdo che si pretenda di smantellare architetture e padiglioni che invece potrebbero costituire un importante aiuto per aprire un futuro nuovo nei siti usati per l'esposizione.

We therefore ask the BIE, in the name of the concept of Sustainability, to revise the Article 3 of its rules and to provide for the following possibilities:
Chiediamo dunque, in nome del concetto di Sostenibilità, che la BIE riveda l'articolo 3 del suo regolamento e preveda la possibilità:

- that the cities hosting Expo can maintain, at their discretion, the structures built at the site of exposure;
-che le città che ospitano le Expo possano mantenere, a loro discrezione, le strutture edificate nel sito dell'esposizione;

- that the BIE have the chance to accompany the cities that have hosted Expo in the period following exposure, thus creating a "second time" of Expo. A phase no longer tied to the presence of foreign delegations, but to the network of contacts, projects and collaborations that the city will have built during Expo.
-che la BIE possa accompagnare le città che hanno ospitato Expo nel periodo successivo all'esposizione, realizzando così un "secondo tempo" di Expo. Una fase non più legata alla presenza delle delegazioni straniere, ma alla rete di contatti, progetti e collaborazioni che quest'ultima avrà saputo costituire.

We call on political and administrative leaders of Expo in Shanghai and Milan and the heads of the two national governments to convey our proposal. Which, we are sure, will be appreciated by the next host countries, starting with Dubai that will welcome the Expo in 2025.
Chiediamo ai responsabili politici e amministrativi di Expo a Shanghai e Milano e ai responsabili dei due governi nazionali di farsi portavoce di questa nostra proposta. Che, ne siamo certi, verrà apprezzata dai prossimi Paesi ospitanti, a cominciare da Dubai che accoglierà l'Expo nel 2025.

Thanks for your attention and best regards.
Grazie dell'attenzione e cordiali saluti.

Prof. WU, Siegfried Zhiqiang,
Chief Planner, EXPO 2010 Sanghai

Prof. Stefano BOERI,
Member of the Architecture
Advisory Board that Developed the
Concept Plan of EXPO 2015

大事件和城市发展 | Social Events & Urban Development

卓健 / 文　ZHUO Jian

1.引言

在当前全球经济持续低迷的背景下，通过举办大型节事以提振地方经济，再度成为国内外城市关注的发展手段。国际奥委会于 2015 年 9 月在瑞士洛桑宣布，布达佩斯、汉堡、洛杉矶、巴黎和罗马 5 城市将参与竞选 2024 年夏季奥运会的举办权。在我国，继北京—张家口争得 2022 年冬季奥运会举办权之后，杭州市又争得 2022 年第 19 届亚运会的举办权。而 2016 年首次由中国主办的 20 国首脑会议（简称 "G20"）也将在杭州召开。

城市是当今经济全球化进程中的基本组织单元。全球的经济合作削弱了城市对国家体系的依附，并在自身发展问题上获得更大的自主权。同时，全球化也将它们带入了一个新的竞争环境，市场的规范作用也越来越明显。面对更大的发展空间，更多的机遇和风险，城市需要新的发展战略，而组织举办重大节事就成为地方政府撬动市场的重要杠杆。一方面，举办重大节事（尤其是国际性的节事），需要主办者具有强有力的组织协调能力和资源调配能力，以及短时间内完成各项准备工作的执行能力。市场难以担负起这个职责，为此，重大节事的组织承办一般都是政府。另一方面，重大节事可以给企业带来前所未有的市场空间和关注

度，市场通常会对举办重大节事做出积极主动的回应。

近现代城市发展史中，不难找到借助大事件实现城市跨越式发展的成功案例。蒙特利尔曾是加拿大规模最大的城市。随着 20 世纪 60 年代国家经济重心逐渐导向美国，加拿大全国人口西迁，多伦多市凭借更有利的地理位置，迅速崛起。为了遏制衰退，从 20 世纪 60 年代中期开始，蒙特利尔就致力于扶持旅游业发展，并借助重大事件培育城市形象，举办了一系列具有广泛影响的国际性节事，如 1967 年的世博会、1976 年的奥运会、F1 加拿大大奖赛，以及一些区域性的活动，如蒙特利尔灯火节、欢畅音乐节（法语 Franco Folies）等。以旅游和节事为双重基础的城市战略彻底改变了蒙特利尔的城市面貌和国际形象，在带来直接经济效益的同时，人们的日常生活方式也随之改变，高品质的公共空间促进了社会活动与交往。

西班牙的巴塞罗那也是一个善于利用重大节事推动地区再发展的城市。借助筹办 1992 年夏季奥运会的机会，巴塞罗那确立了以城市营销为核心的发展战略，启动庞大的城市更新计划来提升城市形象。这一宏大的计划包括：将城市中心区的综合密度降低 20%，对市中心 25% 的老式住宅进行升级改造，建设 40 个城市公园，推广功能复合型的土地开发利用，

改善城市交通基础设施服务水平，加强社会混合型的社区建设，将富有历史文化价值的保护建筑改建为公共设施（图书馆、学校等）等。2004年，在"新奥运"的口号下，巴塞罗那发起组织了又一个国际盛会——Forum2004全球论坛。在为期五个月的论坛期间，来自世界各国的政要、宗教领袖、社团组织和公众人物聚集一堂，进行广泛而深入的对话交流。这一全球盛会的成功举办，不仅巩固了巴塞罗那作为国际大都市的地位，同时也给东北城区的发展注入了活力。在超过50万m²的会址上，由世界知名的建筑师和机构，包括赫尔佐格、让·努维尔、MVRDV等主持设计的会议中心、展览馆、公园等，为这座著名的建筑之城增添了新的地标。巴塞罗那的城市更新已经成为今天被广泛研究借鉴的一种模式。

卡迪夫市本是英国威尔士的一个港口城市，20世纪80年代受煤炭和钢材危机的冲击而迅速衰落。随后该市制定了以"去工业化"为核心的城市振兴计划，其中码头区再开发和举办橄榄球世界杯赛成为两个基本的战略工具。特别是后者，不仅起到了统筹城市发展资源的作用，而且还激发了昔日工业城市在民间文化和公共艺术方面的潜能，为今天的卡迪夫发展成为具有创新能力的文化教育中心城市打下了基础。

相似的成功案例还有不少。在这些城市的发展战略中，"事件"已经成为一个频繁出现的关键词。事件不仅是影响城市吸引力的重要资源，赋予城市"附加值"，而且可以为公共政策所用，成为调节城市发展的手段。借助于组织国际性节事的时机，地方政府对外努力提

高城市知名度，积极吸引外来投资，对内发动各方面潜在的社会力量，将其团结、集中于城市更新计划。超前发展的城市基础设施和公共文化设施，短期内可以满足国际性活动的需要，在远期则可以为振兴城市衰退地区服务。

2.大事件影响城市发展的理论机制
1）大事件对城市规划的战略意义

"事件"是英文单词event的直译，与城市相关的city event即"城市事件"。事件可分为被动型和主动型两种。

被动型事件是指出于公众意愿之外的、偶然的或突发的公众事件，包括自然灾害、社会安全问题、政治经济重大变动等。一些被动型事件本身可能是违背公众意愿的，甚至是灾难性的，却有可能为后续的城市发展带来特殊的契机。例如，1996年2月发生在我国丽江的7.0级大地震，对当地居民的人身和财产造成了严重破坏和损失。但当地有很多木制结构的房屋框架经受住了地震的考验并没有倒，正在申请列入世界文化遗产目录的丽江在地震后迅速得到了国际社会的关注和援助，来自国内外和民间捐助的巨额资金使得丽江在灾后得以迅速恢复和重建，并于次年12月申遗成功，最终发展成为我国西南地区最重要的国际旅游目的地城市。

主动型事件主要包括地方政府从社会公众意愿出发，以公众利益为目的而主办的大型公共活动（如各种体育赛事、文化节庆、传统活动等），也包括一些商业机构和社会团体主办的一些有社会影响力的会展和文艺活动。主动型事件又有周期性和临时性之分。在城市相关研究中，event一词主要指主动型事件，在中

文语境里，我们常常用"（重大）活动"来说明这一类事件，"更多的是使用在主动意义上组织城市行为，争取的是有利于城市发展的积极性意义的城市影响"[1]。

大事件可以对城市发展产生重要影响已经得到城市学界的普遍认同。法国著名城市学家朗社（F. Ascher）认为："大大小小的事件不仅是城市活力的指示器，而反过来，地方政府也可以通过'制造事件'来影响城市的发展，因此事件也是城市活力的'调节器'。"我国城市规划和发展战略研究专家吴志强教授运用"底波率"原理解释了这一"调节器"的作用机制。他认为："一个城市的发展由内生的动力和外部的流动要素驱动。城市的内生性扩展要素构成的是城市发展的一个底线，而来自外部的流动要素成为一个个间发性的动力要素。……城市重大事件显然应当属于'底波率'中'波'的要素。"[1]因此，城市的决策者应当充分利用重大事件带来的发展机遇，推动城市实现跨越式的发展。其中一个非常关键的环节就是与城市规划的对接。因为城市规划也是旨在突破城市内部自组织能力的极限，通过理性科学的外部项目导入来推动城市发展的系统的政策工具。重大事件可以成为城市规划的战略手段，"没有对城市自组织能力的把握，只有人为的外部干涉，城市规划学科是不可能完成其对城市的自生规律与特性的把握，而没有对城市的重大事件的导入进行系统研究和科学的预测能力，城市规划也只能陷于城市自组织目前的被动和无力"[1]。

2）事件构成要素和作用机制

时间、地点、人物是构成事件的三个基本

1.巴塞罗那的论坛

因素，从这三方面出发，可以帮助我们更好地理解事件对城市发展的作用机制。时间性是事件区别于普通日常活动的首要特征。尽管有些节事活动是周期性的，但由于时间间隔长（通常最短为一年），加之举办地点可能是变化的，因此仍然具有很强的时间性。作为主动型事件的发生时间都是预先设定的，不能轻易更改。这就为活动的组织和筹备工作设定了严格的时间期限。为保证活动如期顺利举行，地方政府通常要求提前完成各项准备工作。因此，事件的时间性考验了地方政府的执行能力，客观上对城市建设有促进作用。而周期性的重大活动，往往成为地方政府工作日程上的重要节点，直接影响当地城市建设的节奏。

事件总是与一定的地点联系在一起的。一些名不见经传的地方，因事件而一夜成名的例子比比皆是。在主动型事件中，活动的成功与否很大程度上取决于地点的选择。随着全球人口逐渐向城市转移和经济全球化的推进，大大小小的城市已经成为全球社会生活的中心，也因此成为许多大型公众活动的首选地。由于事件对地点具有很高的选择性，承办一次有影响的活动就成为一个城市既有发展水平和潜在能力的重要评判依据；而另一方面，事件对地点也具有排他性，相对于全球城市的数量而言，有影响力的国际性或区域性事件还是一个稀缺资源。在相当长的一段时间内，事件对承办城市来说意味着特有的发展机遇，即便在活动结束后仍可以持续影响城市的后期发展。

主动型事件一般都是大型公共活动，人是中心要素，同时也是最复杂多变的因素。按照角色分工不同，相关人可以分成三类。第一类是事件的发起者和组织者。地方政府可以直接组织，也可以成立专门的机构或委托行业协会、民间社团来筹备。但在任何情况下，政府的支持都非常重要，因为对本地的公共活动具有行政管理权，并需要为公共安全负责。对某些国际性的重大活动，还涉及专门的管理机构（如奥委会、世博局），因此组织者需要具备很强的协调与统筹能力，一方面能调动当地各个层面的资源，另一方面还要善于保持与行政管辖范围外的组织者的良好合作。第二类人是活动的直接参与者，或者说是"演员"，如参加奥运会的各国运动员教练员，参加世博会的各国代表团等，虽然人数有限，而且都是有组织的，但他们的表现将直接影响到一次公共活动的吸引力和质量水平。第三类人则是活动的间接参与者，或者说是"观众"，其中不仅包括当地的居民和前来参加活动的外地游客，还包括那些通过现代信息通信手段远程观摩和跟踪活动进程的人。这一类人群是事件中最具有活力的部分，他们的反应和评价也是衡量一次活动成功与否的重要依据。事实上，主办公共活动的基本目的就是要在一定时间内，尽可能多地吸引公众的参与和关注，从而突破空间地理和行政区划的限制，扩大活动举办地的吸引力和辐射范围。在整个活动期间，这三类相关人群之间存在着非常紧密的互动关系，因此，对承办城市来说，事件不仅是一次对内团结互助的社会动员，而且也是一次向外学习和宣传的机会。

3）大事件影响城市发展的四个方面

关于重大事件对城市发展究竟能产生哪些具体的影响，不少学者已经有过总结。2008年的中国城市规划年会对我国北京、广州、南京、上海等城市实例进行了讨论，吴志强总结了重大事件对中国城市发展八个方面的影响。而考察世界范围内已经发生的主要城市事件，我们也可以从空间、经济、社会与政治这四个方面，发现它们对城市发展所起的作用。

首先，大事件可以从空间上直接推动城市的发展和建设。因多维纳（F.Indovina）在研究了里斯本世博会后总结道："重要的事件总能对已经建成的建筑或设施带来变化……尽管不同国家之间存在差别，但事件和城市建设之间存在联系是肯定的。"[2]作为世界博览会发源地之一的巴黎，曾先后八次举办过世博会。世博会不仅给巴黎留下丰富的建筑与文化遗产，而且为城市向西部扩张延伸注入了活力。特别是通过地铁网的建设以及一系列城市空间发展轴线的确定，世博会帮助巴黎完善了整体的城市空间结构和功能布局，使得欧洲古都具有了现代化的新形象。[1]1998年里斯本世博会直接推动了城市东部的再开发，向实现大里斯本发展计划迈进了一步。而巴塞罗那的例子则说明，除了可以影响城市的整体空间结构外，事件也可以推动城市原有街区的更新，改善局部地区的功能组成和空间品质。

其次，大事件可以提升城市知名度，推动经济结构转型。事件可以快速提升一座城市在地区、国家乃至世界上的知名度，为地方经济发展带来正面效应。许多城市的经济成功转型，都是以一些重大事件为转折点。日本在1964年东京奥运会期间，通过展示政治、经济、科技、文化成就，帮助日本产品改变了以往在人们心目中粗糙低劣的形象，为日本品牌走向世界开辟了道路。东京奥运会成为日本经济发展的重要里程碑，这一阶段的经济繁荣因此被称为"东京奥林匹克景气"。1992年的巴塞罗那奥运会使主办城市从一个普通的中等城市一跃而成欧洲第七大城市和国际著名旅游城市。奥运会前，巴塞罗那市企业规模小，没有明显的支柱产业，行业结构缺乏自己的特点。奥运会后，旅游、电子、通讯、港口等行业发展迅速，成为巴塞罗那市的支柱产业。1996年亚特兰大奥运会使该市发展成为美国第二大通讯发达城市。在奥运会举办前五年，亚特兰大市房价增长了79%，而同期全美的房价平均涨幅只有13%。奥运会留下的先进通信设备和宾馆设施，使亚特兰大成为著名的"会议之城"。在会后的五年里，亚特兰大接待的前来参加会展活动的商务旅行者每年增加5%~10%。目前，在每年举办商务会展的数量方面，亚特兰大在全美排名居第四，仅次于拉斯维加斯、芝加哥和纽约，而在个人休闲旅游方面则排名第十。

再者，事件可以通过对社会生活的再同步，推动城市社会的发展。随着城市化进程在世界范围内继续推进，未来的人类社会将是一个城市社会。在人们向城市聚居的过程中，当代社会也呈现出越来越明显的个人化趋势，传统的社会生活和邻里交往越来越少。城市学家朗社认为，这些发展趋势并不意味着社会生活的消亡。当代的社会生活不再受地域空间范围、社会身份及群属的局限，而呈现出多归属、多尺度的特点。一方面，自发的、多样的、小规模的社会活动蓬勃发展，满足人们需求的差异性。另一方面，重大的公共活动则对人们的社会生活起到"再同步"的作用，世博会、奥运会、世界杯等国际盛事已经成为全球的共同节日，借助现代电子与传媒技术，社会交流与交往得以在更大的空间范围内进行。城市事件可以缓和社会矛盾，促进社会团结，它们对社会稳定和发展的作用将越来越明显。

最后，大事件促进地方管治的改良，提高地方治理水平。要成功举办一次大型公共活动，除了组织者的努力外，离不开地方政府的支持，企业与社团的协助，以及当地居民的参与，因此，活动组织的程序和方法为城市管治提供了非常好的借鉴。在法国整体经济低迷，社会问题日趋严重，人们对政府当局失望不满情绪加重的背景下，巴黎市长德拉诺埃拟定了一套城市节日化政策，在巴黎发起组织一系列面向普通大众、公平参与的文化休闲活动（如"白夜""巴黎沙滩"等）。这些活动成功促进了市民之间、市民与政府之间的对话和交流，市政府也因此获得了广泛支持，为其落实其他公共政策创造了有利的条件。此外，为了筹备重大的城市事件，地方政府往往可以获得国家和上级政府的特别支持，享受一定时期的特殊政策，或在地方行政组织中尝试新的管理模式，这就为地方政府进行行政改革创造了空间和试验机会。

3. 2010年上海世界博览会对上海建设发展的影响

2010年上海世界博览会（EXPO 2010）是世博会历史上规模最大的一次盛会，对上海的城市建设发展产生深远影响，为我们提供了一个全方位的、可供研究借鉴的新案例。

1）上海世界博览会的时间、地点、人物

世界博览会是一个由国家政府而不是城市政府主办的，有多个国家和国际组织参加，以展现人类在社会、经济、文化和科技领域取得成就的国际性大型展示会。上海世博会是中国举办的首届，也是首次在发展中国家举行的注册类世界博览会。它体现了国际社会对中国改革开放道路的支持和信任，也体现了世界人民对中国未来发展的瞩目和期盼。国家政府把这个重要的任务交给了上海市，也体现了全国上下对上海的支持和信任。

自1851年英国伦敦举办第一届展览会以来，世博会因其广泛影响而享有"经济、科技、文化领域内的奥林匹克盛会"的美誉，迄今已

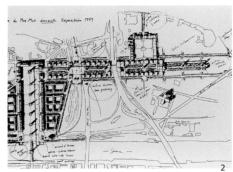

2.3. 1989年巴黎世博会方案
4. 1998年里斯本世博会
5. 2003年的巴黎海滩
6. 2005年的巴黎海滩

先后举办过 42 届。[2] 世博会按性质、规模、展期分为两种：一种是注册类（以前称综合性）世博会，展期通常为 6 个月，每 5 年举办一次；另一类是认可类（以前称专业性）世博会，展期通常为 3 个月。2010 年上海世博会属前者，中国获得 2010 年世博会的主办权，在时间上具有特殊的意义。2010 年适逢上海改革开放 20 年，也是回顾新世纪第一个 10 年的重要时间节点。城镇化是 21 世纪人类社会发展的重要标志。2008 年全球的城市居民人数首次在历史上超过农村居民，我国的城镇化水平也接近 50%。[3] 基于这个原因，2010 年上海世博会也成为首个以城市为主题的世博会。

"城市，让生活更美好"是上海世博会的主题，"和谐城市"是上海世博会主题的精髓。从"乌托邦"到 18 世纪的"理想城市"，再到"田园都市"，一系列的理论、主张和模型无不在探索如何建立城市在空间上、秩序上、精神生活和物质吐纳上的平衡与和谐。"和谐城市"是从根本上秉持人与自然、人与人、精神与物质和谐发展的理念，在形式上体现为多文化的和谐共存、城市经济的和谐发展、科技时代的和谐生活、社区细胞的和谐运作以及城市和乡村的和谐互动。这一主题的确立，进一步强化了上海世博会对城市建设发展的推动作用。

上海世博会共有 12 项纪录入选世界纪录协会世界之最。有 190 个国家、56 个国际组织参展，吸引海内外 7 000 万人次游客前来参观，从而以最为广泛的参与度载入世博会的史册。它也成为志愿者人数最多的一次世博会。来自全国各地和境外的 8 万余名志愿者，分 13 批次向游客提供了 129 万班次、1 000 万小时、约 4.6 亿人次的服务，使上海世博会真正成为"世界人民的大团圆"，也为上海走上"全球城市"的发展道路创造了条件。

2）世博会对上海城市空间发展的影响

首先，世博园区的选址为上海市中心城区的空间结构调整奠定了基础。根据前期全面细致的规划研究，世博会的选址从原先的城郊调整到城市核心区位的黄浦江两岸，为推动沿江地块的功能置换，促进一江两岸的综合协调开发发挥了积极的作用。世博园区的后续开发将着重建设城市的公共文化与会展中心，对接上海的总体战略发展定位要求，同时也满足市民对城市公共设施和对文化休闲娱乐的需求。因此，世博会的举办对上海中心城区空间布局结构的优化调整发挥了重要的推动作用。

在区域空间层面上，世博会不仅有效促进了中心城区和郊区新城的整合，还建立了长三角区域城市协调机制。围绕世博会的召开，长江三角洲城市群在世博旅游、世博安全、世博论坛、世博展馆建设等方面展开了密切合作。世博会六场主题论坛，分别由南京、苏州、无锡、杭州、宁波及绍兴举办。长江三角洲城市群的发展模式为集聚网络型，城际高速铁路相继建成通车，强化了"二小时"交通圈的整合效用，沿高速公路、高速铁路和城际轨道交通，长三角城市群形成"手掌形"空间布局结构。便利的交通条件，将有利于客流和生产要素的流动。在世博会的推动下所形成的城市协调机制，也将为长三角世界级城市群的建设持续发挥作用。

此外，世博会还有效推动了公共交通、住房、旧区更新等专项城市建设的步伐。2010 年上海世博会举办时，上海轨道交通运营总里程达到了史无前例的 420km；配合世博建设开展的棚户区改造和旧区拆迁，也为提升城市居住水平产生直接的加速推进作用。

3）世博会对上海经济结构转型发展的影响

上海财经大学孙元欣教授从三个方面总结了世博会对上海城市功能的影响。他认为，世博效应首先有助于上海城市功能的升级。上海将从工商业城市、经济中心和国际大都市，进一步向"全球城市"发展，成为控制中心和资源配置中心。其次，世博效应有助于丰富上海

城市功能的内涵，更加全面地涵盖可持续发展、文化传承、创新城市、宜居城市、智慧城市等内容，克服超大型城市发展中的"大城市病"。最后，世博会为上海城市功能升级提供了新起点和转折点。[3]

曾任上海世博总规划师的吴志强教授在会后著文，表达了同样的观点。他认为："从世博所带来的国际交流与融合之中汲取力量，世博会作为上海融入世界的一个新起点，上海作为中国城市的一个标杆，作为世界未来的领袖城市之一，必须体现其在国家和世界中担当的责任……当中国还处于农业社会、封建社会的时候，在上海这块土地上，现有世博园区的浦西园区所在区域注入了中国现代工业的基因。这是上海对整个中国现代民族工业发展所做的历史贡献，也是上海之所以成为上海的最重要意义和价值所在。今天整个中国成为世界上最大的产业王国。在中国成为工业之国的今天。上海假如还希望拥有全国领先的地位，必须再一次为全中国下一步的产业提升提供创新、创意、设计和咨询。上海只有在下一个百年当中，在中国后现代化的过程中继续服务全国，才能体现其应有的价值。因此，汇集全世界各行业信息资讯及情报，为全国各行业各地区提供产品发布和产业趋势发布，这是上海的使命。"[4]

4）世博会对上海社会发展的影响

从 2002 年中国正式获得 41 届世博会的主办权到 2010 年正式开幕，历时 8 年的世博会筹备工作对上海社会各界进行了全方位的深度动员。在"世界在你眼前，我们在你身边""2010，心在一起"等世博口号的感召下，世博会将两千万上海市民紧密地团结在一起。"一日观世博，胜读十年书"，走进世博的场馆，不仅可以饱览各国的奇珍异宝和最新科技，还可以领略各国的灿烂文化和风土人情，这样一次向世界学习的良好机会对坐拥地利之便的上海市民颇有裨益。在世博会的筹建及举办期间，上海市民获得与来自全

球各地的专业团队、普通游客直接对话和交流合作的机会，为提升普通市民的综合素质和培养国际化意识创造了有利的条件。

上海世博会的筹建和举办，直接为上海乃至全国创造了大量的就业机会，也为上海引进和集聚国际化优质高端人才打开了渠道。除了各国综合国力的展示，世博会也是社会建设水平和文化软实力的展示。对比国际先进国家的长处，学习和借鉴世界其他城市的优秀经验和成果，对改善上海社会发展模式、提升社会建设能力具有积极的意义。

在上海世博会闭幕日的"上海世博会高峰论坛"上，时任国务院总理温家宝发表的主旨演讲充分肯定了世博会对推动社会发展的积极贡献。"上海世博会不仅荟萃了人类创造的物质文明，开阔了人们的眼界，而且为人类留下丰富的精神遗产，启迪了人们的心智，这是世博会的灵魂之所在。"世博会鲜明弘扬了绿色、环保、低碳等发展的新理念，有力地证明了科技革命是推动社会进步的强大动力，生动展现了人类文明的多样性，充分表明了追求平等、和谐是人类的共同愿望，世博会是世界人民的共同节日。在这一论坛通过的《上海宣言》的倡议下，10月31日被正式确定为"世界城市日"。

5）世博会对上海地方治理的影响

在筹备世博会的期间，为了按时优质地完成各项建设任务，破解城市管理领域的难题顽症，上海在城市治理上进行了有益的尝试。例如，组建世博局和世博土控集团等跨部门的协调统筹平台机构，从各个委局抽调人员并加强和高校、科研院所的合作，从而有效地加快了决策流程和实施效率；在全国率先推出城市网格化综合管理平台，从环保、安全等民众最关切的日常问题入手，探索创新特大型城市治理的新模式。这些城市管理上的大胆创新，切实提高了上海在地方治理问题上的实效，为世博会的成功举办提供了良好的保障。

世博会后，上海进一步吸收消化从世博会上学到的世界各国的先进理念和管理经验，延续坚持世博高标准，努力构建符合特大型城市特点的城市治理新模式，着重推进"城市精细化管理"。正如上海市城乡建设和管理委员会主任汤志平所说，"后世博的城市建设，不仅体现于城市生活的硬件改善，更是一种先进理念的学习和借鉴"。

2010年以来，宜居、环保、可持续等发展理念进一步在上海的各项公共政策中延伸发芽，百姓感受到城市变得"天更蓝、水更清、地更绿"，城市各项公共服务也更加亲民、便利。

世博会为提高上海地方治理水平所产生的后续效应，正在发挥着积极的作用。

4．大事件推动城市发展的局限性
1）大事件对城市发展是一把"双刃剑"

上海世博会的例子再度证实了大事件对城市发展的重要战略意义。但是，值得我们注意的是，作为城市战略的大事件在影响城市发展的过程中并非是无所不能的，这一战略工具也是一把"双刃剑"。

近年来，一些国际城市对申办大型国际性节事的热情正在减退，美国波士顿放弃申办2024年夏季奥运会就是一个标志性事件。2013年美国奥委会曾向35个城市发出申办2024年夏季奥运会的邀请，但是包括纽约和费城在内的31个城市并没有给予回应，最后美国奥委会选中波士顿代表美国申办，但当地民调显示，波士顿居民支持申办的人数比例一直没有超过50%。2015年7月27日波士顿市市长马丁·沃尔什最终宣布：由于市民不愿意承担举办奥运会所需要的巨大费用，该市决定退出奥运申办。而在此之前的2022年冬季奥运会申办过程中，就有波兰的克拉科夫、瑞典的斯德哥尔摩、德国的慕尼黑、瑞士的莫里茨、挪威的奥斯陆和乌克兰的利沃夫陆续通过全民公投或议会投票的形式，最后决定退出冬奥会申报。这一方面说明了人们对国际性节事是否能切实推动城市发展产生了怀疑，以奥运会为例，历史上只有少数城市能从奥运会获益，大部分主办城市在会后都背上了沉重的债务；另一方面也说明，是否举办大型节事的决策不单是政府和市场的事，社会公众的意见越来越重要，甚至起到决定性的作用。社会公众对公共财政的使用要求有更多的发言权，同时还要求申办的过程更加透明，他们的意见能够得到充分的尊重。

此外，一些借助大事件得到快速发展的城市，开始遭受大事件依赖症的困扰。例如前面谈到的标杆城市蒙特利尔。通过举办一系列大型活动，蒙特利尔在20世纪下半叶成功遏制了城市的衰退，但这一发展战略却逐渐显露出难以为继的疲态。尽管各种活动排满了全年的日程，但为了维持这些活动的品质和注入新鲜的内容，不断升高的成本已令地方政府不堪重负。2009年，由于承办费用存在约三千万美元的缺口，国际汽联取消了这一年度在蒙特利尔举行的加拿大大奖赛。作为F1大赛在北美唯一的一个分站赛，该赛事每年可以为蒙特利尔地区带来近一亿美元的收入。失去这样一

次国际赛事的举办权，对蒙特利尔的城市形象和国际信誉的损害都是巨大的。巴黎也遇到过同样的问题。1998年成功举办的足球世界杯赛让巴黎尝到了甜头，巴黎市政府随后将申办奥运会作为重要的城市发展战略，以期借此振兴经济，扭转新世纪以来的颓势。然而，接连的申办失利反而削弱了巴黎的城市形象和吸引力，也使市民信心遭受重创。

2）上海后世博建设需要注意的几个问题

城市发展是一个长期连续的演化过程，受到诸多地方性因素的制约。而时间性却是事件的一个基本特征，即便是周期性的活动，它们在时间上也是稀缺的。对那些成功举办大型节事的城市来说，如何使短期的重大事件对城市的长期发展发挥出持续的推动作用，是后续建设中最让人关心的问题。

2010年10月31日，上海世博会圆满闭幕，它的历史使命也就完成了。世博会对上海城市建设和社会发展的贡献毋庸置疑。2011年3月，上海市规划国土资源局公布了《上海世博园区后续利用规划（草案）》。该规划将浦东一轴四馆地区规划建设成为"以总部商务、高端会展为核心功能的会展及商务区"；将浦东世博村地区规划建设成为"以生态人居为核心功能的国际社区"；将浦东世博公园、后滩公园、白莲泾公园永久完整保留，并规划布局以旅游休闲为核心功能的滨江休闲景观带；沙特阿拉伯、意大利、俄罗斯、西班牙和法国等国的国家馆以赠送上海市的方式保留在世博园区。上海进入了后世博的建设发展时期。而认识到大事件在推动城市发展上的局限性，则有助于我们在后世博的建设过程中，尽可能维持世博会对上海长期发展的持续推动作用。

首先，应当重视事件与城市规划的关系。在世博会前，将世博会的建设作为城市未来发展规划的一部分来考虑很重要，而在世博会后，城市规划同样要重视这一重大事件留给城市的遗产，提高城市规划的统一性和延续性。事件只是城市发展的一种战略手段，其最终目的还在于为当地居民服务，为城市的长远发展服务。纳入城市发展规划的总体框架，一方面可以让短期的事件更好地与城市内在的发展机制结合，一方面可以协调事件与城市在某些建设目标上的分歧。上海世博园区规划在考虑会后利用方面是比较周全的，会后拆除围栏后，整个园区的道路系统随即融入城市网络，各个地块也马上可以进行开发建设。但是，会后的后续利用规划却有所滞后。除2011年公布的后续利用规划草案外，再没有比较重要的整体规划文件

7

7. 世博会总图

出台，这或许是世博园区会后再开发建设进程缓慢的原因之一。此外，作为过去时的世博会，在当前后世博的城市发展规划制订过程中没有得到足够的重视。要知道，当年的世博会规划建设对上海乃至长三角区域发展进行过全方位的考量，世博会留下的不仅是建筑遗产，还有丰富而全面的城市空间与社会发展的前瞻，提高城市规划的统一性和延续性，无疑可以进一步延续世博给上海城市发展带来的推动作用。

其次，借助事件找到产业发展的薄弱环节，拾遗补阙。前面谈到，事件是城市发展的"催化剂"，但不能取代实体的产业经济。通过引入事件这样的外部项目，可以帮助城市实现跨越

式的发展，但外部的项目运作必须依靠内部的资源条件为基础。为使事件这一"催化剂"能长期地发挥出最佳效果，对地方产业发展方向进行重新定位就显得非常重要。文化产业、旅游产业、创意产业和高新技术产业都是可以与公共事件形成"反应"的产业，可以最大限度地发挥出事件推动城市发展的作用。前面谈到的成功案例，不少城市都是借助重大事件这一时间节点，成功实现地方的产业升级或转型的。2010 年上海世博会尽管对上海的转型发展有推动作用，但还没能借此实现根本性的转变。这与前期上海在扶持文化产业、发展创意经济方面力度不足有一定的关系。文化创意产业有其自身的发展规律，是后工业化社会地方持续发展的重要增长点，后世博的规划建设应当给予更多的扶持和关注。

最后，后世博的建设也要积极地发动公众和社会各界的参与。在筹建世博会的 8 年间，全社会的动员和参与不仅为世博会相关的项目建设和街区改造的快速推进减少了阻力，而全社会团结一心、共同努力的局面也为社会和谐发展奠定了基础，社会企业的积极参与也缓解了公共资金的投资压力。简言之，世博建设期间政府牵头、全社会参与的城市建设模式，除了项目建设本身的高效率外，还在社会治理和社会发展等问题上产生积极的作用。后世博的建设也应当尽可能地延续这一模式，加强后世博再开发项目的宣传力度和透明度，让市民尽可能了解后世博的建设发展蓝图并尽可能征求他们的观点和意见，积极发展和私营企业的合作伙伴关系，让后世博建设也成为全社会共同的任务，在完成城市物质空间转型建设的同时，

也加强政府、市场和公众之间的社会合作关系的建设，为上海早日跻身"全球城市"继续共同奋斗。

5.结语

综括全文，包括上海在内的多个国际大都市的发展和再发展的实际经验告诉我们：重要事件是城市建设与综合发展的催化剂。通过举办重大的公共活动，地方政府可以最大限度地调动各方面资源，在时间上同步公共与私人的建设投资，完成一些在常规政策手段下不可能实施的大型城市建设项目。认识事件对城市发展的战略意义时，不仅要看到事件对城市物质空间建设的积极作用，还要重视它对产业调整、社会发展和地方治理可能发挥的积极影响。在认识到事件对城市发展具有积极作用的同时，也要注意这一战略工具本身的局限性。城市营销必须以城市自身的社会经济发展为基础，而一个城市举办具有超越其行政边界的广泛影响的活动，其最终目的还是要为当地居民和地方发展服务。事件只是城市发展的一种战略手段，只有纳入城市规划的总体框架指导，才能长期地、持续地为城市发展服务。

作者简介

卓健，男，同济大学建筑与城市规划学院城市规划系副系主任，教授，博士生导师，法国国立桥路高等学院城市规划博士

注释
1 有关历届巴黎世博会对城市空间发展的影响，可参阅：Renzo LECARDANE，卓健.大事件，作为都市发展的新战略工具——从世博会对城市与社会的影响谈起[J].时代建筑. 2002（4）：28-33.
2 当前正在意大利米兰举办的世界博览会(EXPO 2015)是第42届注册类世界博览会。
3 2012年8月中国社会科学院在北京发布《城市蓝皮书：中国城市发展报告No.5》。蓝皮书表示，2011年，中国城镇人口达到6.91亿，城镇化率达到了51.27%。人口城镇化率超过50%，即城镇人口首次超过农村人口，这是中国社会结构的一个历史性变化，表明中国已经结束了以乡村型社会为主体的时代，开始进入以城市型社会为主体的新的城市时代。

参考文献
[1] 吴志强. 重大事件对城市规划学科发展的意义及启示[J].城市规划学刊. 2008（6）：16-19.
[2] Francesco Indovina, "Os grandes eventos e a cidade occasional" in A didade Da EXPO '98, ed. Bizancio, Lisbon, 1999, p.133.
[3] 孙元欣.世博效应内涵、外延以及对上海城市功能的影响[J].科学发展，2011(2):13-22.
[4] 吴志强. 世博梦想2.0：上海世博园后续利用与上海城市整体发展的关系[J].时代建筑，2010(11):45-47.
[5] 唐子来，陈琳. 经济全球化时代的城市营销策略：观察和思考[J]. 城市规划学刊. 2006（6）.
[6] 吴志强. 上海世博会园区规划设计及其哲学思考[J].建筑学报. 2007（10）：35-37.
[7] 吴志强，干靓. 世博会选址与城市空间发展[J].城市规划学刊. 2005（4）：10-15.
[8] François ASCHER. Métapolis ou l'avenir des villes.Odile Jacob, Paris，1995.
[9] Pousse Jean-Francois. Expo 02 Exposition nationale Suisse. Technique et architecture, no.460, June-July 2002, 108-128.
[10] 卓健. 事件，作为城市发展的战略工具及其局限性[J]. 北京规划建设，2009(2)：5-9.
[11] 伍江. 2010世博会推动上海的城市规划和建设[J].时代建筑，2009(4):20-23.
[12] 刘颂，章亭亭. 后世博园区可持续再利用研究[J].上海城市规划，2010(6):45-48.
[13] 何精华，郭克领. 上海世博园区后开发框架：国家、上海和园区周边需求的视角[J].华东经济管理，2011(2):5-8.
[14] 吴志强，肖建莉. 世博会与城市规划学科发展：2010上海世博会规划的回顾[J].城市规划学刊，2010(5):14-19.
[15] 何精华，郭克领. 以公共价值为导向的上海世博园区后续利用规划研究[J].上海城市规划，2011(4):18-22.

滨水世博园区后续利用比较

Comparison of the Post-use of Waterfront Expo

李娟 / 文　LI Juan

从1851年在英国伦敦诞生以来，世博会就成为记录人类工业和科技进程的盛会。世博会从最开始宣扬展示人类现代化进步，发展到如今，更加侧重对全球化和可持续发展的思考，足见世界各国对于城市未来的关注。当世博会的宗旨从"展示"转变为"思考"，就意味着它不再仅仅是一场嘉年华似的聚会。在一场宏大的事件之后，世博会如何利用事件效应，对场址的后续利用和发展进行综合考虑，以及其之后对城市带来的影响才是更为大众所关注的。

1.滨水区更新

随着城市发展和产业升级，原本在工业时代以码头工业为主要功能构成的城市滨水地区，由于其所占据的优良城市景观资源，往往成为城市更新最具动力的区域。而利用大型城市节事项目的设置，作为滨水区开发的前奏和触媒，带动滨水及周边更大范围内地区的发展，这已逐渐成为世界各地滨水区更新和城市发展的主要措施之一。因此，我们可以看到众多大型而成功的世博会都选址于城市滨水地带。一方面，它可以增强政府、开发商和市民的信心，加大政策支持力度，推进产业置换、旧城拆迁等，使衰败的滨水用地尽快重获新生。如塞维利亚世博会借由举办博览会的机遇，将一个废弃的、无人居住的人工岛，建设成为城市的旅游热点；蒙特利尔也通过举办世界博览会，取得了滨水区人文、建筑和空间发展的结构平衡，加快了地区开发复兴的步伐。另一方面，滨水世博园的建设能够提高滨水区在国际上的地位，吸引众多的国内外投资，为博览会结束后地区的持续发展提供保障，对地区和城市的发展影响更为深远。

表 1-1 　　　　　　　　　　　　　　　　　选址于滨水地区的世博会及其主题

时间	举办地	场址	主题
1889	巴黎	塞纳河畔	纪念法国大革命 100 周年
1893	芝加哥	密西根湖畔	庆祝哥伦布发现新大陆 400 周年
1915	旧金山	旧金山湾	纪念开通巴拿马运河
1967	蒙特利尔	圣劳伦斯河畔	人类与世界
1975	冲绳	建于海上的海洋馆	海洋——充满希望的未来
1984	新奥尔良	密西西比河沿岸	世界河流——水是生命之源
1986	温哥华	福溪岸边	交通与通讯
1988	布里斯班	布里斯班河南岸	科技时代的休闲生活
1992	塞维利亚	瓜达尔基维尔河上人工岛	发现的时代
1998	里斯本	特如河出海口港湾	海洋，未来的财富
2010	上海	黄浦江两岸	城市，让生活更美好

同其他世博会场馆一样，滨水世博园在展会结束之后，也面临着自身形态、功能的转变及与城市的关系处理等问题。除此之外，临水的特性使滨水世博园需要更多地考虑如何使后续开发与水环境相协调，吸引更多的滨水活动，促进滨水区成为城市的活动中心，这也是许多滨水世博园选址的初衷；而城市则要从基础设施建设、空间结构调整等多方面为世博园的后续开发提供便利，并与之良好衔接。

2.布里斯班——依托事件完成环境治理与复合功能滨水空间改造

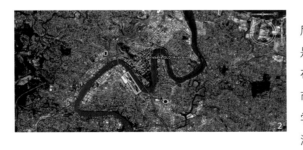

布里斯班的南岸公园因举办 1988 年世博会及其后续改造而闻名。从滨水改造的角度说，南岸公园就是世博园建设与河流整治相辅相成的典范。多年以前，布里斯班河由于水质污染、生态破坏而严重影响了该市的投资、生活和生态环境。在政府、各组织团体、学术界及社会公众的广泛重视和大力支持下，河流整治被作为一个系统工程来加以建设，并且由于旅游业是布里斯班市十分重要的经济来源，河流整治也被视为改善环境、促进旅游、振兴经济的主要措施之一。在这样的发展背景下，许多景点，包括南岸公园都围绕着河流来设计、布置。通过景点的设置，当地政府加大了治理力度，在 10 年内顺利完成整治任务，并将这条河流打造成为城市景观的一个亮点。而景点也因河流环境的改善而受益匪浅，南岸公园内许多设施就是面向河流，依"亲水"原则布置的。在昆士兰州文化中心区，整个建筑群被抬高，底下设车行道和停车场，上方为公园的主入口广场，它以台阶与临河低半层的亲水步行道相连接，使游客一进入公园就可将河流美景尽收眼底。宽阔的步行道在河畔延伸，不时有平台伸出水面以供观景，与北岸临水的高架快速道路形成了鲜明的对比。近水设置的餐馆、酒廊等也因水而独具魅力，吸引了众多的市民和游客。良好的滨水环境确实为南岸公园增色不少，公园的优美景色也赋予了河流独特的背景。

1.从黄浦江看上海世博会园区
2.布里斯班世博会选址

3.布里斯班世博会区域形态变迁
4.南岸公园如今已成为布里斯班的名片
5.6.世博会20年后的福溪湾地区

　　1988 年布里斯班世界博览会结束以后，南岸公园不断发展演变，与现代化的布里斯班市在结构与功能上始终保持着良好的关联。在空间结构上，公园以一种亲和的态势完全向城市开放，成为市民和游客随时可以利用的滨水活动场地。如果没有标识牌的指引，很难区分哪儿是公园用地，哪儿是外部城市。北面与水域空间相融合，河流似乎也成了公园的有机组成部分，与对岸呼应设置的多个码头加强了两岸的水上交通联系；南部可以从城市的多条道路进入，甚至在建筑空间布置上也考虑了公园内外的直接连通。当然，城市对这种密切的空间联系也做出了回应，改善了滨水活动的环境，并为市民到达这一地区提供了交通等方面的便利。一方面，将车行交通设置在公园的外围和下方，既便于游客快速、顺畅地进入公园，又避免对安谧、休闲的氛围造成影响；另一方面，通过新建桥梁加强南北两岸的联系，吸引更多的老城居民到南岸公园游玩。如 2001 年建成的世界上最长的人行桥之一——友好大桥（The Goodwill Bridge）增强了主城与公园的步行联系。在功能布局上，博览会曾经使用过的大部分建筑已被拆除，仅有尼泊尔宝塔等少量建构筑物被保留下来，叙述着当年的历史。而经过多年的改建和增建，现在的南岸公园已经发展成为一个现代化的包含多种高档水滨文化娱乐设施的复合式公园，被誉为澳大利亚最好的市内公园。

3. 温哥华福溪湾地区——不断成熟的市民参与和各方利益协调机制

　　欧洲人抵达温哥华前，福溪一带原为沼泽低地，由英国皇家海军船长乔治·理察斯所率领的船只于 1859 年驶至此处。他本以为可从这里的内湾驶往布拉德内湾，但因船只无法通行而将此内湾命名为 "False Creek"（意为"走错的河流"）。而香港人 "97'移民潮"的到来给这条内河挑选了一个喜庆的中文译名——"福溪"。

　　20 世纪 50 年代之前，福溪湾地是温哥华的工业中心地。与其他西方工业城市一样，20 世纪 60 年代开始，临水工业逐渐失去优势，福溪湾开始衰落。此后，在各方力量的制衡下，福溪湾地区按照每十年一个阶段顺次经历了填埋计划、高速公路计划、滨水区域城市更新、1986 年的世博会及 2010 年冬奥会。绵延 6km 的

福溪湾周边岸线浓缩了西方城市更新的历史，成为后工业化社会转型的景观马赛克，也是城市更新理念演变和进步的鲜活样本，而贯穿其中的是不断成熟的市民参与和各方利益协调机制。

20世纪60年代，温哥华市政府在未经公众听证的情况下计划将一条高速公路引入城区，同时在城市更新的名头庇护下铲平了斯特拉思科纳（Strathcona）区。以哥伦比亚大学地理系教授瓦特·哈德威克（Walter Hardwick）为首发起的选举者行动运动（The Electors Action Movement），反对高速公路修建，将城市再开发和工业区的棕地利用（brownfield）引向公共利益为主导的方向。在这次运动的影响下，《1972年官方发展规划》出炉，其中所提出的混合功能开发（mixed-use）的概念在当时是具有革命性的：它将市场价格的公寓房、低收入住房、河滨公园和社区公共用途融合到福溪湾南岸的空间开发中。这个规划最大限度地体现了用地开发在市场性和社会目标之间的平衡，从而加速了该区域从高速公路到混合功能区的更新过程。

继20世纪70年代的福溪湾南岸开发，1986年在福溪湾北岸举行的温哥华世博会推动了后继的一系列建设。世博会过后，香港地产富商李嘉诚连同李兆基、郑裕彤等人组成协平世博集团（Concord Pacific），并以3.2亿加元投得福溪北岸世博旧址的地皮，发展成高密度住宅区，希望将整个半岛形状的区域都开发为市场性的滨水住房。但这一提案遭到公众和当地规划师的强烈反对：他们希望滨水河堤能够成为100%的公共可达空间。1991年官方发展规划对李嘉诚的方案做出调整，在保证高密度开发的同时配比一定量的公共设施，如滨水商店和服务设施、公园、学校、社区服务中心、幼儿园及保障性住房。这次的调整使得福溪湾北岸成为一个100户/万m^{2}的高密度住区，50 000个住户成为这个"半岛"区的新居民。世博会这一事件成为公众参与区域更新的转折点。

回溯滨水地区的更新和开发历程，其作为老工业区转型的一种方式已经成为众多西方城市刺激地方经济和进行城市更新的标准化做法。其中不乏一些经典案例，如英国道克兰地区和美国的巴尔的摩港的改造性开发。这种改造模式的关键在于功能更新和地方再造（Place Re-making），一方面制造景观目的地，提升地区形象，以吸引旅游客流并拉动消费；另一方面孵化科技和创意性的从业人群，为他们提供便利的服务和舒适的生活环境，同时培育生产性服务业。而对于地方经济来说，本地居民就业和房地产税收的增加则是最终要达到的改造目的。然而循此模式，西方城市在经过20世纪70年代到90年代的更新改造后不断遭到地方居民和规划者的声讨，主要的矛盾在于城市更新所引致的绅士化现象（Gentrification）。其实质是城市再开发抬升了工业区周边住区的地价，从而提高房产税和生活成本，使得原住民不得不迁往低地价地区；改造区域达成了社会均质性，却损害了政府引导下的城市更新所应持守的社会目标。而房地产项目的过度进驻也不断侵蚀公共空间，并削弱多元文化基质。正反两个意义上看，温哥华福溪的再开发历程不仅是一段历史的缩影，也是西方后工业化城市改造的政治经济机制的全面展示。所幸温哥华的地方居民在一次次与开发商和地方政府的抗争中占据了主导地位，将社会目标融入开发计划中。时至2010年冬奥会，后奥运的土地开发规划和相关运作机制已然相当成熟，而其所设立的社会、经济和环境的综合可持续目标也最终落到了实处。

4. 里斯本——世博建筑的合理利用

1998年在里斯本举办的世博会以"海洋，未来的财富"为主题，在世博会结束之后随即进行了改造，并于次年2月重新开幕。有别于鳞次栉比的老城建筑，本届世博会保留下来的新建筑疏松地散落在大型公园的各处。1998年世博会在组织程序和手段上大量地学习1992年塞维利亚世博会的经验，具有进步意义的是，在规划之初就已经指明了一系列将要保留的场馆。也正是因为这个原因，里斯本世博会邀请了西班牙、葡萄牙和世界

7. 里斯本世博会园区及周边城市形态变迁
8. 卡拉特拉瓦为世博会而新建的东方车站
9. 西扎设计的葡萄牙国家馆后续用作为政府办公场所

各地最好的建筑师,完成了一系列非常精彩的建筑。本土现代建筑师,阿尔瓦罗·西扎以其良好处理传统建造和现代空间之间关系的作品而闻名世界。他设计的葡萄牙国家馆发挥了混凝土结构的极致——站在跨度约60 m的片状混凝土屋面下,可以体会到极简的建筑语言传达出一种近乎古典的纪念性。里斯本世博会园区面积为330万 m²。世博会结束后,园区变成了一个美丽的公园——万国公园。主要场馆都得到了很好的后续利用:海洋馆成为欧洲最大的水族馆,每年吸引100万游客;葡萄牙国家馆作为政府办公场所;乌托邦馆作为多功能活动中心,举办了各类世界级体育比赛和文艺表演;北部的国际联合展馆则成为里斯本展览中心。

里斯本世博会选址于老城之外数公里远的滨水大型公园。而作为城市旧区复兴计划的一部分,里斯本世博会直接影响到了这一地区土地功能的转换,并成功地将这一部分废旧工业区转变为一个公共活动娱乐区。世博会和地区重建计划耗资20亿欧元,其中国家投资和欧盟资助分别为27%和9.17%,其余分别来自土地出售、商业运作、门票收入和企业赞助。原定2010年前完成重建计划,形成居住、商务和休闲融为一体的综合功能地区,包括8 000套住宅和61万 m²办公建筑,可以容纳215万个居民和212万个就业岗位,作为里斯本的城市发展极核之一。

但里斯本世博会也并非十全十美,其在筹备和举办期间,由于整个建设项目只考虑到了园区内部,而没有和周边的城市土地开发和建设很好地进行统筹考虑,因此,为服务这一区域而快速修建的交通设施,尤其是道路,实际上却造成了这一区域与周边环境的分隔,导致了未来空间发展的孤立性,令下个阶段的空间拓展提高了难度。另一方面,规划中对社会服务设施考虑太少,既没有考虑到未来住在这一区域里的居民的需求,也没有考虑到周边地区大量贫穷的社区的需求。而相比较而言,大量的市级或国家级的设施却高度集中在世博会的区域里,无法为区域内和周边的居民直接服务,降低了社会参与度,对周边发展造成一定的不利影响。

5. 结语

从世博会这一大型城市事件的发展历程来看,对于可持续性发展的要求使得相关建筑、场所乃至整体园区的后续利用成为衡量世博会是否成功的重要评价因子之一。同时,在历届世博会的经验总结中也可以看到,对于后续利用的规划也是整个世博会规划的重要组成部分,渗透于世博会规划建设的每一个环节。世博会与城市之间的关系,随着其"准备、发生、结束"三个不同的时期发生着微妙的变化,世博会在这场"城市表演"中扮演的角色也在不断地改变,这种角色的转变和定位是需要在前期的概念阶段就进行深入思考的。

一个短期的大型事件对城市的影响可以是可持续性的。如果把"短期"与"可持续性"这两个看似矛盾的概念并置,恰恰点明了它整体、动态的设计策略。尤其对于选址于滨水地区的世博会而言,大型事件作为滨水地区更新的前期触媒,正是上位规划者和管理者利用事件的契机推动城市空间,尤其是公共空间演变的一种方式。但如果从事件前后一个完整的时期来看,它能发挥效应的真正动力在不同时期、不同阶段并不相同,以世博会这一大型事件为例,它所带动的城市公共空间建设活动包括具体的开发建设和管理行为,从具体的建设时序上看,总是开发在前,管理维系在后,具有明显的时段特征,而为了克服市场缺陷并保证事件的顺利举行,政府在开发决策后需要进行相当程度的公共干预。由此可见,世博会对城市空间产生影响的动力机制来源于城市开发策略、公共干预模式和持续维护方式三个不同层面,正是这几点的交替驱动才能使得在这段漫长的时间内让事件能够对公共空间的演化持续发挥效力。

注:图1由邵峰摄影

作者简介

李娟,女,《城市中国》研究中心对外合作主管,建筑学博士

行进中的后世博
刘恩芳/文
LIU Enfang
Ongoing Post-Expo

2010年上海世博会已创造了一个强大的品牌，成为上海城市创新、文化汇集的一个聚合点，做好"后世博"的文章，是一个为上海、中国乃至世界留下恒久遗产的机会。上海世博会园区后续利用也被视作上海新一轮经济增长的引擎，是带动上海经济结构转型、促进城市空间结构转型，迈向可持续城市的关键节点。

1.B片区东南向鸟瞰
2.B片区西北向鸟瞰

总平面图

单项分布示意图

地下二层平面图

1. 城市发展新的增长极

在 2010 年上海世博会举办之前，围绕世博园区后续利用展开了各类研究，其中以二次开发的功能定位为重点。虽然前期研究中功能定位的名称相似，但内涵和外延界定仍然由于定位视角和思路的不同而有所差异。在 2009 年国务院确立上海建设"两个中心"（国际金融中心和国际航运中心）的定位，以及制定 2010"长江三角洲地区区域规划"之后，世博会园区后续利用的功能定位也变得更加清晰明确。

1）多元综合的功能开发

对于上海世博园区后续利用的功能定位有很多学者进行研究，观点虽不尽相同，但是主要的思路大都是主张多元综合的功能开发，建立自身的功能体系架构，如主导功能、延伸功能和配套功能等。强调区域与整个城市层面的协调、互补和对接，为上海城市的发展进行系统性的优化，使后世博园区的建设成为城市发展的新增长极。

具体而言，目前正在准备或者已经开发的世博 A，B，C 片区，功能定位已经基本完善与明确。其中，世博 A，B 片区与一轴四馆，一起形成国际会展及其商务集聚区。现代设计集团上海建筑设计有限公司承接参与设计的世博 B 片区央企总部项目，是世博后续开发的第一个片区，位于世博轴西侧，东至长清路（世博大道地铁站），西邻世博馆路、南抵国展路，北至世博大道。总基地净面积 13.68 万 m²，总建筑面积 105 万 m²，其中地上建筑面积约 60 万 m²，地下建筑面积约 45 万 m²。分为 B02A，B02B，B03A，B03B，B03C，B03D 六个街坊。B 片区涉及央企共 13 家，28 个单体建筑，整个片区建成后将成为环境宜人、交通便捷、低碳环保、富有活力的知名企业总部聚集区和国际一流的商务街区。目前，该片区 28 个单体大部分现已结构封顶，部分已进入外墙悬挂阶段。

世博 A 片区位于会展商务区内永久保留项目一轴四馆东侧，该区域定义为"世界级工作社区"，区内不但能完成各种商务活动，而且能进行娱乐、购物、健身等活动，形成综合中心。世博 C 片区为后滩拓展区，将延续前两个片区的低碳理念，结合已建成的滨江湿地公园，承载 A，B 片区总部商务拓展功能，与耀华和前滩的主导类型错位，适当补充服务业和上下游行业。初步形成了多元综合的功能开发定位。

2）永久性场馆的可持续利用

逐渐完成的世博永久性场馆的后续利用同样也体现了功能的复合化、多元化和综合化。世博轴改造成为综合性商业中心——世博源购物中心，提升了该区域商业的综合功能；主题馆改建为展览活动场馆，承接不同规模的各类专业展会，补充了上海不同规模场馆的空白，有利于上海整体展览业的发展；世博中心，专门服务于国内外会议；世博文化中心以文化

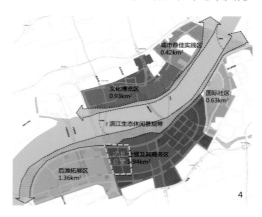

演艺活动为主，不但能举行超大型庆典、演唱会、各类演出，还能适应 NBA 篮球赛、国际冰球赛事及冰上表演；中国馆改建为中华艺术宫，为常设的艺术展示交流场所，后续使用中继续发挥其强烈的标识性与文化象征性，适当扩大规模，成为上海美术馆永久的展示场地，形成一座以中国近代美术收藏、研究、展示、教育、交流为基本职能的综合性艺术博物馆。

多元综合的功能开发成为后世博规划建设的主要定位，注重以主导功能来加强与城市的联系，使世博会效应在时间和空间上最大化，设施的利用也由独立运营和会后拆除，到现在在城市空间上统一布局、可持续利用。在成为城市发展的新增长极的同时，更应强调城市空间形态的再生和优化，使其宜人舒适。这一建设过程也面临着超大尺度的挑战、超多设计规范的再思考，需要从规划、开发、设计、建设全过程的建设模式和管理模式上有所创新，来促进后世博建设成为城市经济和文化发展的新增长极。

2. 城市性与空间尺度

城市性表现在城市区别于乡村的各种生活的城市特征，城市性的研究目前仍然是社会学和建筑学界的重要研究领域之一，特别是城市化进程中，无论城乡还是城区更新，都蕴含城市性丰富内涵的研究，在城市的规模和密度逐渐扩大和增强的同时，城市生活发挥的作用也逐渐增强，在这一过程中如何体现城市的独特性和舒适性成为重点思考所在。

1）城市性的多元表现

在社会学史上，较早对城市性概念做出界定的学者是路易·沃思（Louis Wirth），于1938 年发表了一篇《作为一种生活方式的城市性》的论文，在这篇文章中，沃思把城市性定义为三个方面：其一，城市的人口规模较大；其二，城市的人口密度较大；其三，城市里的人口和生活方式具有较大的异质性。费舍尔（Fischer）认为，城市与乡村的区别在于，城市由于人口规模的增大，出现了许多亚文化，这些亚文化只有在达到"临界多数"的情况下才会出现。也就是说城市人口规模和人口密度都显著增加和增强的背景下产生城市结构的多元和城市生活的多样性。

对于后世博的建设，这种蕴含城市空间丰富性、城市生活多样性的城市性也应作为重要的建设内容，在后世博的建设中营造积极的城市形态，来促进城市空间丰富性的形成，促进城市生活宜居性的表现。

2）大尺度的危机挑战

对事件性场所而言，由世博会这一重大事件催生出来的城市地带，其潜在的危机之一就是"尺度"危机。尺度的意义有两个方面，一是与人体的关系，大尺度的公共空间带来仪式性的同时，有时缺乏亲切人本关怀；二是经济学的维度，大型场馆和土地开发一旦超越了规模经济的门槛，缺少弹性和可改造性，事后就可能成为城市的包袱。按照城市的功能与空间的梯级分类，一个好的城市环境应具备大中小尺度的结合、过渡和穿插。

作为世博会永久场馆的后期利用一直也是世博会的主题。1855 年的巴黎世博会建设了

3. B片区总图及分析
4. 世博园区总体布局结构图
5. B片区夜景鸟瞰

工业宫和艺术宫，工业宫在世博会后被用做展览馆，是世界上首座会后被充分利用的建筑，也是第一个永久性的世博会建筑。此后的历届世博都不同程度地延续了这一做法。一个成功的世博会历来都是基于场馆及设施的可持续发展和零废弃为原则，最大限度地放大世博效应，使其产生持久的影响力。

同时，在后世博的建设中，无论是永久性场馆的后期利用，还是其他片区的建设都面临着一个巨大的挑战，那就是"尺度危机"。在成为城市新的增长极的同时，可持续后世博建设也面临着尺度与城市生活关联的巨大挑战。

3. 开发、设计和管理新模式探讨

世博会有一句专属名言："一切始于世博会。"人类近现代工业文明各个时代的重大创新发明、生活方式，都从世博会催生和起步，

5

小到电灯、电视、热狗、冰激凌，大到度假村、俱乐部、主题公园，都从世博会开始，之后走进无数的家庭，改变了无数人的生活方式。而在上海世博会的后续开发利用中，创新的步伐也从未停歇。

1）集群建筑一体化开发和管理

随着建设项目规模的大型化，功能复合化，现代设计集团上海建筑设计研究院有限公司（以下简称"上海院"）所承接的项目逐步呈现出多子项、多业主、多设计单位共同工作的复杂局势，逐渐形成集群建筑一体化开发、设计、建设、管理的新模式，也对开发管理和审批上提出了新的要求。

近年来，我国大城市及中小城市新区建设，逐渐形成"总体规划—控制性详细规划—区域城市设计—修建性详细规划—建筑群总体和建筑单体设计"的设计过程。而在后世博B片区央企总部项目的建设过程中，更强调城市设计阶段的验证工作，逐渐形成"总规—控规—区域城市设计—控规修订—修规—总体和建筑单体设计"的设计过程。由此形成的适应区域多地块、多业主的建筑集群开发特征。新情况下的修正机制，弥补了前期阶段与实施阶段不尽吻合的地方，完善了城市各地块各自为政的阶段性、割裂式的控制程序，形成了对于上位设计不完善点的弹性修正过程的可能性。

世博B片区项目，是世博后第一个启动开发的片区，基地紧凑、建筑密度高、子项多、业主多、设计单位多，而且时间紧。为此，从项目开发伊始，世博发展（集团）有限公司就根据项目的集群特点，在开发管理上大胆创新，提出了"统一规划、统一设计、统一建设、统一管理"的四统一原则，从规划—城市设计出发，不断修正、验证，力求满足区域整体发展。在28个单体建筑的整体开发中，统筹协调，确保区域的整体环境推进，形成整体和单体的利益共同优化，使区域从源头管控，真正形成了可持续发展的绿色开发模式。正是在这种大背景下，后世博B片区的城市设计、控制性详

细规划的修正、总体控制设计、单体设计，形成了自身设计的探索新模式，各政府主管部门也在区域新定位的基础上提出了新的要求，并在集群一体化的管理控制模式上进行了探索。

2）集群建筑一体化的总体控制设计

集群建筑项目的特点是规模大、业主多，需解决的问题错综复杂，这类项目往往给设计、审批、建设、管理工作都带来了新的挑战。在项目推进过程中，经常遇到超越一般项目的问题出现，一方面要将控规提出的各项要求落实落地，寻找规划理念与单体项目需求的共赢的策略；另一方面由于控制性详细规划在编制时间上的前置性，往往在实际开发时，各单体难以同时满足规划、消防、交通、绿化等各政府主管部门的各项常规要求，需要总体考虑、综合平衡；同时还要协调解决各单项要求间的对接和配合。因此，在后世博B片区开发过程中，千头万绪的工作需要一家有资源整合能力的设计机构作为总控设计单位，完成项目从总体到各地块单体的分析、论证、协调工作，并为边界问题、各地块难以独立解决的问题提供合理的总控设计解决方案和实施方案。

上海院作为总控设计单位，在项目启动前期就参与城市设计的设计工作，为整体推进提出了可行的落地解决方案，对于上位控规提出了补充和验证，为B片区整体的建设的有序推进提供技术依据。在方案设计阶段，总控设计团队精心编制总体设计方案及导则，确保各地块设计顺利进行。随着各单体方案深入，与13家央企业主及相关政府部门反复沟通，协调矛盾、解决问题，确保B片区整体环境的优化。在世博B片区央企总部项目3~4年的设计总控工作过程中，上海院集全院各专项化团队的力量，包括城市设计团队、建筑设计团队、绿色设计团队、BIM设计团队等，在李定总师挂帅下，从总体建筑设计方案，再到编制总体设计导则与各专项设计导则，深化总体设计导则，组织各顾问单位编制专项设计导则，并通过政府主管部门的审批，最后以总控设计导则为核

心依据进行总控协调，并随着项目深化编制各专业总体设计技术措施，总控设计团队已经编制总体设计方案两版、设计导则三版、专项设计导则一版，召开了各项研讨会议数百余次。

集群建筑总控设计确保了这样一类项目的稳步进行，赢得了开发的宝贵的时间，在复杂中梳理秩序，在矛盾中寻找出路，积累出一系列总控设计经验，为主审部门提供了批准的技术依据，为各地块单体项目推进提供技术支持，为项目的整体的快速顺利推进打下科学的技术基础。

3）整合一体的设计审批程序和可修复模式

（1）规划条例整合

在B片区的设计中，控规提出了小街坊、高密度的街坊新设计要求。为保持新建街区完整和连续的城市街景，对各地块新建筑的贴线率有着严格的规定，有时还与《上海城市规划管理技术规定》中对于建筑退让红线、退让道路及后退道路交叉口的规定存在矛盾。高贴线率的要求有时还与容积率、绿地率、地块出入口与市政道路、地下车库出入口设置等也存在总体与单体的协调，面临诸多矛盾，进展缓慢的局面。通过总控设计，整合所有规范条例，并将所涉及的问题逐一细化、分析、落实，找出解决方案，按照区域平衡的原则，为主审部门提供可修复的审批依据，并通过各审批部门认可，最终以总控设计导则形式，敦促各地块的逐一实施。

（2）绿地率指标整合

根据上海市相关规范要求，各独立立项的地块绿地率大于20%。但在其他条件的约束下，小街坊的各单体地块很难满足，经世博指挥部、总控单位、各设计单位与绿化主管部门的反复协调沟通，确定以整体B片区绿地为单位，重新核定各街坊绿地率指标，并以此作为审核基础，通过总量、屋顶绿化等其他手段进行平衡。世博指挥部和总控单位通过总体绿化平衡计算，明确各地块的绿地率指标，明确单体建筑屋顶绿化的达标指标作等绿化补充措施，同时

协调组织各街坊统一景观设计，包括道路、衔接界面的做法、街坊内部景观连接、景观风格等，确保整体环境的绿化质量。

（3）交通系统整合

交通设计规范要求各独立地块至少有两个出入口，大于100辆机动车的车库需两个以上车库出入口。如果各地块独立进行交通组织，不仅给单体地块带来用地的压力，还会造成B片区整体交通系统不完善，而且过多的出入口给周边城市道路交通也会带来极大压力。经世博指挥部组织，规划、交通等部门、各央企代表、总控单位反复协调研究，将央企总部基地进行交通系统综合平衡，在充分考虑各央企独立性的需求同时，保证地下大连通。经交管部门审批确认的统一规划设计交通系统方案，提高了用地使用效率，也大大提高了总部基地的建筑与环境品质。

（4）消防规范整合

在总控设计的过程中，另一个关于如何满足消防安全，也成为重要的设计内容。同样也是在确立以整个片区为单位的原则下，统一消防设计，克服了单个项目难以满足的消防要求，打破地块与地块的自留地和堡垒，共用共建消防通道，这样的编制总体消防设计原则和实施方案，不仅推进了项目消防审查的通过，保证了区域的安全，也提高了各地块的环境质量。

（5）地上地下的整合

总控设计不仅要协调地上总体的设计工作，还将地上和地下的综合开发作为主要工作内容。一体化的地上和地下设计，提高了地下空间使用的效率，实现车行、人行与公共交通连接的便捷，实现地下的有序连通。但是，涉及多家共同使用的地下室，由于隐形的红线限制，地下空间相互连通而产权界面仍然存在，如何在地下划定与城市公共交通的连接，如何划分公共通道与私家领域都是一个新的课题，涉及了一些用地产权与使用归属等政策、奖励机制等一系列问题。

在相关方的共同努力下，总控设计方案对

地下人行公共通道、车行连通口等都做了明确规定，并提供机动车出地面坡道方案、地下室机电系统划分方案、出地面疏散通道方案，以及进排风井的位置方案，确保地上地下的使用高效和完整。

（6）综合绿色设计整合

上海世博会展示的思想和灵感聚焦于"城市，让生活更美好"的城市可持续发展上，后世博的建设同样将可持续的发展的理念作为重要的建设内容。作为后世博第一个启动的B片区央企总部项目低碳绿色的策略贯穿始终。这里不仅包含对于单体绿色建筑的推进，对建筑通风方式、室内能耗、材料利用、室内外风环境舒适度、风害预防等方面的模拟分析，并根据结果提出建筑形态调整建议，对调整方案进行再模拟验证，还对单体外幕墙的环保节能策略、窗墙比、材料等深入分析。

更为重要的是从早期的城市设计阶段就确定区域整体实现绿色低碳的目标和策略，提出以被动式为主，主被动相结合的方式推进群体建筑的绿色。在"四统一原则"下，争取土地集约、效率最大。根据上海世博B地块建筑的冷热负荷容量及特点，设置一个集中的分布式供能能源中心，使能源利用效率高，显著降低区域供冷系统的主机的装机容量，节省初投资，同时减少运行管理人员，提高维护质量。集中区域供能，不仅更有利于从整体上实现节能，更提高了空间有效使用效率，据统计，与传统的空调机组比较，区域供冷系统平均可节省75%的机房空间。

后世博B片区的建设遵循了最优化的整体绿色的理念，力求从前期工作中争取绿色空间，从过程控制中争取资源集约、从实际操作中争取可持续的整体落实，以此促进整体的节能减排、整体环境的低碳和绿色。

4.行进中的后世博

可持续发展中的"绿色发展、循环发展、低碳发展"已经成为世博会的后续开发的重要

内容。伴随着发展的新要求，规划理念、设计理念、建设理念都在变化中寻求新突破，后世博B片区央企总部的建设进行了积极主动的探讨和实践，积累了一定的经验，有的有示范作用值得推广，有的还有待时间的检验。在这一建设过程中，实现了城市管理、建筑设计、开发管理的信息广泛交叉和深度融合，探索了新要求下的总控设计模式也为初步实现可修复完善的建设管理新机制模式，提供了技术支撑，为项目的整体推进起到积极的作用。

希望颇具历史意义的后世博建设成功地完成向城市新发展极的转变，并使其在这一转变过程中，为城市提供更丰富、尺度更宜人的城市生活空间，对城市建设的可持续发展做出贡献。

作者简介

刘恩芳，女，现代设计集团上海建筑设计研究院有限公司 院长，教授级高级工程师，国家一级注册建筑师，工学博士

经典设计在"后世博"焕发光芒

四场馆华丽变身记

朱晓立 / 文　ZHU Xiaoli

Classic Design in Post-Expo
Transformation of Four Pavilions

2010上海世博会那个难忘的夏天似乎就在眼前，一晃5年过去，许多场馆相继拆除并淡出公众视野，而永久性场馆则带着那份美好回忆，被赋予了新的使命。它们还能受到市民、游客的欢迎追捧吗？最初的设计是否为"后世博"传承发展铺平道路？

今天就跟随记者的探访，看看由上海现代建筑设计集团倾情设计，引以为豪的场馆——中华艺术宫、梅赛德斯－奔驰文化中心、世博中心，以及原作设计的上海当代艺术博物馆如何华丽变身，成为上海会展、文化、艺术的新地标。

---

1. "飞碟"前卫设计
打造"永不落幕的舞台"

时至今日，上海世博会"一轴四馆"中设计最前卫、最富有活力的当属"飞碟"造型的世博文化中心，即今天的梅赛德斯－奔驰文化中心。要问起时尚年轻一族对这座场馆的评价，只有一句话，充满向往中国当下流行演出的圣地！

2014年至今，梅赛德斯－奔驰文化中心已举办了NBA中国赛，布罗诺·马斯、泰勒·斯威夫特、滚石乐队、EXO、刘德华、周杰伦、李宗盛等众多国内外巨星演唱会。吸引了不同年龄层、不同喜好的观众。其中泰勒·斯威夫特演唱会更是创造了开票5分钟售罄的演出最高纪录。

"来这个神秘前卫的'飞碟'看了四、五场演唱会，超酷炫！舞台格局超炫！座位可多可少'百变转换。'"一位观众这样告诉记者。

场馆最初设计的总负责人、华东院建筑设计研究院总建筑师汪孝安透露，从国际招标初期4 000座的剧场，变成18 000座的多功能剧场。方案的大变促使设计团队重新定义这个场馆的功能，最终将其打造成多功能主场馆。可举行大型演出，也可举办篮球、冰球等赛事，还可以用于大型庆典活动。

因此，座位区域和场馆空间需要有多种分隔方案，以实现功能的多样。其中就包括视线可调的座椅，可移动伸缩升降，即适应不同的观看要求，还节约空间。

梅赛德斯－奔驰文化中心负责人透露，

"飞碟"场馆从世博期间264场演出，至后世博无缝链接投入商业运营，至今已经接待了超过千万的中外观众及游客。作为上海顶级的娱乐、文化、体育及休闲圣殿，几乎每次演出、演唱会放票，都受到广大市民和游客欢迎。

最初细致的设计，让这座6层高的文化中心，拥有5个观众楼层、18 000个座位，配备顶级音响及演出设施。同时，设有沪上最大的室内真冰溜冰场、82间豪华包厢、贵宾休息室及约20 000m²的商业休闲区，从购物到餐饮琳琅满目，一应俱全。在位于中心六楼的6间电影放映厅最多可容纳800名观众，震撼演绎众多国内外大片。

更有意思的是，可容纳800名观众的音乐俱乐部The Mixing Room开创上海"剧场＋酒吧"先锋营业模式。包厢及各种贵宾配套设施，使其成为小型现场音乐互动感极佳的理想之地。

前卫的场馆外形，舞台、座位多变设计让观众人气不断上升。每当举办演唱会时，场馆周边就会交通小范围拥堵，人气爆棚下，还直接带动毗邻的世博源商业餐饮的生意。演唱会绝佳的视觉和音响效果，让中国观众有了与众多世界级巨星零距离接触的机会。

未来，梅赛德斯－奔驰文化中心经营管理团队将继续为上海乃至全国的观众呈现世界最前沿的精彩文化演出及体育赛事，提供国际一流观演体验和餐饮服务。向美国洛杉矶的场馆斯坦普斯中心、英国伦敦的O2中心不断靠拢，成为"永不落幕的舞台"。

2.中华艺术宫
延续美好和艺术的"寻觅"

"赶着假期,带孩子来看看,长长见识""追随世博会的影子,犹如到了东方卢浮宫"……9月1日在中华艺术宫开幕的"民族脊梁——纪念中国人民抗日战争暨世界反法西斯战争胜利70周年系列展"吸引大批观众,除了看名作、品名画,漫步在东方艺术宫内,观众另一个目的就是寻觅当年中国国家馆的影子,将建筑的魅力与近现代艺术交融着欣赏。

中华艺术宫运营方介绍,展馆经过全面改建,目前总建筑面积达 17 万 m²,设展厅 35 个,展区面积 7 万 m²。规模、配置上已接近美国大都会博物馆、法国奥赛博物馆等国际著名艺术博物馆。而作为 2010 上海世博会最受瞩目的中国国家馆,当时的理念"寻觅"这条主线得以传承延续,带领参观者发现并感悟城市发展中的中华智慧,这一初衷在今天观众参观时也能被发现。

无论是让观众热情高涨的多媒体全景《清明上河图》,还是分布在馆内由吴冠中、贺天健、滑田友、谢稚柳、程十发等多位近现代艺术大师创作的 300 余件不同时期的代表画作,都传递着一个信号——打造一座国际化、友好、诚实、知性的艺术博物馆。

"当年国家馆、地区馆上下独立,分开参观的设计格局也为今天特大美术馆陈列设置融入了特色。艺术宫参观空间分成主楼(9m 层高以上部分原中国馆主馆)及裙楼(9m 层高以下部分原中国馆地区馆)。观众可自上而下一路寻觅艺术的真谛。"中华艺术宫展馆负责人表示,建筑标志色东方红,31m 层高、41m 层高、49m 层高各具特色,展厅则大气简洁布置,灯光巧妙装扮塑造,让观众更专注艺术作品本身。上部结构中,外墙上延续当年透光玻璃设计的亮点,让参观者参观中途透透气,能眺望一下世博浦江两岸美景。

记者发现,中华艺术宫通过自动扶梯、长斜坡步行廊道等巧妙结合,让各展厅形成完整的艺术链,参观路线也不会遗漏,游客和观众在内部变得悠然自若。

曾有市民担心,曾坐落于南京西路经典的上海美术馆迁址中华艺术宫后,是否还能韵味十足。从今天场馆的设置到服务的多样性来看,中华艺术宫展出面积更大,团队更国际化,服务更人性化,已毫无疑问成为上海文化大型美术馆新地标。

采访中,许多市民除了对中华艺术宫常设的中国画、油画、版画、摄影、连环画、书法等作品喜爱,一些国际化多年龄层次的展品也受到关注。如近期既有"回望海平线——第十五届海平线绘画·雕塑特别展""大道之道——赖少其诞辰百年作品展"等我国近现代艺术大师作品集结,也能看到"迪士尼经典动画艺术展"这一类儿童、青少年十分喜爱的展览,内容更加多元。

上海市规划和国土资源管理局局长庄少毅,8 月在中华艺术宫多功能厅举行的 2015 城市空间艺术季发布会上表示,上海已全面进入更加注重"品质"的时代。好的城市空间设计,不仅能让上海更宜居、更美好,也使上海成为全国城市建设的"模板"。

"2010 上海世博会主题是城市让生活更美好,中国国家馆已变身中华艺术宫。当时的美好与现代的艺术融合在一起,使这座展馆更具生命力。"庄少毅表示,中华艺术宫这样一座经典的建筑,吸引着越来越多年轻新锐来此寻觅艺术之路,感受上海的魅力。

1.梅赛德斯—奔驰文化中心(原世博文化中心)
2.中华艺术宫(原中国馆)

2

3.由原南市发电厂改造的2010年上海世博会城市未来馆，待
上海世博会结束之后，又改造为上海当代艺术博物馆
4.上海世博中心在世博会之后，转型为国际会议的重要场所

3.老电厂创新突破，"看不懂也很喜欢"

后世博期间，同步改建并开放的中华艺术宫、上海当代艺术博物馆，填补了上海艺术博物馆体系的空白，使上海的艺术博物馆系列形成完整格局，即上海博物馆展示古代艺术，中华艺术宫展示近现代艺术，上海当代艺术博物馆展示当代艺术。其中，当代艺术是前卫、抽象、大胆的代名词，能与一座百年老电厂原址融身，实属新与旧、历史与未来的激烈碰撞。

同济大学建筑设计研究院（集团）有限公司原作设计工作室设计的2010上海世博会城市未来馆，对南市发电厂主厂房和烟囱的改建，引入多项新能源、生态建筑技术，达到绿色建筑的标准。通过绿色环保理念的加强融入，内部建造了一座地下新能源中心，为浦西世博园城市最佳实践区、部分企业自建馆及商业配套设施提供空调冷热源。

当年负责场馆设计的工作室介绍，依托"可持续发展"原则，这座老电厂改造设计从空间布局、内部交通组织、防火疏散设计、结构强度、设备容量等方面统筹考虑。世博期间及后世博利用都全盘考虑，赋予其旺盛的生命力。

"今天的当代艺术博物馆，除了有标志性的大烟囱温度计，还具有太阳能发电、风力发电、主动式导光、江水源热泵、水回收利用、生态绿墙等多项建筑新技术。当代艺术在其中'片地开花'，效果非常奇特。"馆方工作人员告诉记者。

采访中，场馆志愿者罗阿姨的一番话让人印象深刻："当代艺术博物馆很多艺术品都很难理解含义，有的对照名称后仍没有头绪。但看不懂也很喜欢。"罗阿姨回忆说，自己的家曾经就住在南市发电厂对面街道内，起初并不理解这样的变迁意义何在，但随着世博会举办，看到老电厂新生，展示未来生活科技，再到现在华丽变身为当代艺术博物馆，这里满足了自己和许多参观者对新兴文化的好奇心，特别是当代艺术展品，虽然很抽象有时看不懂，但每一件都可谓前所未见，让人有一种不断接受新鲜事物的冲动。

一些热爱艺术的参观者，甚至会选择在展馆内"泡一天"，用身心去感受艺术的气息。而除了近距离感悟艺术品魅力，一楼的文化艺术品商店、设计师小书店、五层咖啡厅、七层正餐厅、三层图书馆等开放配套设施，让许多年轻人观展之余有了放松身心、彼此交流、休闲娱乐的空间。

"Copyleft 中国挪用艺术展、时空书写抽象艺术在中国、卡地亚时间艺术展等新锐当代艺术展非常精彩，在这样历史底蕴十足的建筑中欣赏，很受启发和鼓舞。内部最高悬挑27m的展示空间，让人有一种完全融入的感觉。"同济大学一名在读研究生告诉记者。

上海当代艺术博物馆副馆长李旭看来，当代艺术虽然专业性比较强，针对的人群也不是那么宽泛，但场馆非常欢迎所有观众进馆参观。馆方将提供接触、欣赏和理解当代艺术及其语境的"土壤"。或许公众第一眼无法吃透当代艺术作品

的内涵，但展示最大的意义是探索，是一种创意的启发、创新的突破。犹如这座展馆从一座发电厂改造而来一样，谁都没想到当年发电厂高达165m 的黑漆漆烟囱会变成上海城市新地标。

"作为大陆第一家公立当代艺术博物馆，这里已成为上海双年展的主场馆。每年还会举办各类讲座、工作坊和亲子活动300 余场。"李旭透露。

记者获悉，当代艺术博物馆还建立起与国内外各大美术馆不间断交流机制。比如与法国蓬皮杜艺术中心签署长期合作意向，邀请法国蓬皮杜艺术中心法国国立现代艺术博物馆副馆长狄迪耶·奥丹爵（Didier Ottinger）前来做讲座，让广大艺术爱好者对超现实主义有更为深入的了解；还邀请了美国安迪·沃霍尔美术馆馆方对当代馆的工作人员进行培训，共同开发教育项目，合作进行展陈设计。

未来，上海当代艺术博物馆将努力为公众提供一个开放的当代文化艺术展示与学习平台；消除艺术与生活的藩篱，促进不同文化艺术门类之间的合作和知识生产。

作者简介

朱晓立，男，上海地铁 I 时代报社新闻部记者

4.不张扬的外表下成为城市"客厅"

上海世博中心北接滨江绿洲，东靠世博轴，南临世博大道及世博核心园区，西望世博公园及卢浦大桥，作为上海世博会永久性保留场馆之一，目前转型成为大型高规格国际会议的重要场所。

整个项目设 8 个层面，分别为地下 1 层，地上 7 层。用地面积 6.65 万 m²，绿化面积 13 300m²，总建筑面积约 140 000m²。40m 的建筑第一眼并不出挑，端庄而不张扬的外表下，内部是巧妙的展馆展厅布局，设计和分割的精妙，使其功能逐渐强大。

上海世博中心、在世博会期间承担了国家馆日庆典、荣誉日活动、国际论坛、宴请、演出、贵宾接待、新闻发布和指挥运营等重要任务。后世博以来，一方面承担政务服务功能，成为上海市"两会"及其他重要政务性会议的举办场所。而另一方面，还要承载社会功能，对市场和社会开放。在国家级、市级重大政务活动和国际性商务活动中，世博中心的服务多次得到各级领导、海内外来宾的高度肯定和一致好评。

上海世博中心场地布局灵活，可根据实际需要进行适当分隔。其中大会堂（红厅）、上海厅、多功能厅、中会议厅、小会议厅、VIP 会议厅、专用会议厅、新闻发布厅、贵宾厅、宴会厅、江景餐厅等，依靠不同会展面积，风格各异，目前可谓各司其职，满足不同商务会务需求。而可容纳 550 辆车的地下停车库和地面停车区域，也成为越来越多与会者、商务人士，愿意前往世博中心开展会务洽谈的原因。

世博中心在上海世博会结束两个月后，即举行了上海人大和政协"两会"，经过近 3 年的运作，转型为一流的政务活动和国际会议中心。根据现代建筑设计集团最初设计理念，较之大气谦和不张扬的外表，整个建筑按照国内外双重绿色标准认证的大型公共建筑开展设计研究，更多地围绕着室内空间设计和探索展开，场地灵活布局分割等可行性方案也开展了多次课题研究，为后世博更好地场馆利用，打造会务综合体奠定基础。

上海世博中心去年以来，成功举办了包括"世界城市日"活动仪式、上海市市长国际企业家咨询会议、亚信峰会第四次峰会等众多大型会务活动。而上海迪士尼度假区园区模型等集中展示发布会、三星发布会、大众品牌之夜、华为云计算大会等各类会展也在此缤纷呈现，一流的场馆软硬件设施为产品发布、会议呈现效果等提供了有力的支撑，让人难忘。

据介绍，上海世博中心将以城市"客厅"的正面形象为核心，将会议、展览、活动、宴会、演出等功能汇聚，形成核心竞争力，为今后承担更高级别的会议做好准备，提升上海城市的综合竞争力。

后世博让城市更美好
上海市规划和国土资源管理局总工程师俞斯佳访谈

董艺、杨聪婷 / 整理　DONG Yi, YANG Congting

Post-Expo Beautifies the City
Interview with YU Sijia, Engineer-in-Chief of Shanghai Municipal Planning and Land & Resources Administration

俞斯佳，男，上海市规划和国土资源管理局总工程师

1.宝马品牌中心

上海世博会园区后续利用被视作上海新一轮经济增长的引擎，是带动上海经济结构转型、城市转型，迈向全球城市的关键节点。在世博举办之前，围绕世博园区后续利用展开了各类研究，其中以二次开发的功能定位为重点。在2009年国务院下达关于上海建设"两个中心"（国际金融中心和国际航运中心）和"上海自贸区"，以及2010年关于"长江三角洲地区区域规划"之后，世博会园区后续利用的规划在上海未来的城市发展中有着举足轻重的作用。

1

世博会不是这个城市发展的终点，真正的城市发展是通过世博会的契机把城市的功能和品质进一步地提升，这才是我们的最终目的。——俞斯佳

H+A：本辑《H+A 华建筑》聚焦的是后世博的利用话题，您作为上海规划和国土资源管理局的总工程师，能否从您的角度跟我们谈谈后世博园区在上海总体规划中的定位？

俞斯佳（以下简称"俞"）：后世博区域是上海未来转型发展非常关键的部分。当时，将举办的选址定在黄浦江边上，初衷就是期望通过世博会的举办来提升城市功能。世博园区是在中心城区中占据约 6km² 的一块巨大的工业、仓库和港口用地。如此巨大的区域如果能通过世博会释放出来，未来将会十分可观。因此，在世博会申办成功以后，我们就意识到世博会不是这个城市发展的终点，真正的城市发展是通过世博会的契机把城市的功能和品质进一步地提升，这才是我们的最终目的。

H+A：能否请您介绍一下具体情况？

俞：好的。首先，后世博园区将会形成一个新的城市亮点。目前我们已逐步在世博园区的后续规划中将原来在城市实践中的一些遗憾消除，并尝试了我们过去认为城市当中应该实践的理念和手段，包括城市空间品质分析、历史保护、人性化尺度建立等。还比如，建筑功能及界面、步行系统和绿化系统开发建设，打造城市空间的一体化感觉等。同时世博园里也有很多保留的旧建筑，浦西园区的当代艺术馆、城市最佳实践区，我们把新旧建筑穿插在一起形成城市有机更新的一个示范，将一个城市的发展过程呈现给大家。所以说世博园区后续规划设计首先是从城市空间着手，从而进一步带动城市的功能提升。

其次，世博园区为上海释放了一个巨大的城市公共空间。从位置来看，世博园区是处于上海功能发展轴和景观生态轴的交汇点，是非常关键的一个节点。如此大的一个区域中心在上海已经非常少见，所以这是世博园区的后续利用中对城市巨大的贡献。

另外，后世博园区还是上海城市转型的标志。过去这里是炼钢、造船、运煤、堆货的场地，以后这里是文化博物馆、企业总部、生态公园，甚至还有大量的艺术文化活动聚集，真正代表了上海的转型。而这正是上海这个国际大都市必然的发展方向，因为上海不可能再复制过去的产业模式，必须靠高质量的城市功能的提升来获得城市发展的契机。所以这个区域其实是上海城市未来转型发展的重要标志。

过去是追求量的时代，上海作为一个国际大都市，现在已经进入追求品质的时代。上海目前是全球密度最高的高层建筑聚集城市，因此在上海 2040 年的总规当中有一个前提条件，上海未来的建设用地要实现负增长，只能用存量不能用增量。这种情况下我们只有一条路，就是提升品质，加强打造城市文化内涵。

H+A：城市空间包括道路、广场、绿化等要素，这些要素的形态将直接影响到市民对城市印象，具体您又是如何考虑的？

俞：确实是如此。我们目前的考虑包括几方面。

第一是道路交通。原来我们都是考虑汽车的出行交通，较少考虑人的出行环境，所以上海的慢行交通环境并不好。这就像一个人的主动脉很发达，但毛细血管却都堵住了，长久下来是要生病的。所以我们现在转变观念，先把毛细血管疏通好，有时候毛细血管通顺了，形成一张网络的话，它起到的作用可能比主动脉还强。欧洲城市在这方面有比较好的经验。我们希望能够逐步把支路和次干道系统的瓶颈打开，形成车行网络和慢行交通网络，切切实实让上海市民能够感受到。

第二我们考虑的是广场绿化。因为上海的人口密度高，建筑密度高，需要一些大型的广场和公园来分散城市和建筑的压力，但是真正对城市的生活起到重要作用的其实是小绿化和小广场，城市中的小空间才是真正决定品质的。据调查，不少市民希望能够在家和菜市场中间有公园，方便老年人买菜回来以后休息聊天，同时也可以让孩子下课后去活动活动再回家。

H+A：真是非常好的想法，相信这些城市空间的改善会让市民获得很好的体验，现在是否通过什么方式在启动这一计划？

俞：我们希望将这些小型广场、小型绿化和大型公园，以及一些有趣的城市建筑串联在一起来形成良好的步行环境，甚至是很好的跑步环境。我们计划施行的一个项目就是疏理上海的经典跑步线路：邀请喜欢运动的建筑师们上街跑步，一边跑一边帮我们疏理出上海经典的跑步线路，在跑的过程中，那些让他们感到不舒服的城市空间就由他们来设计改善。

H+A：很有趣，相信不少建筑师会乐于参与

其中！

俞：另外我们还关注一点，就是城市中的建筑。确实，奇奇怪怪和设计创新只有一步之遥，你可以说它是奇怪，也可以说它是设计创新，如何防止奇奇怪怪是一个很困难的命题。从我个人的角度，我宁愿这个建筑保守一些，也不希望这个建筑怪异，这是我一贯的管理理念。另外，我们也组织了强大的专家团队帮助评审，里面有院士、建筑师和评论家等。我们通过机制的设计来降低奇奇怪怪建筑出现的可能性。除此之外，以后还要在生态建筑、文化保护建筑方面进一步地提升，这方面上海目前做得还是不够。

H+A：您觉得后世博建设发展中存在一些什么问题？

俞：在我们看来如何持续地维持人气是世博园区后续利用中面临的最大的挑战。目前滨江沿线的人气可能还需要进一步的提升，这包括两个方面。第一，杜绝单一功能，将生活、文化、娱乐等多功能进行复合，通过各种体量的建筑让丰富多彩的业态能够串联在一起。第二，有特色的空间，希望通过小尺度、小街坊的概念来丰富城市空间的类型。在实践过程中也并没有一个统一标准，可能要进行一个理性的评估来看看哪些地方适合怎样的规划，这其实也是一个挑战。

在生态建筑和历史环保方面，我们也有所欠缺。比如，怎样在建设过程中实现低碳环保这个问题，这与周边环境有关，与使用者的感觉有关，也和是否适应新的生活方式有关。绿色建筑可能会增加成本，但是我认为这是发展方向，世博区域应该率先垂范，世博都不去做的话，上海其他区域也不会做了。如果上海都不去做的话，全国都不会做了。

作者简介

董艺，女，建筑学博士，现代设计集团市场营销部主管，《华建筑》主编助理
杨聪婷，女，《时代建筑》杂志 编辑

打造顶级公共活动中心

上海世博发展（集团）有限公司副总裁席群峰访谈

Construct Top Public Centre
IInterview with XI Qunfeng, Vice President of Expo Shanghai Group

董艺，丁晓莉 / 整理　DONG Yi, DING Xiaoli

席群峰，男，上海世博发展（集团）
有限公司副总裁

1.改造后的世博轴

1. 传承"城市，让生活更美好"

　　5.28km² 的世博园区，通过开发形成横跨黄浦江两岸的"五区一带"，整个园区从规划开始就引入最新的理念，建成后的世博园区将创造出功能多元、尺度宜人、品质高雅的城市空间，成为真正意义上的市级公共活动中心。

H+A：世博集团是世博后上海现代服务业发展的旗舰企业，您能简单介绍一下世博集团目前在世博地块后续利用中的职能和工作内容吗？

席群峰（以下简称"席"）：不同于上海其他几个在管委会模式下进行运作的开发区，世博园区是市政府直接成立世博集团，作为企业的形式来组织后世博区域的开发。

　　世博集团主要的职能就是负责原来世博会这块土地的开发，并根据市政府的要求分阶段对这些土地进行招商，此外还要承担一部分世博园区开发后的管理工作。目前原世博的一些临时场馆还在用，比如沙特馆、意大利馆、西

班牙馆、俄罗斯馆等还在继续对外经营。我们也是以市场化的形式和一些单位合作，有些他们来经营，有些我们自己经营。同时还要负责公园开放后的管理工作。此外，世博区内一些没出让的土地也是世博集团在进行管理。

　　现在的世博集团和原先世博会期间的工作内容还是有很大不同的。世博会期间，投资和建设全部都是世博集团一家负责，到后世博就发生了变化：把土地商业化、市场化运作之后，

2010年上海世博会的落幕也意味着一个新的开始，伴随着"十二五"建设的序幕，后世博时代已然在上海这片热土上开启属于它的篇章。作为市属国有投资企业集团，上海世博发展（集团）有限公司（以下简称"世博集团"）负责实施后世博时代世博园区的开发建设和管理。经过5年的建设，到2015年底，上海世博园区B片区央企总部几乎所有的建筑将结构封顶、A片区绿谷项目一期地下空间结构也将基本完成。未来的世博园区，地上是一个低碳绿色的生态公共活动中心，地下则是全部贯通的超大型"地下城市"综合体。

投资主体有很多，建设的模式也不同，现在是谁投资谁建设，政府相关部门给予支持，世博集团会以领导小组的名义进行一些协调。原来世博会期间所有的建设都是不考虑市场化运行的，当时就是为了满足世博会。现在的建设都必须是为今后的市场化运行服务的。

H+A：那后世博的总体定位是什么？

席：后世博区域总体定位为上海市级的公共服务中心，分为五个区，分别为在浦东地块的政务区、会展商务区、后滩拓展区及在浦西的城市最佳实践区和文化博览区。我们在文化博览区中设立了一个世博会博物馆的项目，这也是历届世博会都没有的，算是我们的创举，建完以后会将历届世博会的东西部分保留放在这个博物馆里面。目前，后世博的结构性规划已经完成，控制性详细规划正在分片区制订中。

H+A："打造市级的公共活动中心"也是后世博的开发目标？

席：对，后世博园区开发建设的主要目标就是要打造市级公共的活动中心，这是规划局定的，以商务和文化活动为主，现在主要集中在一轴四馆，同时向两边拓展，形成一个市级公共活动中心。

后世博开发的理念就是要传承世博的"城市，让生活更美好"的理念，以"求品质、求品位"来打造一个低碳环保、交通便捷的市级公共活动中心，所以现在后世博的规划路网也在逐步加密中，两条地铁线、两条隧道也都已按原来的建设规划要求建成，并已投入运行。

H+A：能否具体谈谈后世博开发是如何体现"求品质、求品位"的？

席：在规划中就已有具体体现了。后世博区域内开发的项目在和投资商的土地协议里面就限定了所有的建筑都必须达到绿色星级标准，目前来看后世博建筑中被认定为绿色三星的比例相当高，所有建设出来的房子不能有大面积的玻璃幕墙。因为大块的玻璃幕墙都会在一定的距离范围内形成强烈的光污染。我们积极倡导和推行"求品质、求品位"的理念，想要低碳、

生态、环保，就要大力推行绿色建筑，我们也是紧紧围绕这个理念做开发。

H+A：在2010年上海世博会举办前有哪些对后续开发模式的思考？

席：早在规划世博会的时候，我们的投资主体就已考虑到了会后的后续利用。世博会一轴四馆、城市最佳实践区的世博村都是永久建筑，除此之外还有与之配套的市政设施，包括道路、变电站、公园、水库等也都是永久建筑。同时，在世博规划时还为后世博发展预留了一个宾馆，也是永久建筑，目前这个宾馆也已开始建设。

H+A：与其他城市的世博会后续利用经验相比，上海世博会后续利用有什么特殊性？实际与预先设定的规划方案一致吗？

席：2010年上海世博会与历届世博会相比，它的特点还是比较明显的：首先就是占地面积大、场馆面积也大，还有一个是永久性展馆也多；其次，世博会的时候我们规划的实施度高，世博会时候的建设，不管是临时建设还是永久建设，完全按照规划实施，在我们的一个后评估中，上海世博会规划实施的比例在90%以上，比例相当高，效果也比较好。

此外最大的一个特点就是二次开发，上海世博会一结束，市委市政府的领导就提出了进行后续开发。我们在国外考察过很多世博会，很多国家的世博会在结束后展馆基本就废弃了。上海世博会一结束就开发，这在其他举办过世博会的城市是不多见的。另外还有一个特点就是二次开发的快速展开，我们现在已经按照市政府"三年出形象、四年出功能"的要求，从2012年开始动工建设到现在3年的时间内基本上已经出"形象"了，B片区明年就可以入驻，效率也比较高。在中国，只要政府下决心，再难的事情也可以做到。

2.B片区引领创新驱动

在国内外需求下行、工业增速回落等不利因素影响下，上海正全力推进创新驱动发展、经济转型升级。而后世博投资额超过100亿元

人民币、有 13 家央企入住的 B 片区在全面落成后，其总部经济圈的形成无疑将成为拉动上海经济增长的重要动力。

H+A： 当前的开发目标和计划是在怎样的背景下制定出来的？具体的过程是怎么样的？考量了哪些要素？我想这也是很多人感兴趣的地方。

席： 后世博的开发是市委市政府根据"十二五"规划来确定的，同时，也提出了"创新驱动，转型发展"的要求。所以我们集团也是围绕"创新驱动，转型发展"这个要求来积极推进后世博的开发。

具体而言，我们首先引进央企入驻 B 片区，通过这种方式来拉动上海经济的发展。整个 B 片区共引进央企 13 家，整个投资额超过 100 亿，央企的建筑在地上有 60 万 m²，地下有 40 万 m²，量很大。等这些央企都入驻后，因为它们是总部经济，应该会将一些新增板块吸引到这个区域内。企业要发展，每年每阶段都会有新增的板块，而这些新增的投入都会放在上海，所以对上海经济会有一定的拉动作用。

H+A： 这么多央企入住 B 片区，那 B 片的设计也一定有很多特别之处。

席： 的确，央企 B 片区的方案设计是由很多国外设计机构一起参与的，这些建筑群虽然看似密集，但从建筑里往外看还是非常舒服的。整个设计理念就是"自己看人家，而不是被人看"，所以在 B 片区中采用了小街坊模式，就是一块一块的区域很小，一二百米一个街坊，房子全部贴着红线造，所以房子看上去很整齐，建筑的密度高，但高度低，限制 100m 以下。

B 片区第二个比较明显的特点就是有一个集中供能的能源中心，在上海地区目前是第一家开始对社会化区域功能进行供能的。其他地区也搞能源中心，但大多是一个开发商自己管自己。我们现在是为十几家开发商服务的，我们的能源中心用的是清洁能源，节能环保，而且这个能源中心设在地下，又节约了用地。

B 片区最大的亮点是地下全部打通。我们吸取了陆家嘴开发时地下都不通的经验教训，在这块 18.7hm² 的区域内进行地下大连通。地下由我们统一建造，然后再和相邻的地块通道连接。这在上海前所未有，我们成功了。此外，B 片区也没有围栏和围墙，和区域连成一体成为一个开放的公共空间，这在上海也是一种比较新的尝试。

H+A： 能介绍一下其他区域的特色吗？

席： A 片区的特点也很明显，它是以世博集团为主开发的，地上地下以"绿谷"先行开发，这叫横切模式，就是先把地下打通并建设完成，然后在地上方案做好后，打包把地上地下的土地卖出去，开发商在建造的时候必须根据原来的规划要求建造。这样做能够保持我们的开发品质，实现政府对这个区域"高品质、高品位"的要求。A 片区将在 2017 年投入使用，区域中间低两边高，形成一个绿谷。A 片区和 B 片区其他的几个方面都是相似的，绿色标准高、地下大连通，也是没有围栏的一个公共开放区域，但形式上 A 片区会比 B 片区更活泼，形态更美。

H+A： 后世博的具体开发模式是怎么样的？与普通城市区域开发模式相比有何创新？

席： 具体讲就是"四统一开发"，这个模式应该说在中国还是第一次，比较新颖。"四统一"即统一规划、统一设计、统一建设、统一管理。现在前三个都已经实施了，接下来要做的就是统一管理，实现地上地下的公共空间和地下的联络通道等这些区域的统一管理。"四统一"最重要的特点是节约供给、节约成本、节约土地。

现在有很多其他区域的开发者和管理者来学习这种模式。A 片区绿谷的开发模式也被徐汇滨江西岸开发采用了。政府在创新，审批也在创新，我们的开发模式也要在适合现状的情况下去创新，B 片区和 A 片区的开发模式都是前所未有的。所以后世博开发一定要积极创新

来加快这个区域的发展。

H+A： 目前的开发进度是否如期进行？有什么困难和问题吗？

席： 有创新就肯定会有矛盾，要创新就要突破，要突破就会对一些已有的法律法规、已有的审批程序、已有的技术规范造成冲突。比如，后世博的规划比较明显的特点和理念就是小街坊及高贴线率，这对现有的审批规范和技术规范是有突破的。常规做法是建筑都要退红线建造，贴红线建造在审批时肯定会有问题，这时候，世博集团的作用就开始体现了，我们的世博后续领导开发小组会介入协调。政府希望创新，也希望为企业服务，那么为企业服务也不能违反法律法规，有一个中间协调的政府管理部门，大家就可以坐在一起协调，达成共识，审批的矛盾就这样解决了。总体来说审批矛盾最多的是消防方面的，包括绿化、交通、环评等，这些方面都有突破。

又比如，B 片区央企开发碰到的难点是投资主体多，各个单位都有自己的决策程序，理念也不一样，所以对我们来说协调工作难度很大。

第三个比较大的问题就是公共能源中心的运行维护成本偏高，各家单位都感觉自己承担的运行费用偏高，价格协调也是个大问题。

还有一个比较大的问题就是投资切分，因为园区内的地下是个大基坑，下面都是统一建造的，按红线切、按平方米切或者是按难易程度切都会带来不一样的结果，所以我们在投资切分的时候也遇到一些困难。在和央企协调这类事情的过程中遇到不少问题，但经过逐步磨合，最终还是把这些事给协调好了。

的确，困难很多，但所幸的是我们最后都把它们解决了。

3. 开放、开发和谐共融

5.28km² 的区域内边开发边开放，进入后世博时代，一轴四馆等已有建筑已有效转换为

集聚人流的中心，建设环境和开放的区域和谐共融。后世博的开发将加速上海迈入亚洲中心城的步伐，助力上海成为全球顶级城市。

H+A： 从世博结束到现在已经有 5 年之久了，您如何看待从 2010 年到 2015 年这几年取得的成效？

席： 后世博这 5 年成绩还是蛮大的，两次开发速度都很快。2012 年基本上就启动了，而且是边开发边开放，把 5.28km² 区域全部开放出来，到了 2012 年已将公园全部向社会免费开放，预计这个公园到 2016 年可以接待游客 100 万人次以上。一轴四馆的中国馆每天的人流在 5 000 人次以上，世博轴商业开发后，每天的人流量也高达 2 万人次以上，再加上世博展览馆、梅赛德斯－奔驰文化中心、世博中心等全面发力，5 年来，这里已经形成了集聚的人流，这和历届世博会后原址大多冷冷清清的局面相比，是一个鲜明的对照。

第二个显著的成绩就是从 2012 年开始建设到现在，建设没有影响区域的开放，没有对周边地区造成污染和影响。所以我觉得看它的人流量，看它的建设环境和开放的区域有没有相互对冲，没有冲突是后世博最大的成绩。

H+A： 所以感慨也很深。

席： 是的，只要敢于创新、敢于担当，就没有克服不了的困难，后世博开发很典型，因为协调难度很大，不管是政府部门碰到的压力，还是我们碰到的难题，大家共同创新，在围绕"创新驱动，转型发展"的要求下，敢于担当、勇于创造，就没有克服不了的困难。关键是我们自己要找准站位，不要把自己放到不恰当的位置。只有把自己放在服务者的位置，创造出好的区域环境来吸引投资者，并服务好他们，彼此在感情上能相互理解，才能最终达到预期的成效。

我自己的一个感受是世博开始建设的时候全中国都在支持我们，当时虽然困难很多，但是压力不一样，只要有困难就能找得到帮你解决的人。但到了后世博感觉完全不一样了，原来的这种支持没有了，市场化运作后困难更多，成本也高，这个是万万没有想到的。

但我也很欣慰，不管怎么样，我们还是坚定信念，吃亏不怕，遇难也不退，受挫也不馁，与政府部门一起共同推进，共同协调，使今天的后世博建设有这样的成就。

H+A： 作为整个世博会召开和后续开发的亲历者，能否为我们描绘一下您心目中未来世博园区的面貌。

席： 对我自己而言，一生当中碰到建一个世博会再拆掉一个世博会，再重建一个世博园的这段经历难能可贵。所以十年来虽然很苦很累，但是想到成果还是非常喜悦的，还是值得的。

未来的世博园在各家各方的努力下一定能够实现我们原来的目标，打造一个中国一流，国际领先，具有自主创新、生态环保、开放式的市级公共活动中心。

这个目标一定会实现。

作者简介

董艺，女，建筑学博士，现代设计集团市场营销部主管，《华建筑》主编助理
丁晓莉，女，《时代建筑》编辑

面向未来的城市最佳实践
上海世博会城市最佳实践区总策划师唐子来访谈

徐洁，杨聪婷 / 整理　XU Jie, YANG Congting

Urban Best Practice Faced the Future
Interview with TANG Zilai, General Planner of World Expo 2010 Shanghai Urban Best Practices Area

唐子来，男，同济大学城市规划系教授、博士生导师，全国城乡规划学科专业指导委员会主任委员，中国城市规划学会常务理事，上海市规划委员会专家咨询委员会专家，享受国务院特殊津贴专家；2007-2010年，担任上海世博会城市最佳实践区总策划师

1.当代艺术博物馆（原南市发电厂）鸟瞰
2.上海最佳实践区鸟瞰全景

2010年上海世博会城市最佳实践区是世博会历史上的一个创举，获得大众媒体和国际社会的广泛好评。世博会虽已降下了帷幕，但城市最佳实践区继续演绎"城市，让生活更美好"的使命仍未结束。根据原世博会地区的后续发展规划，占地约15km²的城市最佳实践区将作为街区改造范例，依托后世博开发和黄浦区建设世博滨江文化博览商务区的发展契机，打造集创意设计、交流展示、产品体验等为一体，具有世博特征和上海特色的文化创意街区，为上海城市的"后世博发展"树立新的标杆。

1

1.后世博园区规划定位

徐洁（以下简称"徐"）： 上海世博会园区后续利用被视作上海新一轮经济增长的引擎，是带动上海经济结构转型、城市转型，迈向全球城市的关键节点。在"两个中心"（国际金融中心和国际航运中心）和"上海自贸区"，以及2010关于"长江三角洲地区区域规划"等大背景下，世博会园区后续利用的规划定位是否更加清晰明确了呢？

唐子来（以下简称"唐"）： 我解读的后世博园区的规划定位有三大宗旨。第一，满足上海迈向全球城市的功能需求；第二，为上海市民提供公共性的城市功能和空间；第三，规划理念的示范性，即对中国的城市发展具有借鉴意义，充分体现全球最佳城市实践的四大主流领域，包括可持续的城市化、宜居家园、历史遗产保护和利用、建成环境的科技创新。

　　根据这三大宗旨，规划部门出台了上海世博会地区结构规划方案，即上海世博园区的后续利用将形成"五区一带"的功能结构。其中浦东有三个区：（1）浦东世博村地区（用地面积约0.63km²），规划布局国际社区（后来改为政务区）；（2）浦东一轴四馆地区（用地面积约1.94km²），规划布局会展及其商务区;（3）浦东后滩地区（用地面积约1.4km²），规划布局后滩拓展区，为城市可持续发展预留战略空间。浦西有两个区:（1）浦西江南造船厂地区（用地面积约0.93km²），规划布局文化博览区;（2）浦西城市最佳实践区（用地面积约0.42km²），规划布局文化创意街区。而"一带"指的是滨江生态休闲景观带，主要由园区内黄浦江岸边的绿化带构成。因为土地产权的问题，浦西江南造船厂地区的后续规划还没有完全落地。

徐： 世博会后城市最佳实践区的规划定位又是什么？

唐： 城市最佳实践区的会后定位是文化创意产业主导的商业地产，我们希望它不仅是文化创意产业，而是集时尚、文化、休闲、餐饮、展览等多种功能于一体的多元化街区，营造激发创意梦想的生态环境。

2.工业遗产保护和利用

徐： 城市最佳实践区得到了国内外的广泛好评，国际展览局秘书长洛塞泰斯称赞最佳实践区是上海世博会的灵魂，也是未来世博会的范本。能否谈谈您在最佳实践区的规划设计之初，有哪些思考？

唐： 当时我们认为城市最佳实践区是通过大事件来进行城市再生的范例。我们提出"X+1"

的规划概念，希望城市最佳实践区不仅在世博会期间是汇集许多城市最佳实践案例（X）的"展区"，更重要的是在世博之后，其自身也应当成为体现城市最佳实践精神的一个"展品"。这就是说，城市最佳实践区在街区规划、工业遗产利用和环境设计等方面，要充分体现可持续发展的理念，使之成为城市再生的最佳实践案例。城市最佳实践区的两次转型都获得了全国优秀城乡规划设计的一等奖：第一次是2009—2010年度，第二次是2013—2014年度。此外，还获得了美国绿色建筑理事会颁发的LEED-ND绿色低碳街区的铂金级规划证书。

徐： 这两次获奖有什么区别么？

唐： 第一次是从"传统工业园区"到"世博亮点展区"的转型，第二次是从"世博亮点展区"到"城市活力街区"的转型。所以，第一次转型只是为街区再生创造了条件，第二次转型才是街区再生本身。我们的最终目标是体现城市最佳实践精神的城市活力街区。

徐： 对法规之外的保护和利用也是有意义和价值的。

唐： 这个地方曾是传统的工业区，大部分工业遗产只是一般的工业建筑，并不是法定的保护对象，如果当时将旧工厂拆除其实也是可能的。但我们的目光要放长远，要明白这不是负担而是我们的资产。其实对规划设计来说保留传统脉络是一条妙计，这比在一张白纸上做设计多了个抓手。除此之外，保留工业遗产还需要考虑其利用价值，厂房的大跨度就非常适合做展览空间，所以并不是所有的工业厂房都保留了。如今，这些保留的工业遗产已经成为城市最佳实践区的一种特质，城市最佳实践区现在也成为上海的地理标志。

　　世博会之后，我们更是有了双份遗产，一份是工业遗产，一份是世博遗产。我相信，城市最佳实践区会成为上海的一个历史文化风貌区，因为它记录了城市历史发展的一个特殊的片断。在后世博发展中进一步强调不仅要保留地区的形态脉络，还要继承城市最佳实践的精神内涵，即可持续的城市化、宜居家园、历史遗产保护和利用、建成环境的科技创新。

徐： 城市实践区在世博会举办之后，应该如何进行再利用？

唐： 在世博会之前，我们就已经考虑到世博之后的利用。会后哪些是要拆的，哪些是要保留的，都有过详细的考虑。我们把建筑的重建、保留和利用分为五类：第一类是整体重建地块，如北部的临时建筑地块和南部的城市广场地块；第二类是完全保留的建筑，如汉堡展馆、

罗阿展馆、阿尔萨斯展馆等；第三类是外观基本保留和内部进行改造的建筑，比如沪上生态家、B2和B4联合展馆；第四类是外观和内部全部改造的建筑，如B1和B3联合展馆；第五类是零星插建的小型建筑，如在丹麦奥登赛室外展馆上建造的餐饮建筑（星巴克已经开业）。全球城市广场在世博会后将会改造成一个L形的滨江开放空间，我们称为上海的"圣马可广场"。北部临时建筑或被搬迁（如宁波滕头馆和西安大明宫）或被拆除（如麦加帐篷建筑和温哥华木屋）。

　　在规划控制的总体空间格局下，各类建筑在风貌、体量、高度和肌理上的变化带来了丰富的多元化，让人感觉城市最佳实践区不是规划出来的而是基于历史积淀的自然生长，这就是我们追求的一种规划境界。

徐： 城市实践区的世博会后改造存在哪些问题？

唐： 规划做好后，最后的检验是看这里商业发展能不能成功，能不能聚集人气和形成活力。这里略有遗憾，由于各种原因，招商团队引进的商业项目与规划预期有些出入。比如当时希望马德里展馆的一层是公共开放的，室内活动能够外溢到室外，与空气树下的开放空间融为一体。因为公共空间的界面如果不是公共开放的，那么这个公共空间的活力将会大大弱化。还有一处是B2联合展馆，原来希望骑楼沿线的底层都是开放界面，但是后来这里却全部租给了SKF公司，最终这个界面缺乏应有的活力，真是很遗憾的。

作者简介

徐洁，男，《时代建筑》杂志 执行主编
杨聪婷，女，《时代建筑》杂志 编辑

POST EXPO TIME

后世博时代

【主题项目】梅赛德斯—奔驰文化中心、上海世博中心、上海世博展览馆、世博源、中华艺术宫、上海儿童艺术剧场、沪上生态家、当代艺术馆、世博A片区中央商务区建筑群、世博B片区央企总部区建筑群、上海世博会博物馆，这些精彩纷呈的建筑通过场馆后续利用、运营、场馆改建、新建等不同方式，在后世博时代焕发出崭新活力。

项目名称：中国 2010 年上海世博会 世博文化中心
建设单位：上海世博文化中心有限公司
建设地点：上海浦东世博园区浦明路
建筑类型：多功能演艺综合体
设计 / 建成：2007/2010
总建筑面积：140.277m²
建筑高度 / 层数：41m / 地上 6 层，地下 2 层
容积率：1.32
建筑设计单位：现代设计集团华东建筑设计研究总院
获奖情况：2009 年第三届上海市建筑学会建筑创作奖优秀奖、2009 年住房与城乡建
设部绿色建筑三星设计评价标识、2010 年 CITYSCAPE AWARDS REAL ESTATE ASIA 最
佳城市综合体奖、2010 年全国创新杯 BIM 建筑大赛 4 项设计奖：建筑设计、工程设计、
协同设计及低碳设计的设计一等奖、2010 年台湾远东建筑设计"杰出奖"、2011 年度
全国绿色建筑创新二等奖、2011 年中国土木工程学会"詹天佑奖"、2011 年上海市勘
察设计协会"优秀设计一等奖"、2011 年中国建筑学会第六届建筑创作优秀奖、2011
年全国优秀工程设计一等奖

面向未来的市民建筑

汪孝安，鲁超/ 文　WANG Xiaoan, LU Chao

梅赛德斯–奔驰文化中心商业运营五年回望

Civil Constructions Faced the Future
A Retrospect of the Five Years' Commercial Operation of
the Mercedes-Benz Arena

1. 富有远见的定位

2006—2007 年，世博文化中心历经五轮方案投标，建筑规模从 4 000 座剧场扩展为 18 000 座综合型场馆，最终的中标方案以可变的多功能主场馆为核心形成文化娱乐集聚区，以"借天不借地"的方式飘浮在黄浦江畔，轻盈灵动。

在眼花缭乱的国际竞标方案背后，是决策层逐渐清晰的项目定位：项目要考虑世博会后的长期运营，项目规模要与日后的运营相适应，避免重复建造，项目功能要借鉴国外先进的集聚模式。这样的定位在今天看来是富有远见并卓有成效的。

2. 世博期间的运行

随着中国 2010 年上海世博会的如期举办，文化中心承担了开闭幕式的重任，在为时 6 个月的世博会期间，文化中心平均日客流量达 50 000 人，总客流量超过 800 万。此外，中国东方歌舞团的 261 场驻场表演、14 场大型庆典演出活动及在音乐俱乐部（The Mixing Room）举行的 70 场表演都令人印象深刻。除完成演出任务外，六层开放式环廊的受欢迎程度远超预期，成为世博期间的热门观光点。

2010 年 11 月 1 日，世博文化中心更名为梅赛德斯 – 奔驰文化中心，这是中国第一个被冠名的场馆，也是奔驰公司在德国以外的首座冠

这是中国第一个被冠名的场馆，也是奔驰公司在德国以外的首座冠名场馆，《纽约时报》称其"创出了中国冠名权交易新高"。建筑师在方案阶段参与策划，提出场所氛围与空间特征，与业主经营团队取长补短，在五年后的今天看来，尤其必要。

1. 在梅赛德斯-奔驰文化中心顶层的"360°观景环廊"中看卢浦大桥

名场馆，《纽约时报》称其"创出了中国冠名权交易新高"。这一迅速转型，是管理团队第一次向外界展示他们的市场化程度和成熟度，随着王菲和谭咏麟演唱会的顺利举办，文化中心完成转型，也标志着商业化运营正式开启。

文化中心全新的运营机制显现出了不同以往的活力，由上海东方明珠（集团）股份有限公司、美国文化娱乐企业 AEG 和 NBA 三方共同组建的经营管理方——东方明珠安舒茨文化体育发展（上海）有限公司，使文化中心实现了对全球文化、娱乐、体育活动资源、广告合作商资源、丰富的大型场馆管理经验和优秀团队的共享。在运营第一年各类跨越文化体育界限的演出已达到 128 场，接待观众逾百万，并逐年递增呈现出良好的发展态势，至 2014 年已达 158 场，作为国际场馆业界的生力军，梅赛德斯－奔驰文化中心凭借完善的场馆设施和卓越的运营表现，先后获得英国 STADIUM BUSINESS AWARDS 2012 年度 5 强，美国 POLLSTAR AWARDS 2013 年度 5 强。

项目成功的背后，设计管理运营团队均发挥了重要作用。从建筑师视角来看，设计目标、设计措施、运营状况可以作为评估一个项目的参数。

3.文化娱乐集聚区
1）设计目标

项目定位为文化娱乐集聚区，以 18 000 座多功能主场馆为核心，周边设置商业、餐饮、音乐俱乐部、电影院、观景平台、溜冰场等，希望以文化和娱乐集聚的方式，打造 24 小时全天候运营的文娱新模式，为市民创造一个大众化一站式的文化娱乐场所。

2）设计措施

类似的定位在很多大型商业综合体项目中并不少见，以主力店带动商铺的模式似乎也与本项目非常相似，但是仅有的差异却异常棘手：一是主场馆存在运营时段，难以做到类似商业主力店的全年全日无休；二是主场馆的目的性消费强，客流瞬间集散，难以做到类似商业主力店的细水长流。

棘手之处往往引发概念的产生，设计团队考虑主场馆开闭两种模式。

（1）演出状态下，考虑到入场时间具有相对不确定性，为陆续到场的观众配置互动休闲餐饮类设施是必要且具有盈利空间的，因观众尚有一定候场时间，服务设施可配置在建筑各层，项目中的互动展示、观景、商业、餐饮街、VIP 酒廊均由此理念产生；场间服务主要在验票区内，需要具备快速灵活的特征，项目中除 VIP 包厢层提供专门服务外，在池座楼层分别于环廊侧设置大众化的轻餐饮服务区；散场服务设施则主要设置于观众散场流线，需要具备快速反应能力，品牌便利店及能提供快速打包服务的品牌快餐是此类服务的首选；此外为一部分有夜生活习惯的观众提供影院酒吧咖啡等服务，既有盈利空间，也一定程度上能提升项目的品质，项目顶层则配置了此类相关功能。

（2）无演出状态下，设置能带动运营的特色功能尤为重要，项目配置了音乐俱乐部、真冰溜冰场、360°观景平台、多厅影城，这些在商业综合体中常见的主力店在本项目中集聚起来，一是希望与后世博的商业化开发错位经营，二是在电商日益发展的今天，唯有体验性消费能集聚人气，为演出状态配置的休闲餐饮类设施则与以上特色功能互补共赢。建筑师在方案阶段参与策划，提出场所氛围与空间特征，与业主经营团队取长补短，在五年后的今天看来，尤其必要。

3）运营状况

世博会后，世博园区进入改造阶段而一度冷清，在此不利环境下，文化中心仍在世博会一结束即投入商业运营，且第一年就实现了盈利，这在国际性展会后的大型活动场馆中可谓凤毛麟角，实属不易。而如今，随着轨道交通的开通与公交设施的完善、中华艺术宫（原中国馆）的重新开放、世博轴商业改造完成并投入运营，园区人气日益提升，文化中心的活力正被进一步激发，影城和冰场已逐渐积累人气，不少餐饮已需预订才有座位，六层观景环廊则已成为俯瞰世博园区饱览浦江两岸的观景热点。

4）设计评估

经过五年运营，梅赛德斯－奔驰文化中心已成为上海首屈一指的综合性多功能演艺场馆，对文化娱乐集聚的模式也逐渐为公众认同并成为市民休闲的选项，总体来看运营状况与设计意图基本相符，但限于目前周边现状，配套文化娱

乐设施平时的利用率和运营状况还存有很大的提升空间。"24 小时全天候运营""永不落幕的城市舞台"等方案阶段愿景的全面实现尚需时日，随着公众对文娱休闲需求度的提升，这些设想有望实现。

4.多功能主场馆

1）设计目标

主场馆作为项目的核心功能，承担着本项目乃至世博园区"活力之源"的重任，环顾国际知名场馆，一批以演艺带动城市区域发展的案例成为本项目的标杆。具体来说，文化中心的硬件配置需要达到目标，包括符合美国职业篮球联盟（NBA）的场馆标准、符合国际冰上表演及赛事的标准、与国内及国际演艺公司通用标准相适应的音响灯光效果，同时适用于赛事和演出的更衣及后场区、能适应每年 250 场赛事或演出的快速转场能力。

2）设计措施

多功能场馆是设计的新课题，目前国内外众多演出活动均利用体育馆或体育场举办，而高规格的音乐会则多选择音乐厅或大剧院，而篮球馆与冰球馆的结合在国内也属首例，以上功能的结合对观众视线和场地的适应性提出了较高要求。

为将多种功能兼容，设计团队在池座区部分采用可移动的机械式升降坐席区，既满足场地从演唱会到冰上赛事的不同规模，又使观众视线高度在一定程度上可以灵活调节。此外，适当增大楼座区的抬升角度，使观众视线能抵达标准冰场的边缘。

演出场地为兼容 NBA 标准木质地板、标准冰面厚度的冰场、各种演出甚至马戏的灵活搭台等要求，采取了硬质地坪预埋制冰管的方式并预留保温和排水设施。

为兼容不同的赛事及演艺团队，音响灯光及顶部钢结构桁架均考虑不同标准的兼容，在设施配置上将场馆标配与承办商选配相结合。更衣及后场区域则预留功能用房与转场空间，更衣化妆淋浴新闻发布等功能配置完善，特别考虑货车能进入演出场地以实现快速转场。

观众体验方面，设计采用可分隔的观众区，以实现 4 000 座、8 000 座、12 000 座、18 000 座的不同模式；观众环廊设置充足的轻餐饮服务区，特别在卫生设施配置方面，部分洗手间设置为男女兼用，以满足不同演出时不同的男女比例。

VIP 区在常规的包厢外设置了看台区，使包厢观众也能体验全场狂欢。

3）运营状况

在演出行业中，一场顶级演唱会的成功取决于四个关键因素：艺人的表演、观众的体验、演出商的满意程度和赞助商的回报感，而这四大要点都需要在一个设施完备的场馆之中才能实现。演出场馆能否满足表演的制作需求，是很多国际一线艺人全球巡演选择场馆的重要考量因素，而当国际代理愿意把场馆纳入国际艺人的巡演计划，场馆运营就能进入良性循环。

通过五年的打造，梅赛德斯 - 奔驰文化中心承办的赛事及演出，横跨 NBA 中国赛，大陆、港台及世界级歌手演唱会，太阳马戏、迪士尼冰上表演、世界模特大赛，以及万人演讲会、庆典集会、企业年会等。所举办的活动次数逐年递增，呈现良性增长。

近年来，包括滚石乐队、泰勒·斯威夫特、重金属乐队、布鲁诺·马尔斯、贾斯丁·比伯、詹尼佛·洛佩兹等一众国际巨星都选择把演唱会落地在梅赛德斯 - 奔驰文化中心。有着 30 多年国际演出从业经验的梅赛德斯 - 奔驰文化中心总经理麦一诺先生表示，"梅赛德斯 - 奔驰文化中心已经成为众多国际一线巨星中国演唱会的首选。我们的目标不仅仅是为中国观众呈现一流的演出内容，同时致力于为所有观众打造一流的观演体验"。

目前奔驰文化中心已经以中国演出场馆标

2~5. 除主场馆外，梅赛德斯—奔驰文化中心里还设有音乐俱乐部、影剧院、溜冰场、世界各国美食街、安徒生儿童乐园、NBA互动馆，以及近2万m²的商业零售、文化休闲娱乐区

4

5

杆的姿态获得了国际演出界的认可，屡获国际级场馆类大奖，更是让中国乐迷与众多世界级巨星零距离接触的愿望变成了现实。

4）设计评估

在工程设计阶段，设计团队与运营团队的对接，是此类项目未来顺利运营的重要环节。本项目较早地规划了演出类型，极有利于建筑师发挥长处，为不同的演出要求创造条件，有的放矢地创造建筑空间。

如果说尚有遗憾的话，由于当时建设进度和此后的连续运营等原因仅部分实现了原场馆灵活分隔设施，目前一些小规模的演出则还是采用临时的帘幕作为空间分隔，越来越频繁的演出使得剩余分隔设备的实施成为难题。

5.建筑的形态

1）设计目标

建筑形态与功能的有机结合历来是建筑师追求的目标。针对文化中心的滨江区位，以大体量呈现出轻盈灵动是设计团队希望建筑形态所具有的最大特征，而作为世博会永久建筑，能体现一定的建筑特征呈现地标性也有利于商业运营。

2）设计措施

18 000 座主场馆的占地和空间要求决定了建筑的基本体量，建筑师的自由度则反映在配套设施的选位，"借天不借地"为公众预留更多的开放空间和滨江视觉通道是建筑师的创意所在。因此，将配套设施设置于主场馆楼座以外，由此形成碟状形态，顶部则由主场馆大跨度钢结构屋面自然延伸，形成上壳，二者之间脱离形成景观环廊，底部落地区域则采用草坡将附属功能覆盖，形成开放式的绿化空间。

3）运营状况及公众评价

2010 年末，德国梅赛德斯－奔驰公司买下世博文化中心十年的冠名权，这是德国奔驰公司第一次在国外购买冠名权，也是该公司迄今在全球范围内的最大冠名投资。除了项目定位、经营理念、商业潜力以外，黄浦江畔的标志性建筑形态也是因素之一。

近年来，大众对建筑形态的评论热情日益高涨，不少标志性建筑得到了出乎意料的昵称，文化中心也不例外，"大飞碟"、"贝壳"等外号基本符合设计预期，而公众评价中，简洁大气、国际化、气势恢宏、高大上等正面评价多少反映了公众对该建筑形态的认同。

4）设计评估

建筑形态设计过程中，"飞碟"不是初衷却是结果，建筑形态由功能的合理选位自然产生，风格上采取简约抽象而国际化的审美取向，这样的设计方式从结果和公众评价来看还是成立的。

为实现大众化文化娱乐集聚区的理念，设计团队曾设想以建筑下壳为幕，采用投影设备将内部的演出场景与公众共享，无演出期间可用于创意灯光秀，或作为平台空间的活动背景及隐含在下壳体中的十二星座的展示等，终因种种原因尚未实现，但设计仍做了预留，随着场馆经营状态的日益提升，此功能还是有望继续开发，成为项目一个新的文化亮点。

展望未来，后世博开发使周边区域日渐成熟，随着生活水平的提高和大众对精神层面需求的增长，实现梅赛德斯－奔驰文化中心每年250 场演出的设计目标也已为期不远。作为设计团队，项目最大的成功便是公众认同和运营盈利，五年来答卷还算合格。期待十周年再回首。

作者简介

汪孝安，男，现代设计集团华东建筑设计研究总院首席总建筑师、总院建筑创作中心主任

鲁超，男，现代设计集团华东建筑设计研究总院 院总建筑师助理，建筑创作中心创作室主任，国家一级建筑师

世博中心，如它的名字一样，发挥着世博"心脏"的作用，是承担重大仪式和外事活动的重要场所，以及世博会有史以来第一个申领美国绿色建筑LEED金奖认证的世博会建筑。在世博会结束的两个月后世博中心即举行了上海人大和政协"两会"，经过近五年的运作，现已成功转型为一流的政务活动和国际会议中心，成为上海全新的"议事厅"。

充满活力的国际会议和政务中心
记转型后的上海世博中心

Dynamic International Conference Centre
and Government Affair Centre
Shanghai Expo Centre after Transformation

傅海聪 / 文　FU Haicong

1.从世博源看世博中心

项目名称：世博中心
建设单位：上海世博集团有限公司
建设地点：浦东世博园区世博大道
建筑类型：会议中心
设计 / 建成：2007/2009
总建筑面积：14.2 万 m²
建筑高度 / 层数：40m / 地下 1 层，地上 7 层
容积率：1.5
设计单位：现代设计集团华东建筑设计研究总院
项目团队：傅海聪、钱观荣、尤智毅、包联进、杨光、张伯伦、吕宁、林海雄
获奖情况：中国建筑学会建筑创作优秀奖、中国土木工程詹天佑大奖、上海市建筑学会建筑创作优秀奖、上海市优秀设计一等奖、上海市科技进步二等奖

整个建筑围绕贯通 8 层空间的中央大厅，由东部会议交流及西部活动接待两大区域组成，其中大会堂（世博文艺晚会演出场所，现为上海"两会"主会场）、上海厅（世博论坛举办地，现为市委全会及市长咨询会会场等）、多功能厅（世博新闻中心，现为展览大厅）和宴会厅，以及数十个 80 人至 200 人的中小会议室的设置，就是考虑了作为大型政务活动和国际会议中心的功能需求，并形成简明、高效而便捷的流线布局。

较之大气谦和的外表，转型后建筑的笔墨更多地挥洒在内部空间形态的刻画和塑造上。如何构现独特的创意，适应新的使用需求并超越这类端庄严谨建筑的传统概念和模式，展示一个全新的空间形象，成为设计追寻的目标和面临的挑战。2014 年世博中心再度担当起国家级重大外事活动的光荣使命，成为"亚洲相互协作与信任措施会议"（以下简称"亚信峰会"）第四次峰会的核心场所。设计团队从接到任务起，即按照峰会要求，对主会场上海厅（蓝厅），这一上海世博会彰显科技创"艺"的国际会议厅进行了设计再创造。

1.海纳百川的蓝厅

蓝厅是高端峰会的举办地，世博会后一年一度的市长咨询会议、"两会"的新闻发布及市委全会均在此举行。蓝色具有国际化属性，也是上海世博会的主色调，并寓意海纳百川、追求卓越、开明睿智的海派文化特征；为满足亚信峰会对照明模式的使用要求，这个曾拥有世界最大规模的室内 LED 功能照明的场所，经反复方案比选和评审论证，进行了灯光系统的升级、换代和扩容，增设了包括迎宾、会议及休息等数十种场景和模式控制。改进后的会场犹如一个神奇变幻的发光盒子，各类冷暖、明暗的色调烘托了特定的会议氛围，放眼望去，横竖竖向有机排列的光带形成的片状界面不仅"富有表情"，并与建筑的外部形态相得益彰。

迎接峰会的另一项重要任务就是会场的装饰和陈设。为了让与会宾客直接感受到蓝厅的寓意和内涵，设计选用与室内主色调一致的吸声帷幕，上面深入而形象地描绘了富有中国传统文化内涵与韵律的窗格元素，在有着"世界之门"称号的中轴旋转门上装点一新后堪称技术和艺术的结晶，同时与东侧的休息大厅产生出柔性的界面，空间也有了与自然对话的"表情"。蓝厅被赋予了全新的内容，得到了外交部

和上海市领导及有关专家的一致认可，充分体现出一流国际会议和政务活动中心的品质和特征，成就了亚信开创以来规格最高、规模最大的首脑峰会。

2.充满仪式感的中央大厅

沿着宽阔舒展的入口台阶拾级而上，首先进入建筑的中央大厅，这是室内"交响曲的第一乐章"，其空间特点最为显著。上海世博会举办期间这里是每天举办国家馆日的活动场所。现在除了大堂和交通枢纽外，还是重要的仪式和迎宾地点。亚信峰会开幕前，习近平主席就在此迎接与会国首脑政要并举行合影；通高近 45m 的空间场所颇有中国传统布局的韵味。绿水交融的三座景观桥充分利用高差架设于地下层的一个水景上方，植物从下面穿越而上，东西两侧红墙与绿树形成整个建筑对称的空间主轴线，而南北通透的大厅使滨江公园的葱茏绿色形成一幅天然的图画。同时，植物和木材等的运用也符合室内的声环境，使高大的空间具备了优良的"声景观"，从而产生视听俱佳的环境和氛围，既具有仪式感又充满人性化。

由于"两会"功能需要，中央大厅设置了一块 LED 巨幅显示屏，其位置、尺寸和比例均由设计确定，约 400m² 视屏的材料选自建筑幕墙的颜色和质地，成为整个空间的一个视觉焦点。由于大厅是南北通透的，建筑师还要求这个屏尽量做得透明，不影响人们的视线效果，就像一块薄薄的透明装饰织物悬挂在大厅中央。而屏幕一旦开启，才恍然发现原来它是一块视屏。既"出其不意"，又将建筑的理念表达得更加纯粹。

3.塑造"绿色"空间

世博中心是按照国内外双重绿色标准运营控制的大型公共建筑，不仅获得第一批中国三星级绿色建筑，而且成为世博会有史以来第一个申领美国绿色建筑 LEED 金奖认证的世博会建筑。以绿色作为贯穿的主题，使不同性格的功能场所具有统一的脉络，是内部空间形态的一个显著特色。而依托浦江的地理位置，将外部景色充分引入室内，更是主题和意境的根本所在。

"绿色"空间的塑造，也突破了以往单纯追求奢华富丽的观念和手法，使这类比较端庄宏伟的室内场所体现出亲和与自然，如分别以"梅兰竹菊"和"春夏秋冬"来刻画的接见厅和

2

3

2.世博会后，世博中心被打造成一个全新形象的城市议事厅亚信峰会中的金厅
3.亚信峰会蓝厅
4.宴会前厅的室内空间刻画

贵宾接待等外事活动场所，运用绿色概念强化了互相关联的室内功能空间系统，大面积的自然采光通风并引入自然景色，更使其具有了生态属性。表现形式还直观地反映在每个空间的铺装、壁挂、陈设甚至灯饰上。典雅柔和的木饰面上设以生动的几何"壁龛"，内嵌镜面不锈钢，与室内外的绿色植物相映成趣。使这些场所在转型后的使用率比以往显著提高。

4.规模最大的多功能厅

作为一个整体，现代大型会议建筑往往配备有固定和集中的大型会堂演艺场所。由于单一固定的文化或表演中心通常会亏损，目前许多场馆设置了多功能展厅，采取展会结合方式，在举办会议和演出等综合性活动时通过升降座椅、收缩吸声体以及辅助声光电设备满足最大的灵活性。多功能厅是世博中心规模最大的使用场所，面积达 7km^2 之多，转型后常常用于商业展览和超大型年会。将建筑外部形态和色彩延续进来是大厅的主要创意，不仅具有极强的建筑感，而且素雅的色调也有利于布展的需要。世博会后整个空间采用不同规模的移动隔墙体系变换成若干个不同大小的均质空间和功能场所，敞开的天花上方还设有灵活的音响灯光设备，既可实现展览、会议和演出之间的弹性转换，也为市委全会等大型政务会议提供了机动的会务工作空间。亚信峰会最后的记者招待会也是在此举行的。

5.举办国宴的"金色大厅"

世博中心宴会厅的规模是目前上海之最，面积近 5 000m^2 之多，既可举行隆重的国宴，又能承办盛大的婚庆。"两会"期间，通过大型移动隔断将空间一分为二，满足了人大代表和政协委员各自独立的就餐环境。"金色大厅"不仅彰显了这一空间的特有气质，亚信峰会中还尝试了通过增加会议设施的方式，首次作为午宴和会议同时进行的场所，保证了上下午的会议持续进行。而一个与宴会厅规模相仿的花园平台则提供了多样化的活动场地及安全集散空间，使宴会厅前厅与其融为一体。大片木饰面与家具陈设在统一的色调中又融入了对比的图案，经典与沉稳中凸显出现代和动感；在光影的烘托中颇具层次和序列感，折射出丰富的室内外光环境。传统与时尚，奢华与简约，在此表现得淋漓尽致，"金厅"也成为世博中心转型后出租率最高的功能场所。

6.结语

世博中心充分依托上海世博园和滨江的区位优势，与同样后续利用和改造后的世博源（世博轴）、梅赛德斯－奔驰文化中心（世博文化中心）、中华艺术宫（中国馆）和上海世博展览馆（世博主题馆）等功能互补，意在完善会议使用功能，增强市场竞争力，这样既可提高政务和国际化综合性活动能力，又可形成具有复合功能的会议综合体，提升会议中心的影响力。设计不仅仅将其作为一个会务接待场所，而且也是一个具有国际化属性的"城市客厅"，通过创新的理念，合理整合区域交通功能、景观轴线功能，与所在的城市新区有机融合，充分体现了会展、文体、博览等各层面上与城市生活空间紧密相连的全新意识和服务理念。建筑以开放包容的姿态，与其他世博永久场馆紧密联系在一起，把几个街区串联起来，成为国际会议主办场地和大型高端商务活动中心平台，赋予其新的生命力，也充分体现了可持续的场馆发展理念。

注：摄影图片由邵峰提供

作者简介

傅海聪，男，现代设计集团华东建筑设计研究总院 总建筑师

项目名称：2010 上海世博会主题馆
建设单位：上海市世博集团有限公司
建设地点：原上海世博会主题馆
建筑类型：展览建筑
设计 / 建成：2007 / 2010
总建筑面积：15.2 万 m²
建筑高度 / 层数：26m / 4 层
设计单位：同济大学建筑设计研究院（集团）有限公司
项目团队：曾群、丁洁民、邹子敬、文小琴、丰雷、刘毅、、万月荣
获奖情况：全国建筑勘察设计金奖
　　　　　上海市建筑勘察设计金奖

曾群，康月 / 文 ZENG Qun, KANG Yue

世博后的精彩
中国2010年上海世博会主题馆会后改造与利用

Wonderfulness in Post-Expo
Transformation and Utilization of Theme Pavilion of
ShanghaiWorld Expo 2010

中国2010年上海世博会主题馆建筑艺术构思来源于上海市最具地方特色的城市肌理片断——里弄聚落形态，汲取里弄住宅老虎窗及山墙形式的语汇元素，采用折纸的手法，同时反映了传统建筑中挑檐深远的意象，运用现代设计手法创造独具上海城市特色的主题馆。主题馆设计主要创新亮点包括了三个国内之最。最大跨度，西侧二、三号展厅为180m×126m矩形大跨度无柱空间；最大单体太阳能屋面，装机容量2.5兆瓦，面积达3万m²太阳能板；最大绿化墙面，东西立面生态绿化墙面面积达到近4km²。

1.2. 人字形入口，采用双向悬索玻璃幕墙，视觉通透，与立面其他不锈钢金属墙面对比鲜明。人字柱与人字形入口使得标识性大大提高

中国 2010 年上海世博会主题馆位于世博轴西侧，世博公共活动中心南侧，与中国馆隔世博轴相望。东西总长约 290m，南北总宽约 190m，地上 2 层，为亚洲第一大跨度大空间展示建筑。

主题馆总建筑面积约 13 万 m²，其中地上建筑面积约为 8 万 m²，地下为 5 万 m²，建筑高度为 23.5m（室外地面至结构桁架下弦中心）。地上建筑由南、北入口大厅，中央休息大厅，一号、二号、三号和四号展厅，贵宾接待区和服务管理办公用房构成。地下部分设置有一个地下展厅及会议、洽谈用房、设备用房、后勤管理用房与停车库。主题馆通过中间的休息大厅南北连接两处入口大厅，东西连接各个展厅。休息大厅为局部三层通高空间，将地上、地下展厅和会议、洽谈、休闲、餐饮空间联系在一起。

1.上海世博会主题馆会中功能

主题馆是世博永久保留建筑之一。主题馆在世博会期间承担演绎展示主题的重任，一号、二号和三号展厅则展示"地球·城市·人"的主题，着重反映当今世界快速城市化和城市人口加速增长的背景下，地球、城市、人三个有机系统之间的关联和互动，演绎上海世博会"城市，让生活更美好"的主题。

世博会期间，建筑西侧的单层展厅被一分为二，分别作为城市生命馆和城市星球馆，东侧展厅局部两层布置无障碍的展馆。

2.上海世博会主题馆会后功能

根据世博会后的总体规划，会后主题馆转变为标准展览场馆，与中华艺术宫、星级酒店、世博中心、世博源和梅赛德斯－奔驰文化中心共同打造以展览、会议、活动和住宿为主的现代服务业聚集区。

因此，世博会后主题馆展厅为了满足多种布展需要，在东展厅的部分进行了加建，完成后主题馆共有四个展厅。西展厅地面 1 层，为 24m 通高空间，总面积达到 2.5 万 m²；东侧为 3 层叠加展厅，地面 2 层，地下 1 层，面积各为 2 万 m²。

3.上海世博会主题馆会后改建

根据主题馆会后功能需求，会后的改建可分为两类。

第一类为世博会前业主即已确定的加建范围，主要是对东侧 2 层展厅 12m 标高处进行了展厅加建工作。在设计初期已充分考虑后期的改建：土建上，结构整体计算已考虑了后期改建的工况，改建区域主要为钢结构，钢梁柱节点区域已经精确预留了内隔板，改建前后的楼板交界处也预留了钢板埋件，不必进行植筋施工；机电上，增加面积部分的容量已经预留，二次加建只施工水平末端，确保了加建的效率。

第二类为世博会后业主在运营的过程中提出的新需求。主要有三个方面：（1）东侧 12m 标高处新增两个货运平台，由于会后东展厅变成 3 层，日常的布展需要更多的货运面积，因此在东侧增加两个货运平台；（2）世博会后由于主题馆独立运营，因此在基地周边增加了围栏和大门，并在南北广场处都设置了办证中心、管理人员的进出口；（3）由于世博会是一次性布展，而会后作为标准展馆有大量的布展工作，为避免货车的停靠及转弯对大面的玻璃幕墙造成损坏，在南北广场的货运区设置高大的防撞柱。

总体说来，世博会后主题馆的改建工作量并不大，而且多数都是之前计划中已经做出安排的，因此会后主题馆迅速完成了改建施工，很快就投入使用了。目前场馆的运营状况非常好，除了夏季的检修期以外，其他时间的展览

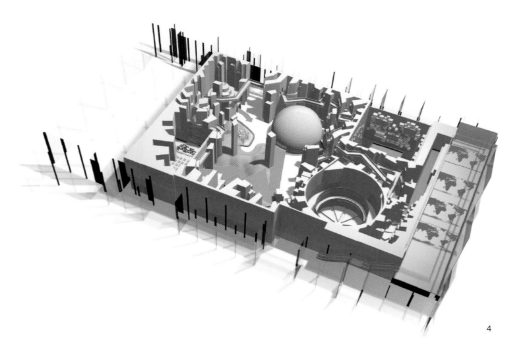

4

3. 立面整体从檐口往下渐变，强调建筑整体感，统一的金属外立面手法与大跨度展厅内部空间相呼应
4. 城市人馆的模型图
5. 主题馆室内

都是排满的，可以说，主题馆已经成功地完成了世博会后的转型。

4.大事件建筑后续利用的思考

可以说像奥运、世博这样的大事件对其主办城市而言，是一种具有战略意义的城市营销工具，每个大事件的主办城市在对大事件建筑进行规划设计的同时，必然将对其所在区域的城市空间结构进行整体化的调整，这些会成为城市"生长"的一个契机。随着中国国力的不断强盛，一些大中型城市的发展也日新月异。在城市不断发展至成熟阶段的今天，公众对诸多大事件的态度也逐渐从狂热回归到理性，大

事件所能带来的效应也开始逐渐减弱。相反，大事件后遗留的诸多建筑若无法合理利用，则会逐渐沦为鸡肋，这些都会造成巨大的资源浪费。因此，应该更多地将注意力转移到大事件建筑的后续合理利用上来，如何后续利用这些大事件建筑逐渐变成了与策划大事件本身同等重要的一个课题。

主题馆会后的成功利用或许可以成为一个很好的模式，究其原因，主要有以下三个方面值得推广。

（1）对大事件建筑的后续利用应在场馆建设前期就做好规划。主题馆改造取得成功的一个原因在于世博会前已确立了"一轴四馆"作为永久建筑保留的大方向，在这个方向的指导下，会后功能如何转变在一次设计时就通盘考虑了，这使得会后的改造工作量很小，土建预留连接节点也在一次施工时同步完成，最大限度地减少浪费，节约成本。所以早计划是改造成功的根本。

（2）大事件建筑发挥后续效应要结合本地优势产业，契合市场需求。主题馆在会后进行了规模上的扩建，弥补了上海市区展馆欠缺 10 万 m^2 的现状，因此在世博会后主题馆的经营情况非常好。相比奥运会后众多场馆无人问津，世博主题馆在后续定位上比较精准。如果预计到会中的使用功能，在会后并不能产生市场需求的话，设计之初就应该更多考虑到建筑的功能转变，否则单纯从建筑上解决问题很难保证可持续发展。

（3）后续的转型应与城市的总体规划相吻合，形成规模效应。主题馆作为"一轴四馆"的一部分，在会后转为标准展览场馆，与中华艺术宫、星级酒店、世博中心、世博源和梅赛德斯-奔驰文化中心共同打造以展览、会议、活动和住宿为主的现代服务业集聚区。规模效应带来了人气，完善的配套使主题馆的运营更加顺畅。因此，大事件建筑需要在会后结合城市的总体规划，在保留建筑的基础上增加完善的配套设施，才能更好地为城市服务。

总之，今后的大事件工程已经不再是最初的激情建设了，设计中在追求建筑功能的可变性的同时，也要把眼光放得更广些，更远些，这样才能让建筑长久地焕发光彩。

作者简介

曾群，男，同济大学建筑设计研究院（集团）有限公司副总裁、副总建筑师、教授级高级建筑师

康月，女，同济大学建筑设计研究院（集团）有限公司设计一院主任建筑师、高级工程师、一级注册建筑师

5

世博源之源
世博轴综合利用改建工程回顾

Origin of Expo Axis
A Retrospect of Comprehensive Utilization of Expo Axis

胡建文/ 文　HU Jianwen

秉承"城市，让生活更美好"的世博精神，使世博保留建筑在"后世博"的改建中焕发新生命，提供给市民更好的社区、生活、文化、休闲和娱乐。改建工程充分体现了项目的社会价值，实施改建中以完善的设计使本项目在后世博期间以最小的代价达到世博后再次开发利用的目的。

项目名称：世博轴综合利用改建工程
建设单位：上海世博发展（集团）有限公司＋百联集团
建设地点：原世博园浦东园区内，南衔耀华路，北隔世博
　　　　　庆典广场临黄浦江，东接上南路，西倚周家渡路
建筑类型：综合商业
设计／建成时间：2011/2014
总建筑面积：280 685m²
建筑高度／层数：34.30m（最高膜结构）/地下2层（局部
　　　　　　　　3层），地上2层（局部3层）
容积率：0.756
设计单位：现代设计集团华东建筑设计研究总院
合作单位：日本和魅室内设计（室内设计），创羿幕墙设计
　　　　　公司（幕墙顾问），现代环境院（景观）
项目团队：胡建文、高超、方卫、梁韬、于永杰、周锋、郭安、
　　　　　王诗雨
获奖情况：2015年勘察设计二等奖

1. 全景鸟瞰效果图：对北广场建筑形态
（原坡道）进行改造，除北部原10m
平台至7m标高庆典广场坡道拆除后增
建2层建筑体量，10m标高高架平台上
增加建筑和休闲景观、市民娱乐及文
化展示，其余各层根据商业业态要求
进行围合设计

1.工程改建时间表

2011年4月，市府专题会议纪要（2011-53）号文批准建设世博轴综合利用改建工程；

2011年6月，现代设计集团华东建筑设计研究总院接受委托，对该改建工程从可行性研究报告至施工图完成实施全过程设计；

2012年5月，上海市规划和国土资源管理局发布文件：沪规土资规许方[2012]第34号《关于审定世博轴综合利用改造工程<建设工程设计方案>的决定》；

2012年12月，上海市城市建设和公共交通委员会发布文件：沪建交[2012]1296号《上海市城市建设和公共交通委员会关于世博轴综合利用改建工程初步设计的批复》。

2014年4月23日,世博源全线开业运营。

2.工程改建目标

1）从世博轴到世博源

2010年上海世博会，世博轴作为浦东世博园区主入口，承担了约23%的入园客流，是世博会立体交通组织的重要载体，发挥了重要的交通功能。建筑由地下2层（局部3层未启用）、地面层和高架步道层组成。南段对耀华路为入口广场，地下二层连接轨交7号线、8号线耀华路站；中段东连中国馆和轨交8号线周家渡站，西接主题馆；北段西连公共活动中心，东接世博演艺中心，北临庆典广场，面向黄浦江。

本次改建将世博轴从交通枢纽综合设施，转变成集商业、餐饮、娱乐、展示和交通为一体的大型城市商业综合体，带动"后世博"开发和"一轴四馆"区域的整体互动繁荣。

2）改建的可行性评估

据世博轴相关的市场调研分析，作为浦东地区稀缺的综合商业载体，其具有良好的区域位置，可成为整个后世博开发的主力及核心项目。

该项目可创建人气聚集地，而不是普通的商场；可提升整体后世博场地价值，增加感染力和强化定位。经过投资评估、租金评估、财务评估等可行性评估，项目可提供合理的投资回报。改建后的基本商业组成元素为购物、餐饮、娱乐、观光、学习、交流等。在明确定位与品牌推荐的基础上，制定业态面积配置，进行概念设计。

2. 世博园区一轴四馆区域总平面图
3. 由分析得出，浦东地区稀缺综合商业载体
4. 改建设计利用原有楼板开洞，增加水景和绿化，中庭部分沿长轴方向增加自动扶梯，满足购物流线需求
5. 改建设计保留原核心筒的楼电梯组合，在立面上予以改造
6. 改建后的世博源局部立面，对原基本用于交通的80m宽的L2层高架平台外围间断性有序列地加建商业店铺

图例：
- A 中国馆
- B 主题馆
- C 世博中心
- D 贵宾馆
- E 演艺馆
- F 世博轴

图例：
- 多功能世博轴
- 上海文化景点
- 美食休闲街
- 美食休闲点
- 购物商圈
- 商业街

3

3）改建的市场定位

世博轴为国际零售品牌在上海开设其首家门店或旗舰店提供了一个理想的位置。作为全国金融和商业中心，上海引领着中国经济的发展。世博轴可较好地利用庞大的市民及游客市场。此外，世博园内新建筑和四大保留场馆及景点为世博轴提供了庞大的游客基础。

项目改建目标是成为上海新的娱乐天地，打造成为一座具有全新购物体验的商业中心。具有级差的混合零售、娱乐和餐饮服务将会使其成为市民个体和家庭娱乐的首选之地，，并且成为外地游客来上海游玩的必到之处，从而能完善后世博核心区的商业功能，为核心区的开发活动提供高档次的商业服务设施。

3.工程改建策略
1）改建原则

保留并突出世博轴阳光谷和膜结构自由活跃的形态；与周边场馆、轨道交通的地下通道予以保留并建设完工，改善世博轴人行活动流线与城市道路交通环境的关系，充分利用耀华路轨交站和周家渡路轨交站人流集中量对地块接驳区域功能定位的影响；对北广场与庆典广场的功能定位进行研究，并充分考虑其黄浦江滨江空间的有利区位，发挥滨江观景的功能；世博轴功能定位为集交通、公共活动、景观、商业于一体的城市综合体，考虑人行活动、购物流线与观景的结合；合理配置商业及配套功能，将原开敞的交通空间封闭改建成各类商业空间，完善商业流线。

2）改建措施

立面形象上，尊重原建筑极具特点的形态是本改建设计的重点课题。采用玻璃、金属板、石材等材质，以精致细腻的手法，从整体上低调简洁地烘托出原有膜结构和阳光谷的飘逸流畅，改变原有建筑仅作为交通通道的单调

空旷感。同时营造外侧面商业气息，考虑广告的设置。

交通环境上，对与周边场馆、轨道交通连通的地下通道及出入口大厅重新进行室内设计并完成装修。近耀华路南广场地下挑空空间既是轨交7号线、8号线出入口大厅，同时作为建筑主要人行出入口。因其空间高大空旷，又作为展示与集会活动场所，是室内设计的重要部分。

利用黄浦江滨江空间的有利区位，发挥滨江观景的功能。对北广场由高架平台下至庆典广场的坡道建筑形态进行改造，并拆除临江第一个阳光谷北端圆形围合，使大台阶由地下二层直达庆典广场；新增二层建筑体量，自北、东、西方向向外延伸，面向浦江，与世博演艺中心、世博中心一起对庆典广场形成围合，形成"一江横流，三面环绕"的独特场所。

从北向南4条规划道路（世博大道、博成路、国展路和雪野路），将1 000m的世博长轴在地下一层及首层分为长度不一的五个区段，在商业策划中赋予不同的商业主题及业态，诸如：餐饮与娱乐、媒体娱乐与电影院线（保利）、时尚品牌零售、集中商业、城市超市及家居用品等。地面人流从南、北广场及中间的四条道路直接进入建筑，强化入口设计。在建筑东西两侧除城市道路外均有大台阶下至地下一层，并有13处廊桥跨越绿坡及下沉通道进入建筑一层。

改善垂直交通，在阳光谷及中庭处增加自动扶梯和楼梯，在建筑内以及建筑外增加疏散楼梯，保留原核心筒楼/电梯组合，在立面上予以改造，使之吻合高架平台上立体绿化形象；对原建筑中东西走向（垂直于长轴方向）的一些自动扶梯进行了调整，移至中庭部分沿长轴方向上下，满足购物流线需求。交通组织上保

持了 10m 平台作为城市通道的功能。

合理配置商业及配套功能，将原开敞的交通空间封闭改建成各类商业空间，完善商业流线；对原基本用于交通的 80m 宽的 L2 层高架平台外围间断性有序列地加建商业店铺。

对应于庞大的商业规模，南广场地下局部三层处改造为容量近 500 个停车位的机动车停车库。东西方向各增设一处 7m 宽坡道供上南路、周家渡路机动车出入库。地下二层沿西边一侧提供容量为 700 余量车位的大型地下车库。保留原有车行道直通地面层。

3）景观重塑

强化原世博长轴两侧约 35m 宽范围内，由 -1.000m（地下一层）至道路 4.200m（一层）标高的坡地绿化，并与滨江庆典广场绿带连成一体，烘托轴线主体建筑气势。阳光谷伸入地下 -6.500m 标高，在阳光谷内种植各类观赏植物，把阳光、空气和绿化引入地下空间，形成生态绿化景观。

将 10m 平台作为景观主轴，两翼的商业零售在阳光谷处东西向敞开，有机设置绿岛，从而形成立体绿化。间以绿化休闲广场，保留中间 40m 宽通道作为城市通道的功能，设计了儿童乐园、市民文化场地、时尚展示等场所。绿地、广场、文化展示序列展开，塑造出具有

个性体验式购物的商业环境。

4）室内设计

在 1 000m 长轴上按五大分区主体进行室内设计，秉承世博轴"有源至水"的理念，由水的不同形态：涡流、漩流、激流、涓流乃至水滴，区别以不同的符号及色彩，却又高度统一。

原建筑作为交通建筑，轴网尺寸大于一般商业建筑，按 11m 布置，梁高也较新建建筑为大，故商业净高难以控制。采用镂空、赋予动感等多种手法的天花处理，在视觉上弥补高度不足。

7. 强化原世博长轴两侧约35m宽范围内，由-1.000m（地下一层）至道路4.200m（一层）标高的坡地绿化，并与滨江庆典广场绿带连成一体，烘托轴线主体建筑气势

8. 阳光谷伸入地下-6.500m标高，在阳光谷内种植各类观赏植物，把阳光、空气和绿化引入地下空间，形成生态绿化景观

9. 地下一、二层商业区域采用"商业街"的模式进行防火设计，在"街"的中庭区域利用顶部联动的可开启天窗提高通风排烟能力，提高消防安全度

5）节能设计

作为世博标志性建筑，原设计十分注意环保节能设计，运用先进节能的生态技术，使建筑能耗较之普通建筑大为降低。在改建过程中延续了该节能理念。

对阳光谷而言，把阳光、空气和绿色引入地下深层空间，沿阳光谷四周保持开放的自然风循环状态；利用阳光谷作为雨水收集点，实现建筑基地范围的绿化、水景冲洗自用，节省水资源；阳光谷采用热反射夹膜或金属网夹片、彩釉涂层等措施，顶部PTFE膜结构，减少太阳辐射，降低顶棚下活动区域过高的温度和过强的光线，以达到舒适、美观要求。坡地绿化方面，把自然光引进地下一层室内空间，使地下一层如同地面层，减少照明负荷。并采用多种新型冷热源，如地源热泵、水源热泵、冰蓄冷技术等，降低建筑用电能耗，节约用地，无冷却塔噪声，使环境更美好。

6）结构设计

新增10.500m楼面以上采用钢结构框架体系，屋面采用轻质屋面，其有局部新增钢柱支撑于10.500m楼面的框架梁或次梁上，搁置梁进行复核及加固。改建结构中，新增内隔墙尽量采用轻质材料，以减少结构自重和地震

作用，使原基础满足承载力要求，控制沉降量在规范允许范围内。本次改建保留了阳光谷及索膜结构，新增建筑需避让原有顶棚的内外桅杆、背索基础、承台，并预留限定的位移量，确保其安全。抗震超限设计则重新邀请专家进行了内部评审。

7）防火设计

将体量巨大，长约1000m，宽80m~110m，地下2层的交通建筑改造为商业综合体，受到各种原有条件的限制和制约，例如在商业使用功能与消防要求上存在巨大矛盾，主要是地下商业部分。

将1000m长轴中心通道处原有阳光谷及楼板开洞处，处理为中庭下沉广场兼做防火分隔，自动扶梯和楼梯连通上下层；地下一层沿东西向长边两侧设室外下沉长廊接草坡绿化－1.000m标高向上坡向城市道路，使该层能直接面向室外，为地下空间创造了直接疏散空间及自然采光通风。

防火设计充分利用目前国家和地方的相关规范规定，结合项目的特点进行设计，在确保消防安全的前提下，满足功能使用的要求。地下一、二层商业区域采用"商业街"的模式进行防火设计。在"街"的区域利用顶部联动的可开启天窗

提高通风排烟能力，提高消防安全度。

4.结语

世博源开业已有一年许，得到市民的广泛喜爱。欣喜之余，也有很多遗憾难以弥补。只希望成功大于失败，充分发挥项目的社会价值，尽到一个建筑师的社会责任。

图片来源：图1为水晶石效果图作品；图2、图3为波特曼商业策划团队文本摘录；图7由邵峰摄影；图4~6、图8、图9由世博百联集团王震摄影

作者简介

胡建文，女，现代设计集团华东建筑设计研究总院事业二部，国家一级注册建筑师

1.德国SBA设计的膜结构理念取之自然,一条横贯南北的张拉
索膜如云朵般漂浮于世博轴上,为平台上带来荫蔽和清凉
2.夜晚的阳光谷,璀璨如华盖,改建设计在阳光谷及中庭处增
加自动扶梯和楼梯

世博轴设计回望
A Retrospect of Expo Axis Design

黄秋平,杨明 / 文　HUANG Qiuping, YANG Ming

2006年，位于世博浦东园区的世博轴及地下综合体工程（以下简称"世博轴"）正式启动，与此同时开始了其方案招标的艰辛过程。同年，德国SBA公司的方案由于其在地下空间的绿色生态概念特点而中标，由现代设计集团华东建筑设计研究总院（以下简称"华东总院"）与上海市政工程设计研究院（以下简称"市政院"）共同完成方案深化、初步设计以及施工图设计，其中最具技术难度的世博轴钢结构阳光谷自由形设计及张拉索膜结构施工图设计都由华东院完成。至此，挑战技术难关、探索绿色建筑的序幕徐徐拉开。

Venation of Expo Axle

3.在阳光谷周边增加休憩设施，为市民更好地提供公共服务
4.采用镂空、赋予动感等多种手法的天花处理，在视觉上弥补高度不足
5.俯瞰阳光谷及中庭处的共享空间

世博轴项目的发展经历怎样的过程呢？

黄秋平（以下简称"黄"）： 这个项目从2006年4月开始国际招投标的，我是从2006年底介入这个项目。开始的时候感觉这个项目方方正正，难度不大，但是后来发现这个项目没有确定的因素太多，事情越做越多，设计也越做越难。2006年底开始，先后进行过三次大调整。

第一次调整是2006年底一轴四馆的空间和规划调整。从各个方向分析了一轴四馆的空间比例关系，这个调整花了整整三个月时间，调整主要结果是把世博中心和世博文化中心分别从东西两侧各偏移了20m。

第二次调整是因为世博轴上增设磁浮车站功能要求。带来的是人流的增加、停靠站的结构高度调整以及世博轴结构关系等问题，此外当时还考虑调整世博轴长度，缩短了近1/3的总长度等。但是后来由于种种原因，磁浮轨道交通在世博轴停靠的设想不再实施，但为规划的磁浮通过还是预留了可能。

第三次调整是世博轴的顶盖从原方案的玻璃材料调整为索膜结构加玻璃阳光谷的方案。

2007年6月13日，世博轴及地下综合体工程初步设计专家评审会在上海市建设和交通委员会科学技术委员会圆满结束，上海世博土地控制管理有限公司、德国SBA公司、现代设计集团华东建筑设计研究总院（以下简称"华东总院"）与市政院联合设计团队及其他相关单位均出席本次会议。

2006年12月28日，项目开工，基坑维护开始。2007年中，分期分批开始打桩，而此时，膜结构的初步设计刚刚完成，而初步设计的审查还没有批复，只好边施工边设计。

2008年初，膜结构评审通过。这期间开了很多论证会议，因为膜结构和阳光谷都超出现有规范，需要专家论证。就拿阳光谷来说吧，从设计找形到计算，深化、制作和安装等过程都没有把握。不过最终技术难关还是被攻克了，这是很令人欣慰的。

关于索膜结构和材料的引入，其中又有着怎样的故事呢？

黄： 起初世博轴的规划是没有屋盖的，就像个联系廊一样，而德国SBA方案投标的设计是全玻璃材料屋顶，并没有起到遮阳的作用，从功能上来说是有问题的；从造价上考虑，玻璃顶的造价比后来用的膜结构要贵很多；第三个考虑到施工的工期和安全性因素，原先的玻璃结构跨度80m长，结构专家认为在安全性上没有把握。

杨明： 这期间我们做了很多轮的上盖材料的设计方案供业主参考。在2007年短短的一个半月里就做了四轮方案，每轮方案都有好几个参考方向。第一轮是对上盖材料的探讨；第二轮是2007年4月初，这回增加了对磁浮停靠站功能的考虑；第三轮是2007年4月下旬，打破原有结构形式，提出对上盖材料和结构的设想；第四轮是2007年5月中旬，对阳光谷和膜结构形体关系又有新的探讨。

黄： 这期间我们建筑师对上盖方案的探讨投入了相当多的精力，而且探讨方案周期之短、强度之大都是非常惊人的。虽然最后业主还是选择了德国SBA的设计，但是我们的工作也得到业主的肯定。德国SBA设计的膜结构理念取之自然，一条横贯南北的张拉索膜如云朵般漂浮于世博轴上，为平台上带来荫蔽和清凉。

据说阳光谷的深化设计还发生了一个9 000万元与2 000万元的故事？

黄： 阳光谷设计可满足部分地下空间的采光及自然通风，提高地下空间的舒适感。通过阳光谷及中庭洞口、斜向绿坡、灰空间敞廊等设计方法，使室内空间具有水平和竖向开敞的特点，充分利用自然通风，改善室内空气品质，从而节约能源。

但是阳光谷的制造难度是相当大的，因为当时的德国SBA设计公司推荐德国CELEE公司提供深化制造技术。这家公司是曾经设计过上海大剧院幕墙的公司，技术能力肯定没问题。当时业主考虑三个谈判方向，一是全交由德方完成，因为国内还未有人做过类似的深化设计，不知水深水浅也没人敢拍板保证；二是德方做一个，接下来的我们自己做，依样画葫芦，画出另外五个；第三个方案就是我们自己做。谈判极为尴尬，德方提出深化设计费9 000万元人民币，哪怕德方稍微在价格上做少许让步，业主很有可能就接受了，但德方却坚持一分钱也不让，结果谈判以失败告终。攻关重担就落在我们头上，我们利用国内技术力量，仅用了1 800万元人民币技术研发攻关，并成功完成了阳光谷从设计到施工的全过程。

其实，我们在谈判之前已做了半年之久的科研准备，业主和德方的谈判遇到坎坷之后，我们继续通过很多科研实验。大约在2008年中的项目推进会上，我觉得这个技术我们可以自己做了，因为当时深化图纸已经做出来了，整个一条线索也就串联起来了，因此我就当场宣布，这个项目我们可以自己做。这个消息一出，当时与会的业主和各方面领导都热血沸腾，场景是非常振奋人心的。

注：本文摘自《A+》2010年第2期

5

作者简介

黄秋平，男，现代设计集团华东建筑设计研究总院 总建筑师

杨明，男，现代设计集团华东建筑设计研究总院 副总建筑师，建筑创作所 所长，东南大学客座教授，国家一级注册建筑师、注册规划师

浦江边的艺术神殿

中华艺术宫（原中国馆改造项目）

Art Palace along the Huangpu River
China Art Museum

袁建平 / 文　YUAN Jianpin

项目名称：中华艺术宫
建设单位：上海文化广播影视管理局
建设地点：原上海世博会中国馆
建筑类型：大型高层公共建筑
设计 / 建成：2011—2012/2012
总建筑面积：166 855m²（改造后），160 126m²（改造前）
建筑高度 / 层数：69.9m/ 地下 1 层，地上 12 层
设计单位：现代设计集团上海建筑设计研究院有限公司
项目团队：袁建平、周红、陈冬平、刘铸、贾水钟、万阳、赵俊、叶谋杰

1.一层原国家馆的进馆空间作为中华艺术宫的共享空间，设
置艺术书店、咖啡厅等公共服务设施
2.设于41m、43m，环绕建筑布置的艺术宫教育长廊

中华艺术宫属世博建筑改扩建项目，空间设计继承世博文化，结合周边资源综合设计，功能与时代特征并举，创造新颖的近现代艺术展示环境，缔造中国近现代艺术的殿堂。

1.改造工程概况

中华艺术宫改造项目是上海市 2012 年文化建设的重大项目，是由原世博会中国国家馆和各省市地区馆改建而成。中华艺术宫的建设目标为建立综合性、地标性的大型艺术博物馆，为国内外著名艺术品提供了高层次的展示场所，也为艺术界名流交往提供了一个高层次的活动基地，起到"展示中国现代艺术，弘扬中国艺术文化，汇聚海内外艺术信息，促进国内外艺术交流"的多重作用。同时也为人民大众审美、学习、休闲、观光提供了理想空间场所。按照设计要求，需将中华艺术宫展览空间打造成具有国际先进技术水平的美术作品展览场所。预计整个艺术宫改造后平常日参观人数为每天 12 000 人左右。

2.改造理念

此次改建中，对原建筑的体形及外轮廓基本保持不变，建筑外立面及外墙材料基本保持原来面貌，建筑内部除核心筒、机房、一层原办公区域及地下车库、顶部 60m 层 VIP 贵宾室外，对原先所有的展览空间进行功能重新布局和空间改造。中华艺术宫内部所需功能包括藏品库区、陈列展示区（常设展和临展）、技术及办公用房、交流教育及观众服务设施等。

中华艺术宫属世博建筑改扩建项目，空间设计继承世博文化，设计理念传承兼容并包的世博精神。设计者结合周边资源进行综合设计，功能与时代特征并举，创造新颖的近现代艺术展示环境，内部空间自然有序，缔造了中正大气的中国近现代艺术的殿堂。艺术宫各大展览空间主轴鲜明，共享空间活泼自然，空间

层次有序丰富，细部尺度宜人；建筑整体风格简洁，变化有序，极富时代感，建筑自身也成为一座人人流连忘返的艺术之作，静卧在黄浦江东岸。

中华艺术宫功能布局灵活，内设 21 个临展及常设展厅和一个多功能报告厅，各展馆尺度有机统一，级配组织合理，内部设施具备大型高端艺术临展及特展的展示规格。展厅数量及布展面积在国内首屈一指，人员参观流线的组织及消防疏散设计的技术含量高，在大型艺术建筑设计中有较强的代表意义。展厅品质具有国际先进技术水平，设置了恒温、恒湿功能和先进的美术作品照明技术，并且达到监控无盲区。装修策略结合建筑的艺术气质与内涵，通过照明组织、材料选择等设计手法营造出一个具有鲜明特色的城市艺术"港湾"。

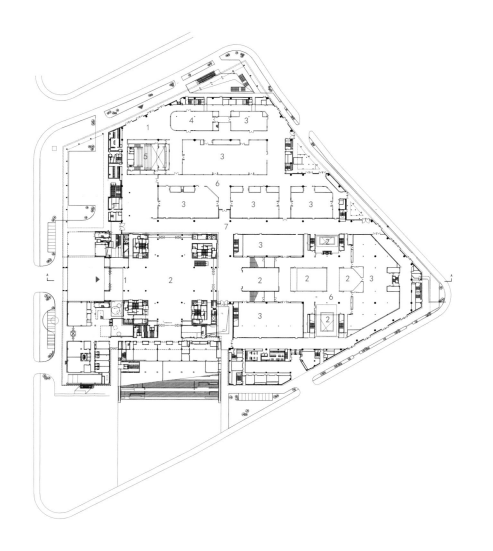

1 门厅
2 共享空间
3 展示区
4 艺术服务区
5 318人座报告厅
6 公共疏散通道
7 防火隔离带

3. 改造后的一层平面图
4. 改造后的一层夹层平面图
5. 改造后的剖面图
6. 改造后的318座多功能学术
交流报告厅，作为一层北块
教育培训区域的组成部分

3.改造措施

1）总体布局

主楼及裙房的出入口布局根据现状和规划要求进行设计整合，出于保护建筑外观的考虑，总体设计中主楼及裙房的布局基本保持不变，但是为了满足需要，在总体场地中，增加了138个机动车位和224个非机动车位。

国展路一侧结合现状作为主楼9m层的入口广场，上南路一侧改造为中华艺术宫的主楼和裙房的主要入口，云台路一侧为建筑的后勤服务方向，裙房在此以挑廊和院落交替的方式形成多个后勤服务空间，满足货车进出、临时货物中转和技术辅助功能的需要。

2）平面功能分配

原中国馆总建筑面积为160 126m²，现实测建筑面积为157 800m²（包括8 000m²投影面积），改建设计加上5 000m²的一层加建面积、地下室典藏区域的加建面积及54.9m层部分廊道面积，改建后建筑面积共计166 855m²。

地下室部分，拆除原中国馆北区所有准备间、会议室及南区的5间丙类仓库，将避难走道西侧的准备间及卸货区改造为藏品保护技术区，避难走道东侧的准备间和会议室则改造为周转库房和典藏库房，并将南区的5间丙类仓库中的4间也一并改造为典藏库房，以满足美术馆庞大的典藏需求。典藏库房内新增气体灭火装置，以保护艺术品。典藏库房设三间气体钢瓶间，满足典藏库房内温度调控的要求。主楼地下室的卸货区则划为两部分，一部分改造为后勤库房，另一部分改造为公共教育服务区，具体功能为公共阅览室和艺术教育坊。

一层（包括一层夹层）部分，中华艺术宫首层世博期间为中国馆门厅部分及地区展示馆，改造后的中华艺术宫利用原首层的消防走道将整个馆分为南北两个功能块。北块由教育培训部分、艺术服务区、艺术交流区、临展区以及原上海地区展示馆组成，其中：教育培训部分将配置一个300人的报告厅；临展分为5个厅，面积从500m²至2 200m²不等，临展一及艺术服务区局部有夹层；另外，艺术教育交流空间同时也具有临展的兼用功能。南区为原国家馆进厅及长期陈列厅（展厅）部分，其中：展厅部分的最东侧为名家馆，被局部分割成两层，首层展厅净高4.0m，夹层展厅净高3.0m。首层与夹层之间通过中庭及垂直电梯联系，空间上为了强调与进厅之间的中轴线关系，呈对称布置。

在9m层，增加1组自动扶梯从一层联通至9m平台，保留9m平面至13m平台的自动扶梯，增强了一层展区与14m"九州清晏"的联系。在33.3m层，撤除原有"低碳未来"展区，改造为"海上升明月——中国近代美术的起源"第三专题展厅，根据该层特点，呈现一条环形展廊，通过展廊联系呈现上海优秀工艺美术文化的珍宝展馆和展示中国近现代优秀雕塑作品的雕塑展馆，以及为拓展家庭互动而特设的亲子体验区。在41.4m层，拆除原有的小火车轨道，划分为四个展厅，改造成为"海上升明月——中国近代美术的起源"第二专题展区，陈列上海美术史上具有代表性的艺术作品。在49.5m层，保留多媒体版《清明上河图》和原高配置的"国之瑰宝"展厅，设立任伯年《群仙祝寿图》专厅。拆除原中央影视大厅空间，对空间进行改造，利用中心采光顶，营造一个巨大的精神空间，并在周围设置一圈回廊。两侧设主题展厅，成为"海上升明月——中国近代美术的起源"第一专题展区，陈列上海美术史上具有代表性的艺术作品以及海派艺术史的文字、图片、影视资料。60m层的功能保持不变。

3）平面和造型设计

建筑顺应中国近现代艺术的特征和性格，营造中华艺术殿堂的氛围。各大展览空间主轴鲜明、共享空间活泼自然，空间层次有序丰富，形成功能完善、空间丰富、集约有效、个性鲜明的高品位场馆。

通过材料的运用和细部尺寸的推敲，各建筑空间以宜人的尺度呈现于参观人员面前。严整对称的直跑楼梯、通高大厅及连廊设计突出了由门厅延伸至此的观览主轴线，增加了空间景深与视觉层次；结合建筑平面组织聚焦视觉中心，强调形成景观主题；玻璃与石材的交汇、暗格和灯带的设计，掩去了纷繁的干扰，延伸了人的空间体验。

4）流线组织

地下一层将世博期间各地区馆的办公空间及库房区域改造为藏品保护技术区及典藏、周转库房，设计中结合避难走道组织货运及人员流线。一层结合防火隔离带设计将平面划分为门厅、南区名家馆展示及北区展示三大部分，并在门厅内实现一层及高层的参观人流分离。

主楼部分共3层，观览流线自上而下，一气呵成。设计过程中对既有平面进行了认真分析后，决定仍利用原扶梯组织层间交通联系，但考虑到中华艺术宫的观展流线需要以及参观人员的自主选择性和局地停歇性，将各层组织为相对独立的放射式展示单元，化串联展示为并联展示。此外，为了加强主楼与一层的联系，在9m平台位置，增设了一部自动扶梯和一座直跑楼梯。

5）消防设计

地下一层库房部分根据库房重要等级提升而对通道安全性进行了分级以及防火分区的重新划分。由于此次改造为两馆统一改造，首层联系门厅及裙楼南北两区的玻璃天棚区域其下方的L形通道作为其内部联系空间，不宜作为室外空间进行改造。因此未按预定计划拆除，最后拆除了约25%的玻璃顶棚，保留部分改为火灾状态下可开启玻璃顶（消防联动）。

原建筑消防设计为性能化设计，而改造后的首层空间较以前变化较大，因此为满足裙房部分展示需要及疏散要求，项目分别引入了"疏散缓冲区"和"房中房"的概念，缓冲区走道及防火走道各自满足相应的消防设计标准。

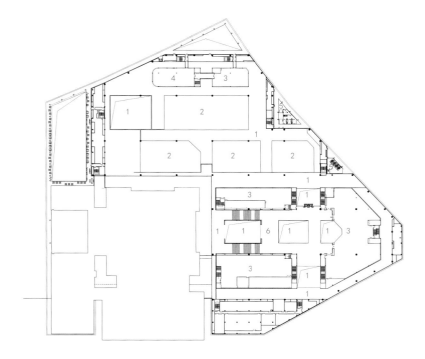

1 上空
2 共享空间
3 展示区
4 艺术服务区
5 318人座报告厅
6 公共疏散通道
7 防火隔离带

4

1 门厅
2 共享空间
3 展示区
4 入口庭院
5 公共平台
6 公共疏散通道
7 技术保护区

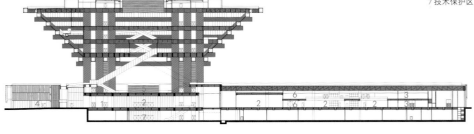

5

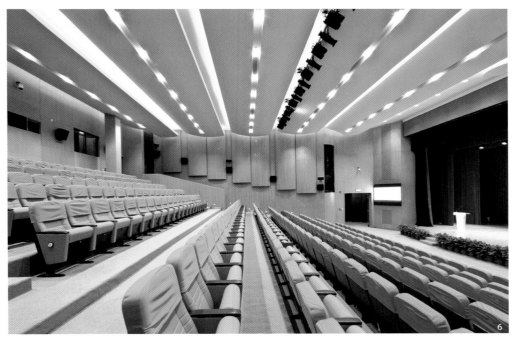

6

作者简介

袁建平，男，现代设计集团上海建筑设计研究院有限公司 副总建筑师，第一原创工作室 主任

一次"完整"的设计
世博城市未来探索馆改造

A Complete Design
Transformation of the Pavilion of Future

丁阔 / 文　DIING Kuo

1.改造后的底层通过连续的透明界面形成一座与室外空间"无界限"的城市客厅，鼓励人们日常性的进入
2.原真性地保留了作为发电厂最具特色的机械设备

2012年，由南市发电场馆主厂房改建而来的上海当代艺术博物馆于上海世博会闭幕两年后正式开馆，这座工业时代遗迹也最终完成了自身角色转变，以一种全开放的、日常性进入、可自由探索的全新姿态向公众开放。在这一漫长的转变过程中，设计师在作品的设计、建造和使用过程中进行了建筑历史性、事件性、公众开放性、参与性和区域影响力的探索，关注着建筑全寿命周期的持续发展和演进，完成了一次全视角、全周期的，真正"完整"的设计。

项目名称：上海当代艺术博物馆
建设单位：上海世博土地控股有限公司，上海市文化广播
　　　　　影视管理局
建设地点：上海市黄浦区花园港路 200 号
建筑类型：博物馆、展览馆
设计 / 建成：2011—2012/2012
总建筑面积：41 000m²
建筑高度 / 层数：50m/8 层
容积率：2.15
设计单位：同济大学建筑设计研究院（集团）有限公司
　　　　　原作设计工作室
项目团队：章明、张姿、丁阔、丁纯、孙嘉龙、王志刚、章昊
获奖情况：2013 年度第五届上海市建筑学会建筑创作奖优
秀奖，2014 年度中国建筑学会建筑创作奖金奖（建筑保护
与再利用类）

3.4.深入烟囱的凌空步道和螺旋坡道将烟囱并入了艺术馆的
展陈空间和流线系统，成为一个"意外的惊喜"

2012 年的 10 月 1 日，上海当代艺术博物馆作为 2012 年第九届上海双年展主展馆，正式开馆运营，同时它也成为上海乃至中国第一座公立的当代艺术馆，和上海博物馆、中华艺术宫共同构成了上海艺术展藏的全新格局。从 2006 年的南市电厂主厂房到 2010 年上海世博会城市未来探索馆，再到如今的上海当代艺术博物馆，其设计和改造工作历时六年，而这座历经风雨的工业建筑也最终完成了角色转变，真正实现了"重新发电"。

回溯世博未来探索馆到上海当代艺术博物馆的华丽转身，设计过程的个中周折不胜枚举，同时伴随着业主、建筑师和施工方各方面不断的思想碰撞、争论和相互妥协。争论的焦点集中在建筑的使用方式、对工业遗迹的态度及紧张的施工周期，屋面是否进行上人改造，展厅采用何种形式和光环境，如何对待未来馆时期

的保留发电设备……所有的问题都对空间、功能、造价和时间上的要求带来影响，最终的设计方案采用有限介入的方式，原真性地保留了建筑作为发电厂最具特色的汽机车间的恢宏空间和灰色基调，将北侧的锅炉车间依照当代艺术的展示要求进行隔层改建，形成形状和特色各异的"白盒子"。灰与白的并存是历史与现实的对话，同时也是当代艺术博物馆建筑语言的主基调。

作为一座公共开放的博物馆，改造后的当代馆摒弃了未来馆时期封闭的空间设定和单一的流线设计，底层通过连续的透明界面形成一座与室外空间"无界限"的城市客厅，鼓励人们日常性的进入，汽机车间的屋顶通过结构加固和置换形成开阔的临江上人观景平台，由大厅穿过中庭蜿蜒而上的"栈桥"和水平交通体系作为白色系统的一部分被植入灰色的厂房空

间，连接着大厅、各层展厅和观景平台，激发着人们进行多向性的、弥漫性的探索。165m 的巨大钢筋混凝土烟囱也被建筑师有意纳入了这场对话，开放的北中庭使参观者在不断移动过程中与烟囱产生了不间断、多角度的联系与互动，而深入烟囱的凌空步道和螺旋坡道更是将烟囱并入了艺术馆的展陈空间和流线系统，成为一个"意外的惊喜"。

当代馆的空间是自由而无拘束的，正如当代艺术的自由与不羁，而它对于历史与过去的态度又是严肃的，每一处改动都刻意保留着过往的印记，它不仅承载了自身作为工业建筑的过往，还有成为上海世博会主题展馆的历史以及如今作为当代艺术展示、收藏、教育、交流、研究中心的功能和使命。得益于紧张的建设和布展周期，当代艺术博物馆在设计和建造过程中即完成了使用者、设计者和建造者之间的沟

通与磨合，建筑师参与建设过程，随时修正改造中出现的新问题，同时还承担着监造的责任。土建与装修设计一体化，布展与装修同步，完工之日即开馆。没有多数展览在实际使用阶段期间大拆大改的经历，当代馆在建成后三年的使用时间内仅进行了数次小范围的功能性改造：包括增设五层通往七层的双向扶梯，进一步完善展陈流线，增强七层展厅的可达性；改造五层观景平台配套的半室外敞廊，使之成为包含多种服务功能的艺术体验场所，进一步丰富艺术馆的特色与外延；改造3层的图书空间，使之容纳更多的藏书和读者，强化艺术馆的教育与传播功能。

当代艺术博物馆的改造实践开启了世博后续改造和开发利用的新篇章，以此为契机和龙头，它所在的城市最佳实践区展开了新一轮的改造和功能升级，形成以创意产业为主导的综合性艺术街区，将艺术馆的影响力加以放大和辐射，而艺术馆自身则以一种开放和发展的姿态继续前行，它通过自身的影响力将一座孤单的当代艺术高地扩展为人们体验艺术、分享艺术、享受艺术的艺术街区，它让艺术走下神坛，融入人们的日常生活，它让人们分享在博物馆、工作在博物馆、游憩在博物馆、生活在博物馆。

从2006年到2012年，从南市发电厂主厂房到世博会城市未来探索馆，再到上海当代艺术博物馆，建筑师对于这座建筑的探讨和思索从未间断，并全程参与开馆后的功能完善、修正和空间再改造过程，在这栋建筑目前为止的整个生命周期内，建筑师的服务和咨询是持续性的、不间断的。从2012年10月1日开

馆至今，当代艺术博物馆已投入运营三周年，其间举行过包括两次上海双年展在内的多次大型展览和多位国内国际知名艺术家的个人作品展，建筑的功能和流线在使用过程中得到不断地完善与修正，已趋于成熟，而设计团队在作品未来的生命周期内，也将提供不间断的关注与服务。这是一次真正"完整"的设计，它说明建筑设计的行为并非总是"一次性的"，建筑师的工作可以贯穿作品的整个生命周期，其影响力涵盖了作品从土建、安装到装修、景观、亮化乃至布展的方方面面，它将建筑作品视为一个相互关联的整体和一个不断发展演变的有机体，设计贯穿始终，不断地拓展、完善其功能，保持其特征性和历史价值。在这个"万物皆设计""设计改变生活"的时代，当代艺术博物馆的设计团队希望通过对它不间断设计实践完成自身的角色转换，对建筑师未来可能的工作方式进行一次全新的有益的探索。（摄影：张嗣烨、王远、章明）

作者简介

丁阔，男，同济大学建筑设计研究院（集团）有限公司，原作设计工作室 副所长、主任建筑师

6

5. 由大厅穿过中庭蜿蜒而上的"栈桥"和水平交通体系作为白色系统的一
   部分被植入灰色的厂房空间，连接着大厅、各层展厅和观景平台
6. 汽机车间的屋顶通过结构加固和置换形成开阔的临江上人观景平台
7. 展厅实景
8. 改建后的剖面图

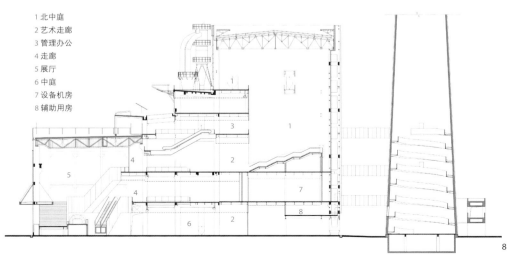

1 北中庭
2 艺术走廊
3 管理办公
4 走廊
5 展厅
6 中庭
7 设备机房
8 辅助用房

7

8

超越功能置换的绿色改造
"沪上生态家"改造工程

Green Building Reform beyond Function
Transformation of Shanghai Eco-home

高文艳，徐极光 / 文　GAO Wenyan, XU Jiguang

"沪上生态家"的改造设计，除了注重功能的置换，也重视绿色可持续理念在改造中的应用。此次改造通过对旧有建筑设施及材料的再利用和对绿色节能设备的改造设计，以原有设备系统为基础，对设备末端进行调整改造，使先进的绿色节能技术在角色转变后的"生态之家"中得到延续与提升。

项目名称：沪上生态家改造工程
建设单位：上海现代建筑设计（集团）有限公司
建设地点：上海
建筑类型：办公建筑
设计／建成：2014/2015
总建筑面积：3 147m²（改造前），3 380m²（改造后）
建筑高度／层数：20.05m/ 地下 1 层，地上 5 层
容积率：1.99
设计单位：上海现代建筑设计（集团）有限公司创作研究中心
合作单位：上海现代建筑设计（集团）有限公司创作研究中心（施工图设计）、上海现代建筑设计（集团）有限公司技术中心（绿色设计）、上海现代建筑装饰环境设计研究院有限公司（施工图设计）、上海现代建筑装饰环境设计研究院有限公司（施工总承包）
项目团队：沈迪、徐极光、江湾、任燕、李嘉铭、翟燕、高文艳、虞孟彦

1.改造后的建筑外观

2.设计以充分利用旧有建筑设施及材料为原则,重视成本控制,对各类设备构件进行编号及尺寸统;施工过程中 系统性地对原有设备材料进行拆除并修复再利用,力求最大可能地利用原有材料,以推广集约化、可持续的改造方式

3.建筑中庭保留了部分"风筒",中庭空间的功能释放使得原本"风筒中的中庭"转变为"中庭中的风筒",以适应新的功能空间属性

4.鸟瞰改造后的沪上生态家

沪上生态家位于上海世博会城市最佳实践区北部街区内,是一幢以绿色生态为理念打造的科技示范展馆建筑,也是在2010年上海世博会期间,作为东道主上海参展的唯一住宅案例。随着上海世博会的闭幕,"沪上生态家"圆满完成其角色,静静地等待下一个使命的到来。

2014年,上海现代建筑设计(集团)有限公司接手这个项目,计划将它改造成一个以研发、创作功能为主的小型设计类办公建筑,作为集团建筑科创中心的办公楼来使用。

在以往的既有建筑改造设计中,设计的重点通常在于对建筑内新老部分的关系处理。而沪上生态家在改造过程中,更多关注的则是如何利用原有建筑的本身条件来满足新功能定位的需求,包括改造后的建筑空间在结构、尺度及性格上是否能与新功能相契合等,通过改造设计来赋予建筑新的特征及亮点。

沪上生态家的中庭、门厅和屋顶花园是最具性格特征,并能体现建筑气质的三个相互关联的空间。设计对建筑中最具特征的中庭风筒进行形式转化,将中庭营造成具有自我领域感的开放式活动空间。同时,对南北两个下沉式庭院进行非对称改造,使其分别成为中庭功能空间的延伸以及景观空间向中庭的渗透。中庭空间的功能释放使得原本"风筒中的中庭"转变为"中庭中的风筒",以适应新的功能空间属性。门厅方面,设计采用通高的落地玻璃和利

用原来铝合金大门移位的方式,将南北敞开的门廊的物理空间封闭起来,演绎为传统"弄堂"的一个横断面,与嵌入的红色飘带一起,建立起室外至室内的次序感。屋顶花园的改造设计是在原有建筑的结构框架下进行的。设计利用保留的钢结构框架下的有限空间,将屋面主要空间设计成一个开敞的公共活动平台,同时对屋面原有的可再生能源系统进行整修,使这些设备系统与改造后的建筑形象及空间表达有机结合。通过楼梯、电梯延伸至屋面层来提高交通可达性,使中庭本身的意义和玻璃电梯的作用在此得到延展。

除了在原有建筑基础上做了相应的改造设计外,此次改造还对旧有建筑设施及材料进行充分的再利用。在空间的构成中充分利用原来的建筑材料、建筑设施,在施工中采取保护性的拆除工作,并对拆除物件进行编号,再根据它的尺寸运用到新的设计图纸当中。比如对吊顶格栅进行的保护性拆除,经过重新喷漆上色,再用于电梯厅吊顶及屋顶外遮阳格栅处;再如原一层及地下层扶手栏杆经保护性拆除,重新安装至二至四层临接中庭处进行再利用;包括原VIP接待室的会议桌在建筑功能转换的过程中也并未被弃置,而是搬至新会议空间。原先的这些旧材料都得到了充分的运用,深刻地贯彻了绿色可持续发展的理念。

当然,对绿色节能设备的改造设计,也是

以原有设备系统为基础,对设备末端进行调整改造。采用一些主动的环保节能措施和再生能源,例如太阳能光伏发电,根据屋架改造的方案,再结合外立面造型,将部分光伏板进行移建。光伏系统采用离网的运行模式,光伏系统产生的直流电供屋顶层的照明,当光伏发电不足时,将市网供电转换为直流电从而补充屋顶层照明供电。

现今建筑科创中心的员工们已经入驻沪上生态家,在这个工作与生活相融合,既开敞明亮,又盎然绿意的环境里,每一天都沐浴着阳光。它在城市的角落,散发着独有的味道和气息。

作者简介

高文艳,女,上海现代建筑设计(集团)有限公司建筑科创中心 副主任,创作研究中心 主任

徐极光,男,上海现代建筑设计(集团)有限公司创作研究中心 建筑师

前生与今生的转化
上海儿童艺术剧场（原上汽馆改造项目）

A Splendid Change
From SAIC-GM Pavilion to Shanghai Children's Art Theatre

刘缨，戎武杰，方舟 / 文　LIU Ying, RONG Wujie, FANG Zhou

满足、适应儿童剧场所需新功能的需要，提升既有建筑改造的最大空间使用效率，在赋予儿童剧场性格特点的基础上保留原立面形象，延续曾经在岁月中的记忆。

项目名称：上海儿童艺术剧场 2010 年世博会上汽馆项目改建
建设单位：上海世博局发展局有限公司
建设地点：上海
建筑类型：剧场
建成时间：2013
总建筑面积：11 515m²（改造前），15 667m²（改造后）
建筑高度 / 层数：27m/ 地下 1 层，地上 4 层
容积率：1.37
设计单位：上海现代建筑设计（集团）有限公司现代都市建筑设计院
合作单位：都市院声学及剧院专项设计研究所
项目团队：戎武杰、刘缨、方舟、林琳、郑沁宇、张瑾、刘小丽、张骥
获奖情况：上海市建筑协会第五届建筑创作佳作奖

1.建筑前生的辉煌

上汽 – 通用馆在 2010 年上海世博会创造了 184 天的辉煌纪录：4 535 场表演、2 178 789 名观众、超过 2 亿次网上总曝光量、获得超过 30 个各类奖项。建筑立面为简洁动感、流线型金属饰面，其上镶嵌着发布信息的"天使之眼"LED 屏，展馆中的升降屏幕、动感座椅、LED 巨型屏幕展演着 2030 年概念车，这些使得上汽 – 通用馆成为世博会科技含量最高的世博会场馆之一，精彩地完成了它在世博会扮演的角色。

2.建筑今生的回转

2010 年 10 月 31 日上海世博会闭幕，仅过数月，市政府有关方面传达询问意见：需要上汽 – 通用馆项目组为临时场馆（2010 世博会上汽 – 通用馆）是否有可能改建为永久性的上海儿童艺术剧场做个分析报告。报告递交不久就得到批复，此为世博园浦西园区第一个确认保留的临时场馆。从此开始，一座曾经在 2010 世博会释放夺目光彩的临时场馆被赋予新的生命，重新生长。利用世博会场馆为少年儿童服务，最能体现和诠释"城市，让生活更美好"及面向世界、面向未来的世博精神。

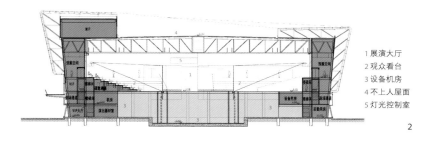

1 展演大厅
2 观众看台
3 设备机房
4 不上人屋面
5 灯光控制室

2

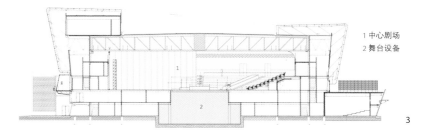

1 中心剧场
2 舞台设备

3

1.改建后的上海儿童艺术剧场入口，保留原立面轮廓以延续2010年上海世博会记忆，整个幕墙重新制作及安装，新增建筑体块严格保证建筑与原立面的整体性而不破坏原特点；一层加设的剧场入口雨棚以鲜明的中黄色调点缀，赋予儿童建筑以活跃明快的特点
2.改建前的剖面图
3.改建后的剖面图
4.改建后的建筑外观
5.改建前的沿江外立面

4

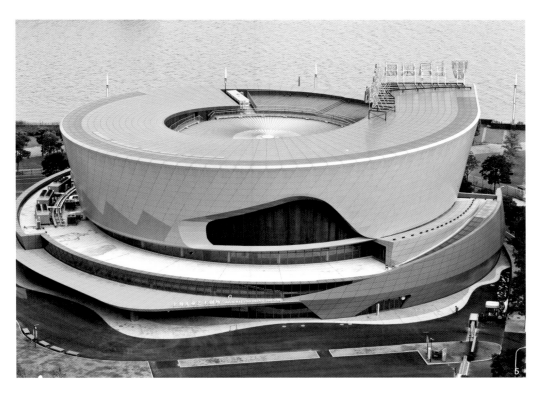

5

3.改建内容

主要是功能改建，即将临时的展馆建筑改为以儿童为主要使用者的永久剧场建筑。建筑的前生与今生的转化除了在传承面向未来、升腾成长的精神上的相同点外，还存在着相当大的差异。最大的差异在于功能，原上汽-通用馆使用功能相对单一，主要空间含有三部分：前展区（位于三层）、主展览区（位于二、三层的大厅）以及一层的后展区。观众流线单一清晰，从室外坡道直入三层，经前展区、观主展场后通过二层围廊迅速疏散于位于廊道和展厅之间的楼梯。

而上海儿童艺术剧场，对于未来运营及为少年儿童服务需要兼顾多项使用功能，主要内容包括：1 088座具备演艺功能剧场、儿童培训中心、3个30座小影院、儿童体验活动区的多功能剧场、配套的对外服务的餐饮。由此测算，建筑面积需由11 515m²新增至15 667m²，方可基本满足以上使用空间面积要求。

如何在建筑外轮廓基本不变的情况下，满足以上所需众多功能的要求是改造项目的基本内容，而其中将主展览区改建为1 088座符合剧场标准及满足国内外大型演出的中心剧场是重中之重。

在增加空间方面是这样考虑的：对于剧场门厅、三个小影院和小型餐饮，建筑一层拆除原室外入口大楼梯，增建剧场入口门厅及四个小影院，原局部空间规划为儿童体验区；对于儿童培训中心和舞台后场区，利用原一层夹层的空间加层作为青少年培训中心；对于中心表演剧场，改建原主展览区并增加后台辅助设施；对于办公场所，在顶层拓展办公场所。改建工作除保留主展览区空间外，关键的一点是拆除其中原四片升降屏幕，使得上下平面可以按需分割、加建楼板。除一层部分加建外，原建筑外轮廓基本保持，建筑高度不变，最大限度地使用原有空间，挤出了以上所需新功能的面积。所有原主体结构布局基本保留，局部适当调整，柱梁加固。设备按新功能重新配置。

关于外立面方面，保留原立面轮廓以延续2010年上海世博会记忆，整个幕墙因安全年限不足而进行拆除、重新制作及安装，新增建筑体块严格保证建筑与原立面的整体性而不破坏原特点。一层加设的剧场入口雨棚以鲜明的中黄色调点缀，赋予儿童建筑以活跃明快的特点。

作为承担着同一建筑两次生命的建筑设计创作团队，改造过程中需面对一些艰难选择，特别体现在如何取舍那些原主展览区内具有特色的设施。

中心剧场为项目改建的重点，也是过程抉择中最为纠结的部分，特别是面对原场馆中曾经获得美誉的设施的决策，如圆形座位的布置及动感座椅、升降屏幕特色的处理等。最终根据实际设备监测情况，考虑其损坏率及未来运营供货维修问题而放弃。其中，因放弃了升降屏幕和动感座椅，反而实现了需要增加的空间和1 088座位。

剧场设施的最终改建方案为：舞台形式保留原特性进行微调，但由圆形调整为敞开式270°中心岛式舞台，同时在需要时可以临时作为圆形舞台和简易镜框式两种舞台形式。中心舞台保留14m直径分三层可旋转及升降，有3个转盘，从内向外的直径分别是5m、8m和13m。最里面的转盘可以无级升降，外面两个转盘可以无级升降并能顺时针以及逆时针无级旋转；中间的转盘可以下沉2.5m，和下面的通道巧妙相接，让演员和道具进出。原座位区拆除，新建为1 088座观众席，留出舞台的尽端位置，环形布置。从标高6.5m（二层）至标高10.0m（三层）共10排，排距1 000mm，座位宽度550mm。座位区在二层地面有三处2.4m疏散主通道。另外，通向三楼有10处1.5m通道环向，均布。新增马道及声闸区，原舞台上方设马道设在屋架处（除利用原马道外再加建部分），作为灯光、主要音响舞台设施场所及检修通道；剧场入口环道及上方布置为声控、音控及舞台设备控制室。新增设施方面，剧场内墙四周的座位区上方为投影幕，舞台居中有LED屏幕。而剧场观众入口处的声闸、灯光监控设备室及演出辅助房则采用将圆形剧场空间直径缩小2m解决。剧场区域方面，原主展览区直径55m减小至35m中心剧场，外圈空间成为马道及剧场入口声闸区。

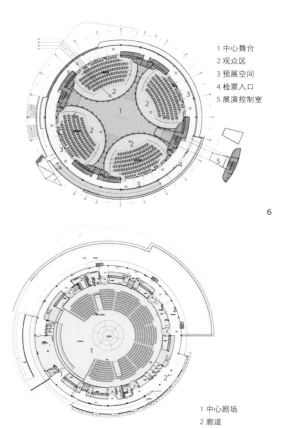

1 中心舞台
2 观众区
3 预展空间
4 检票入口
5 展演控制室

6

1 中心剧场
2 廊道

7

8

9

4.设计难点

　　设计过程中面临着一个个的研究课题：如何利用原展览空间改建成适应剧场演艺功能的剧场；如何确定舞台形式；在不足的舞台空间如何大量配置舞台机械及灯光、音响；如何确定座位形式及排布样式以及后续利用原场馆的特点；如何设置后场空间；多流线的合理设置；因使用对象为儿童，各专业面临消防及安全性方面现有规范未明确涉及的难点；如何保留原结构及最大化利用原空间来满足新增功能的使用要求；如何让圆形剧场满足声学要求；以及现场拆除后新增的各种问题，等等。期间通过无数次的设计方案比较及理由阐述、各阶段多次召开不同专业专家的咨询会、展开多项检测报告的分析及接受市消防部门的指导，通过经过与使用方、建设单位的充分合作，最后改建设计方案达到预期目标，对设计团队而言经历了一次痛并快乐着、终生难忘的项目设计创作体验。

5.社会效益

　　上海儿童艺术剧场在 2013 年 6 月 1 日开幕以来，共演出儿童音乐剧《成长的快乐》、国际儿童剧展演剧目《巨人和春天》《纸风车幻想曲》《飞吧小单车》等儿童剧共计 41 场次；2014 年演出场次达 141 场，观众人数达 9 万人次；2015 年，全新的演出已排出戏剧、音乐、舞蹈等多元门类的 28 台剧、145 场演出，并率先在国内推出针对少年儿童的节目"分级"制，适合 0 岁至 12 岁不同年龄儿童的需要。同时剧场已举办一系列儿童公益活动，用不同的艺术手段让孩子们接受熏陶，激发更多的孩子对艺术的兴趣。

6.改建前的剧场平面图
7.改建后的剧场平面图
8.9.改建后的中心剧场，中央三层旋转可升降舞台，外面两个转盘可以无级升降并能顺时针以及逆时针无级旋转；中间的转盘可以下沉2.5m，和下面的通道巧妙相接，让演员和道具进出

作者简介

刘缨，女，上海现代建筑设计（集团）有限公司现代都市建筑设计院 主任工程师，商业地产设计研究所 所长

戎武杰，男，上海现代建筑设计（集团）有限公司现代都市建筑设计院 副院长、总建筑师，教授级高级工程师，国家一级注册建筑师

方舟，男，上海现代建筑设计（集团）有限公司现代都市建筑设计院 高级主创，国家一级注册建筑师

承载着中国2010年上海世博会的辉煌，上海将在"世博后续开发建设"中，迎来一个新生代的商务中心区，这里将成为中国精英、实力企业汇聚之地。

高效集约的土地利用、低碳生活的交通体系、有效配置的区域能源、资源共享的场所空间、功能混合的能效互补及环境健康舒适的建筑布局，让整个世博园区不仅仅在绿色技术的应用上充满前瞻性，更形成了融合建筑、交通、绿化与能源的低碳可持续社区。

1. 绿谷项目施工建设现场，绿谷空间是整个A片区的活力中心，街坊在高能高效的商务办公功能基础上将更强调社区氛围的塑造

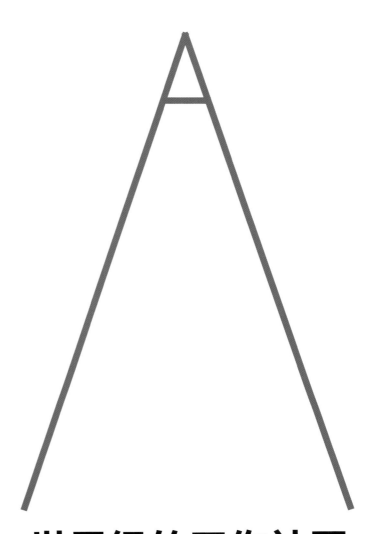

世界级的工作社区
上海世博园区A片区（中央商务区）新建项目
World-Class Working Community
New Projects in Expo Area A

冯烨，李定，张路西 / 文   FENG Ye, LI Ding, ZHANG Luxi

项目名称：上海世博会地区 A 片区绿谷项目

建设单位：上海世博发展（集团）有限公司，上海浦东发展银行股份有限公司

建设地点：上海世博会地区 A 片区

建筑类型：办公，商业，酒店

设计时间：2012

总建筑面积：42.7 万 m^2（地上约 21 万 m^2，地下约 20 万 m^2）

建筑高度 / 层数：限高 60m

容积率：2.5~2.7

城市规划设计：现代设计集团华东建筑设计研究总院

建筑设计单位：现代设计集团华东建筑设计研究总院（A03B 街坊地上建筑，A10A 街坊地上建筑，整体地下空间）

合作单位：SHL 建筑事务所（A03A 街坊地上建筑），德国 HPP 国际建筑规划设计有限公司（A10B 街坊地上建筑）

项目团队：徐维平、张一峰、冯烨、张聿、陶俊、蒋小易、刘剑、蔡增谊、华炜

项目名称：远东集团上海办公大楼

建设单位：远鼎实业（上海）有限公司

建设地点：世博会地区 A 片区 A09B-02 地块，北至世博大道，东至白莲泾路，南至博成路

总建筑面积：约 4 万 m^2

设计单位：现代设计集团上海建筑设计研究院有限公司

合作单位：巴马丹拿集团国际有限公司（方案概念设计）

项目团队（中方）：李定、黄琪

项目名称：华泰金融大厦

建设单位：华泰世博置业有限公司

建设地点：世博会地区 A 片区 A02A-03 地块

建筑类型：商业、办公

总建筑面积：56 192m^2（地上 35 670m^2，地下 20 522m^2）

建筑高度 / 层数：50m/ 主楼 11 层（裙房由 5 层和 6 层两个体量构成，地下室共计 3 层）

设计单位：现代设计集团上海建筑设计研究院有限公司

合作单位：株式会社日建设计（方案概念设计）

项目团队（建筑设计）：李定、赵娟、刘晓迅、胡淼然

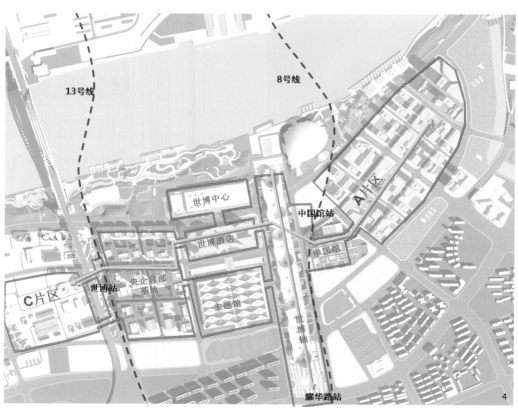

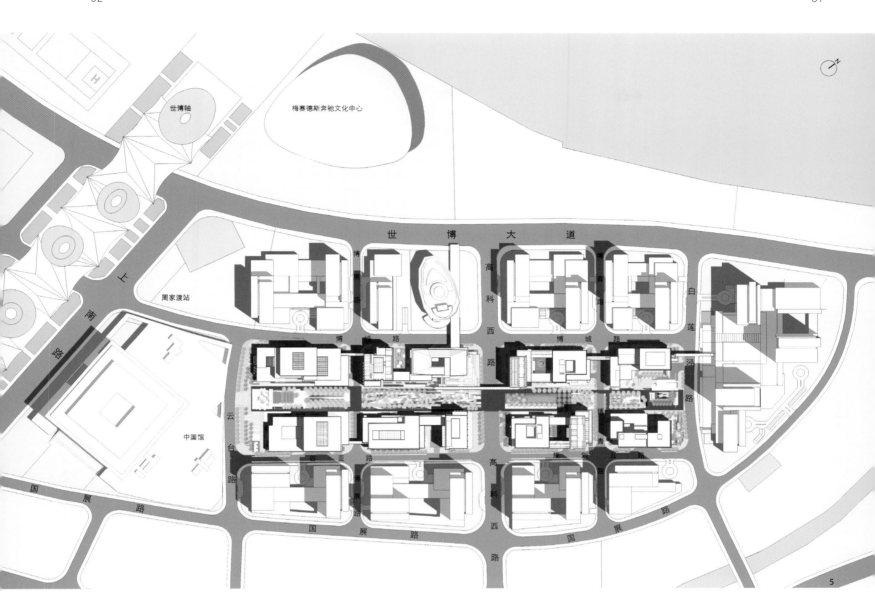

2.4.A片区与B片区区位示意图
3.世博片区结构规划示意图
5.绿谷项目总平面图

A片区中的绿谷项目是一个以国内设计院为主导，并在其原创的城市规划设计框架下，进行国际化合作的新的项目设计模式。远东大楼作为重要的交通转换空间也是全景休憩空间，其掩映花草树木与水景的神秘自然环境，成为整栋建筑最大的特色。华泰大厦从"山—水"的意象中衍生而来，低层商业退台错落有致，空间丰富，结合垂直水景，形成了有趣的商业空间，展露另一种建筑表情。

1.世博A片区板块

世博A片区位于会展商务区内永久保留项目一轴四馆东侧，与B片区（央企总部区）相邻，该区域定义为"世界级工作社区"。规划片区分为14个街坊，28个地块，规划结构为"以绿为核、三带环绕"的功能布局。"一核"即为绿谷，"三带"由内而外分别为绿谷综合商务带、总部商务聚集带和生态功能带。

绿谷空间是整个A片区的活力中心，街坊在高能高效的商务办公功能的基础上将更强调社区氛围的塑造。区内不但能完成各种商务活动，而且能进行娱乐、购物、健身，是具有浓厚文化氛围的人性化的社区，并由单纯的商业中心向综合文化和经济全能中心过渡。整个A片区将被打造成为具有世界影响力的中央商务区，结合"世界级工作社区"的理念提供人性化的配套设施，同时也使世博会场址得到有效合理的利用，并成为21世纪初上海城市又一具有标志性的中心区域。

2.可持续的集群建筑——上海世博会地区A片区绿谷项目

2010 年上海世博会第一次以"城市"为主题,将当今世界,尤其是中国社会发展中所面临的土地利用、环境保护、节能减排等城市问题和挑战,放在"世博"这个世界性舞台上来共同探讨,寻找解决的途径和方法,并留下"城市,让生活更美好"的许诺。这些使得世博会后续开发的项目必须认真回应城市可持续发展这个命题。

1)概况

基地正对中华艺术宫的东北侧,由白莲泾路、谷亚路、云台路、博成路围合而成,范围内共有八个开发地块。绿谷项目是整个A片区开发项目的核心地块及先期开发工程,将对A片区未来的开发建设产生重要的影响。整个绿谷项目由 A03A、A03B、A10A、A10B 四个街坊组成,也就是规划布局结构中的绿谷及围绕其周围的绿谷综合商务带。建筑功能以总部办公为主,同时配备公寓式酒店及商业。其中商业主要集中在底层与二层,作为整个A片区商务区的配套功能。

2012 年 4 月完成了世博A片区绿谷项目的国际方案征集。经过专家评审,在总共五家中外设计公司中选出三家设计单位的优胜方案,除了现代设计集团华东建筑设计研究总院(以下简称"华东总院")以外,其他两家设计单位分别是 SHL 和 HPP。同时委托华东总院在其原投标方案的框架下对整个绿谷项目及其所在的A片区的城市设计进行优化调整。通过与业主、规划院等职能部门的协调与合作,设计团队有幸在A片区控详阶段就参与整个规划的编制工作,项目团队以城市设计的方式协助规划院将宏观的规划理念化为具体的设计控制,并使其更易于实施。在之后实施单位的项目设计竞标中,华东总院再次获得了上述地块的设计总包权。为了使整个绿谷项目既保持整体的建筑风貌和完整城市界面,同时又能体现各个街坊建筑的独特性,经协商,邀请方案征集阶段中另外两家优胜单位 SHL 和 HPP,分别落实 A03A 街坊与 A10B 街坊地上部分建筑的方案及初步设计工作。而华东总院作为设计总包单位负责整个项目地下空间以及 A10A 街坊与 A03B 街坊的全过程建筑设计工作。这也是一个以国内设计院为主导,并在其原创的城市规划设计框架下,进行国际化合作的新的项目设计模式。

绿谷项目地下空间采取统一开发、统一设计、统一建设、统一管理的模式。同时采取地下地上统一设计、地下空间统一建设的开发策略。作为一个多地块的集群建筑开发项目,在上述开发建设背景下,整个绿谷项目的"整体化"设计成为可能,集群建筑的可持续性发展从设计的一开始就成为整个设计团队的设计目标与研究重点。

世界经济合作与发展组织对可持续建筑给出了四个原则:一是资源的应用效率原则;二

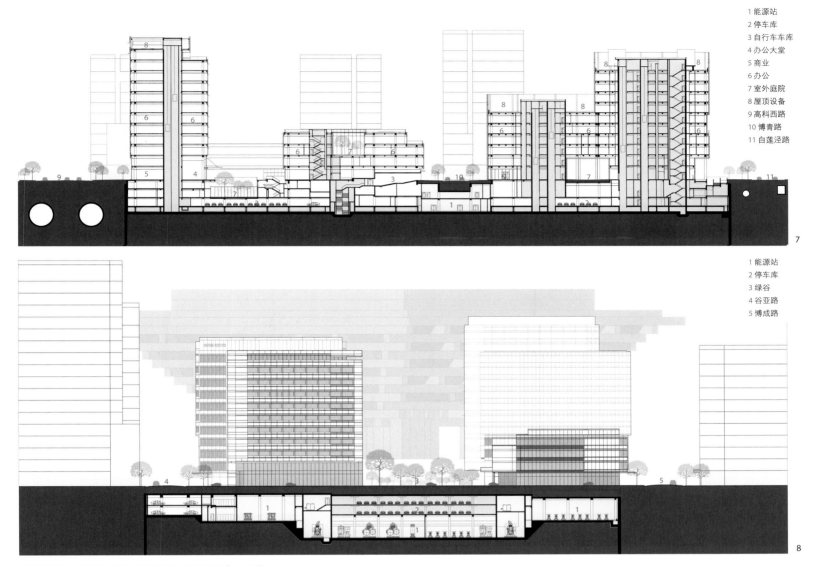

1 能源站
2 停车库
3 自行车车库
4 办公大堂
5 商业
6 办公
7 室外庭院
8 屋顶设备
9 高科西路
10 博青路
11 白莲泾路

7

1 能源站
2 停车库
3 绿谷
4 谷亚路
5 博成路

8

6.绿谷项目，鸟瞰图，街坊内裙楼布置"围以成廊"，主楼
　布置"疏而成势"，营造出形散神聚的空间节奏和富于韵
　律的天际线
7.绿谷项目，A10A1、A10B1街坊纵向剖面图
8.绿谷项目，博青路下方的能源站，剖面图

是能源的使用效率原则；三是污染的防止原则（室内空气质量及二氧化碳的排放量）；四是环境的和谐原则。绿谷项目作为后世博开发中心地区的核心地块，除了纯粹建筑创作范畴的功能、空间研究以外，设计者致力于在更广泛的范畴中去挖掘本项目在整个片区中的定位，这不仅仅是指其本身坐享A片区的中央核心区位，而是能够为项目自身及整个片区提供可持续发展并激发整个区域活力的设计策略。

2）城市公共资源的共享

　　身处后世博开发的A片区核心位置，本身就拥有得天独厚的城市公共资源，近50m宽、600m长的中央绿谷景观区将四个街坊串联在一起，占据毗邻上海城市中心的滨江稀缺完整资源，其土地价值极为宝贵。规划的高贴线率要求使得建筑设计方案强调更小的街坊尺度、更完整的城市界面、更适宜的街道空间和步行环境。这有助于城市空间品质的提升，激发城市的活力，且与上海特色的城市精神及市井尺度相契合。

　　结合本项目2.5~2.7的容积率要求，街坊内裙楼布置"围以成廊"，主楼布置"疏而成势"，营造出形散神聚的空间节奏和富于韵律的天际线。设计者追求江景资源给建筑带来的特殊价值，尝试创造更多的视觉通廊，在给定容积率的条件下，在城市设计阶段对建筑布局作了大量的研究，推导出单栋主楼在平行行列式的布局下，各自能获得的最大观江面，并且在塔楼以高层与多层错位布局的情况下，建筑具有最佳城市空间体验与景观资源占有率，使得每栋建筑都能"近观绿谷，远眺浦江"。

　　规划中的建筑区域阻隔了城市道路和绿谷景观，从一开始设计者就希望绿谷具有一定的开放性，鉴于项目功能属性的要求，这种开放性不同于一般的城市公共景观，应该在城市景观带的开放性与高端办公区的私密性中找到一种平衡。本项目设计方案从传统上海城市肌理出发，应用密织的街道网络串联起各个区域，丰富了公共空间的交往活动，形成完整连续的

城市界面和宜人的街坊空间。地块中不同建筑所围合形成的天井空间、下沉庭院、街坊尺度的巷道作为半开放的缓冲空间形成了从城市道路到绿谷的空间过渡；从功能而言，上述这些空间根据各自地块具体情况的不同形成了办公大堂的落客庭院、地下车库的景观出入口、连接城市道路和绿谷的商业延展面。而在街坊短向的沿街面，绿谷的开放性得到充分的体现。为了兼顾项目的城市性和功能性，本项目的后场区域被人为地"隐形"，设计者将建筑的地库坡道、人防出入口、自行车坡道结合剖面设计布置于建筑内部，将卸货场地切分成块布置于每个地块的地下室。"隐形"的后场为创建更宜人的步行空间提供了可能。

　　考虑到绿谷项目在整个A片区中的可持续发展，增强绿谷在整个A片区的活力，设计者在绿谷景观的核心区域结合地下空间设计了一个抬高的城市广场，其下方则是两层通高的50m标准泳池。一层的高差被化解为逐级抬升

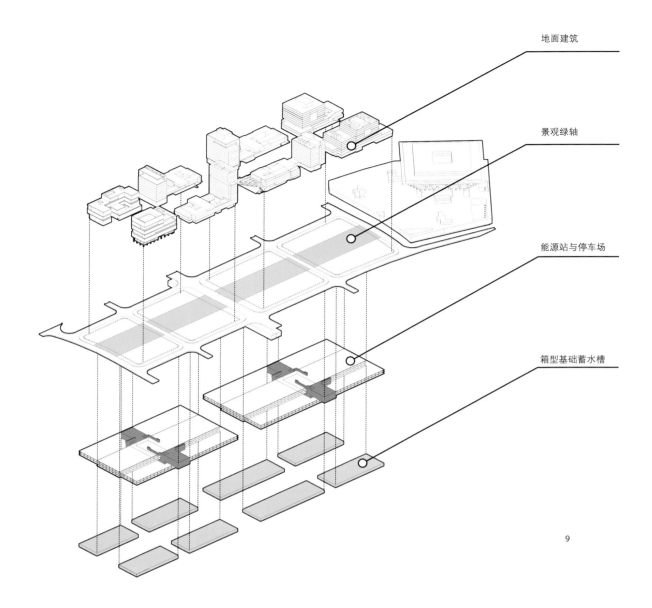

地面建筑

景观绿轴

能源站与停车场

箱型基础蓄水槽

的景观平台，设计中还预留了接口，为今后与滨江绿化带的连接提供了可能。

3）地下空间的"整体化"设计

地下空间作为整个绿谷项目重要的一部分，其总建筑面积达到 21.6 万 m²，鉴于本项目地下空间四个"统一"的运作开发模式，设计者选择了地下室整体开发的模式，即将各地块地下室连同地块之间规划道路投影下的地下空间做整体的开发。整个绿谷项目的地下空间以高科西路下方的西藏路隧道为中界，最终被划定为两个大地下室，各自包含 4 个地块和周边规划道路的地下空间区域。

地下空间的整体化设计消解了原本单个项目地下室难以避免的"碎片"空间，整体性的提高增强了整个地下空间的使用效率。近 50m 宽的绿谷所投影的长方形地下空间，其平面规则、结构布置规整且自由。设计者在该区域设计了地下三层的公共车库，结合每个地块的入库坡道，该车库区域沿两条场边设计了主通道。整体化的设计使得车库的布置效率大大提高，

规整的平面也为使用者提供了便捷。与此同时，地下空间的整合开发也使得整个区域的地库出入口数量得以精简。

整个绿谷项目地下空间提供了近 2 600 个机动车位，除了满足自身的使用以外，很大一部分可以作为整个 A 片区的共享车库区域。由于绿谷周边地块地下室的独立开发模式及整个片区小地块的划分，周边地块如需满足自身高容积率的停车指标需要，其地下空间需要做四层以上的开发，同时需要大量的地库坡道出入口。本项目的地下空间为周边提供了大量的共享车位，并且在南侧预留了多个接口与周边地块地下室形成连通。如此，有效地缓解了 A 片区周边地块的地下开发压力，使优势资源得以高效利用。

除公共车库外，整个地下空间被划分为能源站（规划道路下方区域）及自用地块地下空间。其中自用地块地下空间又被细分为次一级的后勤机房区、功能配套区及专属停车区域。地下空间的整合开发使得各功能区块分区清

晰，平面规整，流线紧凑。上述的这些特点都为本项目今后的运营管理提供了良好的平台，单个区域平面使用效率良好，相互各功能区域的平面可分可合，为整个项目地下空间的可持续发展提供了可能。

4）能源供给的高效利用

地下室的整体开发为集中的能源供给带来了可能。结合项目的实际情况，设计摒弃了传统的各个地块建筑独立设置能源供应的做法，而在整个 A 片区做集中式的能源站。设计者在博青路与博展路这两条规划道路地下设置了两个区域性能源站进行分布式供能，两者之间既独立又能形成联系，互为备份。两个能源站服务于整个 A 片区近百万平方米的建筑面积。自用地块地下室的结构底板采用箱型基础形式，其空腔作为蓄水空间与规划道路下方的能源站相连，实现蓄能的作用。

为了保证绿谷的景观效果，能源站的室外换热机组整合设置于地上八个地块建筑的屋顶之上。而能源站本身所需要的各种对外风口、

泻爆口在设计中通过集约的剖面设计被高度整合在各个地块的地库出入口部。两个能源站的设置与绿谷项目地下空间高度整合，供能半径合理。对土地资源高效集约的利用，使绿谷项目真正实现成为一个绿色低碳的商务区。

5）兼容与多样的集群建筑

无论是对规划要求的理解还是对理想城市空间的追求，设计者从设计伊始就追求一种完整、和谐的城市空间。在这片定位为世界级高档商务区的区域中，并不需要更多标新立异的个体建筑，而是应该努力营造典雅和谐的城市形象。同时，在统一导则控制下，各地块的建筑必须适应各类业主的使用及未来发展的各种需求。这就要求每个地块的建筑平面尽可能地规整高效，能够兼容今后的多种需求和发展。在设计中，各地块的建筑根据自身地块的特点，基于相似尺度基因创造丰富灵活的建筑空间。同时，裙楼和主楼的不同组合与连廊的灵活设置为今后业主的使用提供了多种的可能，保证了建筑本身的可持续发展。

此外，多样复合的功能可以确保街区的活力，并带来视觉与空间体验的丰富性与趣味性。设计者在建筑的底层和局部的二层布置了大量的配套商业，在不影响办公功能的同时尽可能使沿街的以及沿绿谷的商业在行为上得以连续，有效地服务整个 A 片区。邻近白莲泾的端部街坊结合区域特点布置了一个公寓式酒店，丰富了整个 A 片区的业态。在整个绿谷纵向近500m 的长度中，设计者在邻近中华艺术宫的街坊地下室布置了集中的地下商业，在另一端靠近白莲泾的街坊地下室布置了集中的会议中心，在绿谷中间区域的地下空间布置了大型的健身会所。适量的商业布置增添了区域的活力，使得绿谷项目能够更好地辐射周边地块。

6）结语

本项目试图从土地的开发利用、能源的有效供给、城市公共资源的合理共享等方面探索小街坊集群建筑的可持续发展。希望绿谷项目能为人们提供一种全新的生活工作方式，为城市创造一个充满活力的绿色商务区。

11.远东集团上海办公大楼项目，建筑的主要入口通过设置一个独立的全玻璃幕墙冬季花园来实现生态与人本的空间意义

12.远东集团上海办公大楼项目，鸟瞰图

13.华泰金融大厦项目，北立面通过1至2层参差的板状形态和3至6层错落的石材体量使得整体建筑更富活力，更突显低区的商业氛围

3.远东集团上海办公大楼

本项目面向黄浦江，地处浦东商业区的南面，徐家汇的东面，是世博园的重要组成部分。基地位置临近西藏南路隧道及铁路枢纽，交通十分便利，具有优越的地理位置和区位优势。

远东集团上海办公大楼项目旨在创建一个绿色可持续的工作环境，营造一个达到国际水准的总部大楼。大楼位于黄浦江的沿江展示面，拥有绝佳江景，因此依托独特的城市位置，设计者创造了一个折线形全玻璃体量，作为城市的最佳反射面，把周边景色全部收纳，分别反射天空与黄浦江的景观，成为江岸边一个景观容器。另外三个立面呼应折线造型，利用银色低反光玻璃，结合实墙部分有质感的不锈钢或钛产生波浪形的立面肌理。建筑形式在城市层面的指导下，把技术因素作为造型的要素之一，直接参与建筑形象的塑造，充分体现了技术强化视觉效果和机械美学的作用。

建筑的主要入口通过设置一个独立的全玻璃幕墙冬季花园来实现生态与人本的空间意义。冬季花园把中国古典园林融入其中，成为整栋建筑的主题花园。建筑重要的交通转换空间也是全景休憩空间，结合附属的会议空间，以及掩映花草树木与水景的神秘自然环境，成为整栋建筑最大的特色。

4.华泰金融大厦

建筑从"山一水"的意象中衍生而来,三个体量的组合清晰明了,给人以安定稳重感。抽拉的体量关系,蕴含了不断发展、不断进步的寓意。仿如雕刻的石材外立面,透出厚重感。低层商业退台错落有致,空间丰富,结合垂直水景,形成了有趣的商业空间,展露另一种建筑表情。山石的沉稳与水的灵动相结合,打造出别具一格的建筑形象。

南立面是以石材为主的经典立面,矩形开窗突显主楼作为华泰总部办公的稳重、严谨的特质,细节处的凹凸变化和材质变化隐约透露出现代感,使得主楼立面安定而不失变化。矩形窗底部凹槽引入自然通风换气装置,改善室内环境,减低空调能耗,是实现节能环保的有效措施之一。

北立面通过1层至2层参差的板状形态和3层至6层错落的石材体量使得整体建筑更富活力,更突显低区的商业氛围。裙楼的开窗形式从形态、尺度上与主楼形成呼应,玻璃的折叠变化和单元的反转变化使其更具现代感,稳重而不失变化,与低区商业的活跃氛围更契合。同时,通过细节的设计,实现自然通风换气。

注:世博绿谷由冯烨撰文,A片区板块介绍、远东集团办公大楼、华泰金融大厦由李定、张路西撰文

作者简介

冯烨,男,现代设计集团华东建筑设计研究总院 创作中心建筑研究室主任,专业院总建筑师助理,国家一级注册建筑师,高级工程师

李定,男,现代设计集团上海建筑设计研究院有限公司 院副总建筑师,集团技术委员会 建筑专业委员,建筑一所总建筑师,教授级高级建筑师,天津大学 硕士,国家一级注册建筑师

张路西,女,现代设计集团上海建筑设计研究院有限公司 建筑一所建筑师,同济大学建筑学硕士

世博B片区（央企总部区）是世博后续开发的第一个片区，整个片区将成为环境宜人、交通便捷、低碳环保、富有活力的知名企业总部聚集区和国际一流的商务街区。以"小街坊、高密度"为特点，该项目提出了统一规划、统一设计、统一建设、统一管理的"四统一原则"，以此实施有效的一体化开发及总控设计。

1. B片区环境宜人，交通便捷，低碳环保，富有活力，是知
   名企业总部聚集区和国际一流的商务街区，以"小街坊、
   高密度"为其特点

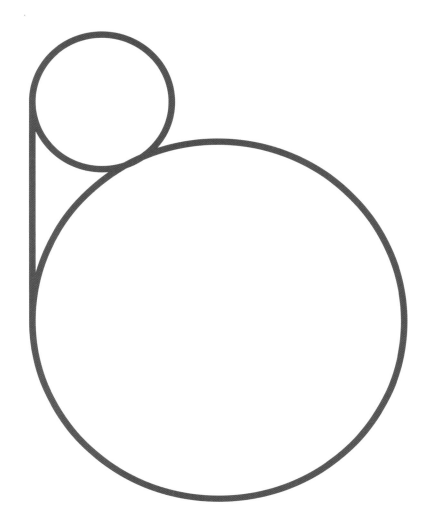

绿色可持续的一体化开发
上海世博园区B片区（央企总部区）新建项目

Sustainable and Integrated Development
New Projects in Expo Area B

李定，邵文秀，杨翀，张路西/ 文
LI Ding, SHAO Wenxiu, YANG Chong, ZHANG Luxi

[项目概况]

项目名称：世博 B 片区央企总部基地项目总控设计

建设单位：上海世博发展（集团）有限公司

建设地点：世博园区 B02、B03 地块

总建筑面积：约 100 万 m²（地上 60 万 m²，地下约 40 万 m²）

设计总控单位：现代设计集团上海建筑设计研究院有限公司

项目团队（建筑设计）：李定、姚昕怡、杨晨、张路西、蒋小易、刘剑、蔡增谊、华炜

项目名称：招商局上海中心办公楼

建设单位：招商局（上海）投资有限公司

建设地点：世博园区 B03C 地块

总建筑面积：42 842m²

用地面积：5 877m²

建筑高度/层数：50m/地上 11 层，地下 3 层

容积率：4

建筑密度：48.5%

设计单位：现代设计集团上海建筑设计研究院有限公司

合作单位：上海秉仁建筑师事务所（方案概念设计）

项目团队（建筑设计）：李定、庞均薇、杨新利、邱天

项目名称：华能上海大厦

建设单位：上海华永投资发展有限公司

建设地点：世博园区 B03D-02、B03D-04 地块

总建筑面积：约 5 万 m²（地上），约 3.9 万 m²（地下）

用地面积：6 096m²（1 号楼），4 309m²（2 号楼）

建筑高度/层数：70m（1 号楼），50m（2 号楼）

设计单位：现代设计集团上海建筑设计研究院有限公司

合作单位：佩利·克拉克·佩利建筑师事务所（方案概念设计）

项目团队（建筑设计）：李定、樊荣、徐超、倪小漪、王晨

项目名称：国家电网世博园区办公楼

项目名称：国网世博写字楼项目

建设单位：国家电网（上海）智能电网研发投资有限公司

建设地点：上海浦东世博园 B 片区 B02B、B03D 地块

建筑类型：办公楼及配套

设计/建成：2012 至 2015/2016

总建筑面积：161009m²

建筑高度/层数：120m/22 层

容积率：4.9（平均）

设计单位：现代设计集团华东建筑设计研究总院（方案、总体设计及施工图）

合作单位：上海市城市建设设计研究总院（地下室部分设计）、上海市地下空间设计研究总院有限公司（人防设计）、上海电力设计院（能源中心工艺设计）、NEX 等（立面设计顾问）

项目团队：陈雷、邵文秀、范佳纯、朱灏、张峰、陶俊、周凌云、刘剑

项目名称：宝钢总部基地

建设单位：宝钢集团（上海）置业有限公司

建设地点：世博会地区 B 片区 B03B-01（宝钢 1 号楼地块）、B02B-01、B02B-04（宝钢 2 号、3 号楼地块）

总建筑面积：95 059m²（1 号楼地块），23 933m²（2 号楼地块），24 002.7m²（3 号楼地块）

用地面积：10 010m²（1 号楼地块），3 624m²（2 号楼地块），3 717m²（3 号楼地块）

设计单位：现代设计集团上海建筑设计研究院有限公司

合作单位：佩利·克拉克·佩利建筑师事务所（方案概念设计）

项目团队（建筑设计）：李定、车雷、徐其态、唐伟

项目名称：世博发展集团大厦

建设单位：上海世博发展集团世辉英诚投资有限公司

建设地点：世博园区 B 片区 B02A 街坊

建筑类型：5A 级办公楼

设计/建成：2013/2015

总建筑面积：20 500m²（地上 12 490m²，地下 7 299）

用地面积：3 579.1m²

建筑高度/层数：50m/9 层（1 层部分为沿街商业，2 至 9 层为办公，地下共计 2 层，地下 1 层为设备用房、员工餐厅及车库，地下 2 层为设备用房和车库）

容积率：3.5

设计单位：现代设计集团上海建筑设计研究院有限公司（方案、总体设计及施工图设计）

项目团队：杨翀、倪正颖、徐小刚、李云燕、朱喆、胡圣文、刘均阁

2.中信大厦、中信泰富大厦，鸟瞰图
3.B片区鸟瞰图

项目名称：中国黄金大厦办公楼

建设单位：中国黄金集团上海有限公司

建设地点：世博园区 B 片区 B03A 街坊

建筑类型：甲级办公楼

总建筑面积：67 361.2m²

用地面积：8 665.6m²

建筑高度 / 层数：50m/10 层，70m/14 层（1
层至 2 层为沿街商业，3 层
至 14 层为办公），地下共计
3 层

设计单位：现代设计集团上海建筑设计研究院
有限公司

项目团队（建筑设计）：费宏鸣、孙大鹏、田心心、
边波、丁天齐

项目名称：中国建材大厦

建设单位：中国建材集团上海管理有限公司

建设地点：世博园区 B02B-06 地块

总建筑面积：22 043m²（地上 12 821m²，
地下 9 222m²）

用地面积：3 428m²

建筑高度 / 层数：50m/ 地上 10 层，地下 3 层

设计单位：现代设计集团上海建筑设计研究院
有限公司

项目团队（建筑设计）：李定、姚昕怡、张路西、
杨晨

项目名称：中信大厦、中信泰富大厦

建设单位：上海信泰置业有限公司

建设地点：世博园区 B02B-03（中信泰富大
厦）、B03B-03 地块（中信大厦）

总建筑面积：约 2.2 万 m²（中信泰富大厦），
约 8.2 万 m²（中信大厦）

建筑高度 / 层数：50m/ 地上 10 层，地下 3 层
（中信泰富大厦），70m/ 地上
15 层，地下 4 层（中信大厦）

设计单位：现代设计集团上海建筑设计研究院
有限公司

合作单位：ARQ 建筑师事务所（方案概念设计）

项目团队（中方）：李定、姚昕怡、杨晨、
张路西

项目名称：中化集团世博商办楼

建设单位：中化国际（控股）股份有限公司

建设地点：世博园区 B03C-02 地块

建筑类型：高层办公建筑

总建筑面积：45 914.3m²（地上 29 745.3m²，
地下 16 169m²）

用地面积：4 714m²

建筑高度 / 层数：70m/ 地上 13 层，地下 3 层

设计单位：现代设计集团上海建筑设计研究院
有限公司

合作单位：综汇建筑设计有限公司（方案概念
设计）

项目团队（建筑设计）：庞均薇、杨新利、邱瑾、
刘承彬

项目名称：中外运长航上海世博办公楼

建设单位：中外运上海（集团）有限公司

建设地点：世博园区 B03C 地块

建筑类型：高层办公建筑

总建筑面积：33 035m²（地上 16 192m²，
地下 16 843m²）

用地面积：5 295m²

建筑高度 / 层数：50m/ 地上 10 层，地下 3 层

设计单位：现代设计集团上海建筑设计研究院
有限公司

合作单位：综汇建筑设计有限公司（方案概念
设计）

项目团队（建筑设计）：庞均薇、杨新利、邱瑾、
刘承彬

4.5.B片区以统一规划、统一设计、统一建设、统一管理的"四统一原则",实施有效的一体化开发及总控设计

6.国家电网世博园区办公楼,方案报建过程中,考虑各方因素,在立面上增加金属板后,保持原有体量关系不变,增设了符合金属材料特性的设计细节

世博 B 片区央企总部基地项目总控设计
General-Control Design

世博B片区(央企总部区)是世博后续开发的第一个片区,位于世博轴西侧,西至长清路(有地铁世博大道站),东邻世博馆路,南抵国展路,北至世博大道。总共13家央企,28个单体,整个片区将成为环境宜人、交通便捷、低碳环保、富有活力的知名企业总部聚集区和国际一流的商务街区。其中宝钢总部基地、中信泰富大厦项目、中国建材大厦项目、中信大厦项目、中国黄金大厦项目、中国中化总部项目、中外运长航上海办公楼项目、招商局上海中心项目、华能上海大厦项目现已完成结构封顶,将在2015年底竣工完成。整个世博B片区作为绿色节能的重点设计项目,单体建筑玻墙比不大于50%,各单体幕墙系统采用不同环保策略设计。规划与建筑设计以长远开发为目标,在多个层面体现着绿色可持续。

央企总部基地规划用地面积约 13.2hm²,入驻包括 13 家央企在内的国新、中铝、商飞、世博局、宝钢、国网、中信、中建材、黄金、中化、招商局、中外运、华电、上海电力、华能等业主的一级、二级总部。

近年来,我国大城市以及中小城市新区建设过程中,正在逐渐形成"总体规划、区域城市设计、控制性详细规划、单体建设"操作程序。随着城市规模不断扩张,建设项目规模大型化、功能复合化,逐步衍化出多子项、多业主、多设计单位共同工作的复杂形势,由此形成一体化开发新模式。

针对该项目基地紧凑、建筑密度高、子项多、业主多、设计条件复杂等问题,提出了统一规划、统一设计、统一建设、统一管理的"四统一原则"。在总控过程中,团队秉承从总体格局出发深入设计、从单体细节入手积极协调的工作方式。在前期与各单体设计方案同时起步,精心编制总体设计方案及导则,确保 B 片区大格局。

总控设计遵循完善商务核心功能,增强街区活力的原则。注重园区内商务办公和配套商业、餐饮、休闲、娱乐功能的适度混合,满足各类人群的需求,强化功能多元,打造 24 小时活力街区;强化以人为本,创造尺度宜人的环境的原则。注重人性化空间的整体营造,强调街道界面连续,提供丰富的城市肌理和多样化的开放空间,创造连续、适宜的步行环境;兼顾城市形象,突出国际总部形象的原则。注重延续世博空间意象,延续已形成的轴线、广场、绿廊,凸显中国馆的标志性地位,形成整体融洽的空间体系;推广节能技术,促进经济与环境和谐发展的原则。注重世博理念的传承和延续,促进生态环境新技术新理念的系统运用的原则。

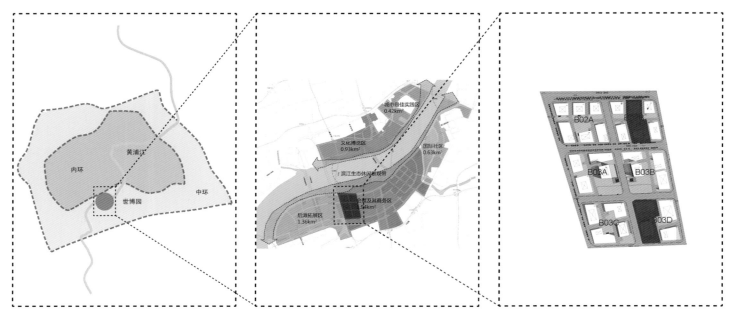

8

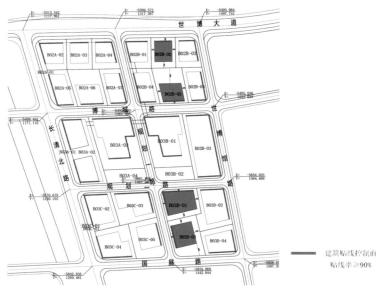

建筑贴线控制面
贴线率≥90%

9

1）B 片区规划特色

项目主要包括 4 幢办公楼，由北至南分别为 1 号塔楼、2 号塔楼、4 号塔楼、3 号塔楼。北地块、南地块两两成组。

从设计角度看来，《世博会地区会展及其商务区 B 片区控制性详细规划》（以下简称"控规"）、B 片区《总体设计方案及设计导则》（以下简称"导则"）有清晰的特点：一是小街坊、高密度；二是密路网、小栋距。以上特点通过严格的建筑控制线、贴线率、容积率及建筑高度得以落实。在设计实践中可以感受到相关限制条件是经过深入的设计、研究工作提出的，满足相关规划条件后发现各塔楼体量及位置已基本确定，形态及位置调整余地较小，也即对城市空间的控制是有效、可行的。

同现有的一些 CBD 规划较强调建筑造型关系、尺度、规模，对城市公共空间（可步行的街道、广场、绿地）的人性化尺度、便利性、

舒适性考虑不足相比，B 片区规划则具有理想性（就国内而言）与革命性（就实践而言），反映了以往理论层面的提倡落实到了真正的建筑实践。

自 2012 年 6 月开始方案设计，目前项目已封顶，幕墙施工接近完成，机电安装及内装也已大规模开工。在一个出色的上位规划指导下，设计过程是一个完全不同的体验，现就令人印象深刻的几点介绍如下，以飨读者同仁。

2）体量及造型

结合各塔楼标准层面积效率分析、场地条件及"控规"要求，确定各塔楼标准层面积从北至南分别以约 1 500m²（1 号楼，建筑高度 50m），1 800m²（2 号楼，建筑高度 70m），1 800m²（4 号楼，建筑高度 50m），2 000m²（3 号楼，建筑高度 120m）控制，各塔楼均按贴线率要求放置。平面形态除 2 号楼条件限制为平行四边形外，基本为方形，以此获得良好的空间实用性。

因为有专业的上位规划，四幢塔楼体量、定位几乎就是一个逻辑推演过程。符合规划限制，又满足容积率及使用效率等要求，体量与形体最终几乎只有唯一解。目前 B 片区已全部封顶，整体看，片区内建筑大部分为理性的矩形体量，个别配以局部三角形边庭（非直角基地贴线率要求），基本实现了规划目标中对城市空间完整性及尺度的限定要求，将会呈现出色的人性化街道与广场空间。

方案对外立面设计进程了许多尝试探索。设计者认为立面设计除了必须具备的"个性"与"标志性"外，还应着重解决特别的场地限制问题。例如，为形成舒适的街道尺度，部分楼栋间距仅为 15m，对此，设计者提出了一个特殊的立面构造设施，希望兼顾开窗、遮阳、隐私及立面特色的需要。设计者认为超高层最好能有特色空间，而非仅仅更多标层。业主的倾向则更趋保守，希望建筑在众多央企总部大

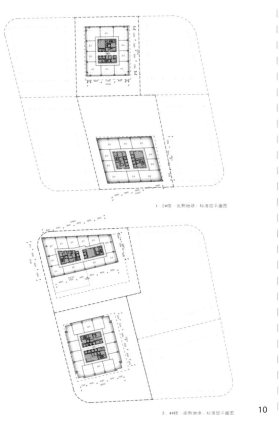

1. 2#楼·北侧地块·标准层平面图

3. 4#楼·南侧地块·标准层平面图

10

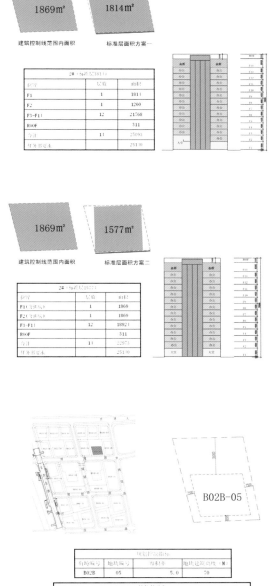

建筑控制线范围内面积　　标准层面积方案一

1869㎡　　1814㎡

2#（标准层1814）		
楼层	层数	面积
F1	1	1811
F2	1	1200
F3-F11	12	21768
ROOF		311
全部	11	25090
任务书要求		25110

建筑控制线范围内面积　　标准层面积方案二

1869㎡　　1577㎡

2#（标准层1577）		
楼层	层数	面积
F1（含夹层）	1	1869
F2（含夹层）	1	1869
F3-F11	12	18924
ROOF		311
全部	11	22973
任务书要求		25110

11

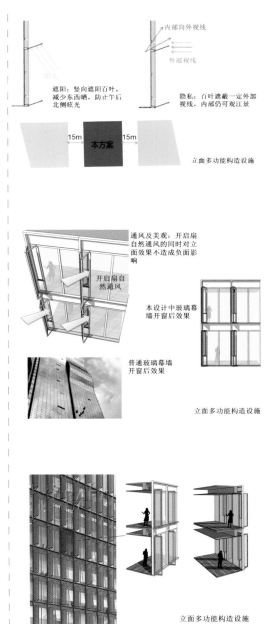

内部向外视线
外部视线

遮阳：竖向遮阳百叶
减少东西晒，防止午后
北侧眩光

隐私：百叶遮蔽一定外部
视线，内部仍可观江景

15m　本方案　15m

立面多功能构造设施

通风及美观：开启扇
自然通风的同时对立
面效果不造成负面影
响

开启扇自
然通风

本设计中玻璃幕
墙开窗后效果

普通玻璃幕墙
开窗后效果

立面多功能构造设施

立面多功能构造设施

12

7.国家电网世博园区办公楼，区位图

8.国家电网世博园区办公楼，四幢办公楼天际线关系

9.国家电网世博园区办公楼，建筑贴线分析图

10.国家电网世博园区办公楼，建筑平面形态除2号楼条件限制为平行四边形外，基本为方形，以此获得良好的空间实用性

11.国家电网世博园区办公楼，结合各塔楼标准层面积效率分析、场地条件及"控规"要求，确定各塔楼标准层面积，各塔楼均按贴现率要求放置

12~14.国家电网世博园区办公楼，设计者最初提交的方案：着重解决特别的场地限制问题，为形成舒适的街道尺度，部分楼栋间距仅为15m；提出一个特别的立面构造设施，希望兼顾开窗、遮阳、隐私及立面特色；同时赋予其更多的特色空间

B02B-05

用地控制指标			
街坊编号	地块编号	容积率	地块建筑高度（M）
B02B	05	5.0	70

任务书要求			
街坊编号	地块编号	标准层面积（㎡）	建筑高度（M）

楼集群中具有特色鲜明而又方正大气的外观。经过多轮的立面比选，最终方案落定为一个运用现代材料与经典设计手法，显得大方、简洁、玲珑通透的外观立面。

　　至方案报建时，考虑到安全、节能及控制光污染等因素，政府相关部门提出必须保证50%玻墙比。因此，立面上必须增加非玻璃材料。设计者考虑各项因素的平衡，在增加金属板后提出如下的调整方案：原有体量关系不变，增设了符合金属材料特性的设计细节。之后，再经过多轮立面比选，最终的实施方案形体简洁、切削有力、通体黑色，在周边密集的建筑群中显得简洁大方、又具有明显的识别性。

3）地下部分

　　按"控规"要求，各地块地下部分应形成整体地下室，街坊整体安排地下车库出入口。B1基本为各央企配套及机电用房，相对独立，B2、B3、B4为连通的车库。虽说连通，但还

13

14

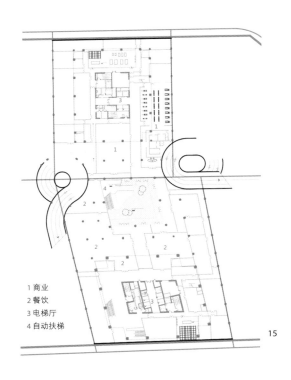

1 商业
2 餐饮
3 电梯厅
4 自动扶梯

15

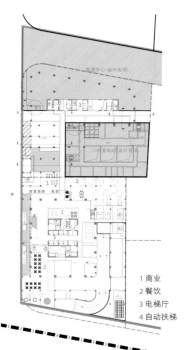

1 商业
2 餐饮
3 电梯厅
4 自动扶梯

16

17

15.国家电网世博园区办公楼，2号楼地下一层平面图
16.国家电网世博园区办公楼，3号楼地下一层平面图
17.最终实施立面效果图
18.国家电网世博园区办公楼，能源中心为B片区60万m²
  的办公空间服务，全部约12台冷却塔均放置于4号楼
  屋顶，屋面上依次放置：4号楼自身机电层、冷却塔
  区层、冷却塔消声器层、装饰格栅层（以此提供可控
  的第五立面）
19.世博发展集团大厦，沿长清北路透视，建筑在限高
  50m的前提下，通过顶部造型和立面竖向肌理创造合
  适的比例感

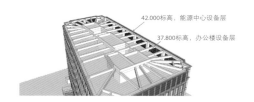

42.000标高，能源中心设备层
37.800标高，办公楼设备层

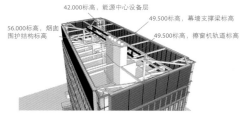

42.000标高，能源中心设备层
56.000标高，烟囱围护结构标高
49.500标高，幕墙支撑梁标高
49.500标高，擦窗机轨道标高

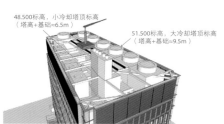

48.500标高，小冷却塔顶标高（塔高+基础=6.5m）
51.500标高，大冷却塔顶标高（塔高+基础=9.5m）

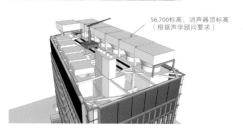

56.700标高，消声器顶标高（根据声学顾问要求）

42.000标高，能源中心设备层

18

是以地块红线为边界独立设计。连通口、柱网及坡道花了较多时间协调，在世博集团、现代设计集团上海建筑设计研究院有限公司的艰难协调下，都一一解决。所遇都非技术问题，问题集中在对公共配套内容（如坡道、出入口、地铁通道等）的协调。

北地块地下一层设置办公配套功能，将1号、2号塔楼电梯厅连接为有效整体。此流线通过自动扶梯与地下二层主商业街、地铁13号线便捷连接。配套功能公共通道与相邻宝钢、中信、中建材地块可能配套用房区预留连通口。

北地块居中部分设置下沉广场，改善了地下一层空间质量，同时使得相邻地块、街坊人流可以便捷到达。如此，扩大了配套功能服务范围，也解决了地下一层消防疏散、人防口部

等技术问题对地面环境产生的影响。

南地块地下一层也设置部分办公配套功能，将3号、4号塔楼电梯厅连接为有效整体。通过自动扶梯与3号楼大堂便捷连接，也与B2连接地铁的通勤流线衔接。配套用房公共通道与相邻华能地块可能配套用房区预留连通口。

南地块沿3号楼西侧设下沉广场，改善了地下一层空间质量，使此区域成为一个充满活力的枢纽门厅，也使相邻街坊公共人流可以便捷到达，扩大了配套功能服务范围，并解决了地下一层消防疏散等技术问题对地面环境产生的影响。

4）大堂

四幢楼中，按不同的定位标准将大堂分成两个等级，即全挑空（3号楼）、半挑空（1号、2号、

4号楼）。3号楼为超高层，为彰显其等级，首层大堂整层挑高12m，效果惊人。其他楼栋首层层高6m，2层层高4.5m，局部挑高10.5m。

5）4号楼顶部

按"控规"要求，4号楼地下为能源中心，规划一路的地下空间与能源中心相邻部分也为能源中心使用。在不利条件下，仍然使4号楼在B1电梯、通勤流线及配套功能设置方面达到同其他塔楼一样的标准。

能源中心为B片区60万m²的办公空间服务，全部约12台冷却塔均放置于4号楼屋顶，为此4号楼屋顶有较为复杂的设计：大屋面上首先是4号楼自身机电层，接着是冷却塔区层，再然后是冷却塔消声器层，最后是装饰格栅层（以此提供可控的第五立面）。

19

光、影、景的流动空间
世博发展集团大厦

Flowing Space of Light, Shadow, and Scenery

世博发展集团大厦为一座现代、绿色、智能、灵活的现代总部级办公建筑，大楼本身成为央企总部园区中的"和谐"一员，与周边建筑产生良性互动。

设计中重视城市环境，利用良好的景观资源（大桥、浦江、组团绿地），驱动建筑空间设计，打造视野一流的办公空间，同时注重自身特色，打造城市景观平台，塑造滨江地标性建筑。重视社会环境，通过灵活、丰富且舒适的内部空间，打造高效率、高品质的国际 5A 级办公楼。重视自然环境，引入节能、绿色环保的设计理念，最大限度地利用自然阳光、空气、水资源，成为低能耗、低污染的生态型办公楼。重视创造灵动空间，"灵动空间"的设计成为本大楼的设计特色，建筑在室内外空间设计上塑造强烈的建筑体量感，而南部主入口则提供了大气的城市灰空间。

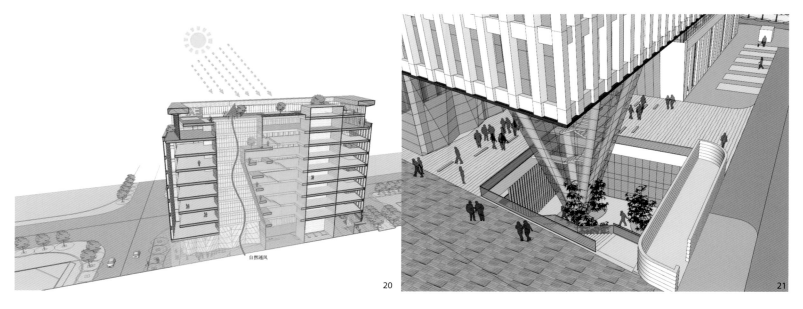

20.世博发展集团大厦，光庭剖面示意图
21.世博发展集团大厦，建筑柔化了底层与城市空间的界线，通过灰空间、下沉庭院的处理手法，创造了一个大气而具有活力的底部客厅空间
22.世博发展集团大厦，室内门厅光庭
23.世博发展集团大厦，沿博城路透视
24.宝钢总部基地，1号楼标准层设有室外阳台、高层办公中庭、高层会议会客区设置景观阳台，其裙房亦设有用餐露台和屋顶花园，2号楼和3号楼设有户外露台及绿色屋顶

建筑在限高 50m 的前提下，通过顶部造型和立面竖向肌理创造合适的比例感。丰富而又大气的造型形成建筑组群中的亮点，建筑与卢浦大桥、黄浦江形成互动的景观，同时也成为央企总部建筑群中特色鲜明的个体建筑。

本建筑在设计中，为了回应良好的基地位置和业主的期待，试图创造一系列具有"灵魂"和"激情"的精致办公空间，使得建筑空间本身能够和使用者进行"对话"，激发使用者的情致与想象，表达一种理念。单体建筑应该是具有场所精神特质的、被文化驱动的，摆脱"千楼一面"的现象。在这座 9 层高、标准层面积约为 1 450m² 的办公建筑中，设计者通过运用"内外光庭"、"角庭"等设计手法，借鉴中

国园林的空间灵感，通过塑造标准层空间的内部氛围在明暗、大小、收放等方面的对比，将一幅幅静止的内外画景连接转换，处处见景，步移景异。此外，建筑还柔化了底层与城市空间的界线，通过灰空间、下沉庭院的处理手法，创造了一个大气而具有活力的底部客厅空间，内外互动、上下互动，创造了一个让人第一眼便觉得有趣的建筑，这也反映了海派建筑"小精致，大味道"的风格。

优雅的黄浦江、恢宏的卢浦大桥、现代的后世博央企总部园区，世博发展集团大厦以自身的方式与这些美好的事物对话，同时使世博精神得以延续。

宝钢总部基地
BaoSteel Headquarter

1号楼地块北临博城路、东接中信地块、西靠规划一路、南侧紧贴世博公共绿地，2号、3号楼北临世博大道、东接国网地块、西靠规划一路、南侧紧贴博城路。

本项目三栋建筑处在相邻的三块地块中，建筑体量沿着黄浦江的方向，从1号楼主楼高塔逐步降低到中低层办公楼，1号楼的裙房与2号、3号楼的中庭进一步降低高度，成为入口大堂，也作为城市尺度下的门道象征。为实现形象的统一性和可识别性，在造型上采用了相同的设计手法，并在体块上遥相呼应，立面上采用花岗岩幕墙、玻璃幕墙及不锈钢遮阳系统，结合形体上层层收分的手法，采用两种不同的肌理组合方式，创造出鲜明的对比和统一的美学效果。在黄浦江边，

在中华艺术馆（原中国馆）旁，三幢建筑塑造了一个独一无二、稳重大气，既体现了央企总部的独特气质，又展现出充满活力的时代形象。

建筑的临街立面由理性端庄的"硬质"幕墙包裹，设计采用夹胶超白玻璃及绿色节能的整套遮阳系统。相对之下，在特殊功能区，例如高层会议会客区层和建筑的圆形转角处，则使用通透玻璃构成"软质外壳"。这一对比的建筑表现手法使立面丰富多变，同时反映出建筑内部的功能变化。

1号楼塔楼标准层特别设置有室外阳台，高层办公中庭和高层会议会客区设置景观阳台，1号楼裙房亦设有用餐露台和屋顶花园，而在2号楼和3号楼，户外露台及绿色屋顶也是本项目的亮点。

25.华能上海大厦，体现央企总部建筑大方平正、稳重大气的特点，立面设计上采用石材与玻璃组合幕墙
26.招商局上海中心办公楼，植入空中庭园作为建筑空间与城市空间的中介和契合点，也是城市设计切入建筑的媒体
27.招商局上海中心办公楼室内效果图

华能上海大厦
Huaneng Shanghai Tower

用地东临世博馆路，北临规划二路，南邻国展路，交通便捷，是央企总部基地的东南门户，拥有黄浦江方向、中国馆以及主题馆方向的良好景观视野。建筑按照《绿色建筑评价标准》达到绿色三星标准。

华能上海大厦的设计重视实用性和高效性，开敞的庭院空间紧密联系两栋办公楼，形成世博园区一个具有很强识别性的标志建筑。而中央入口庭院的概念来自中国传统的盛水的容器，成为一个迎接和汇聚四方来宾的重要空间。广场空间的界定由连廊完成，因此，整体化设计是华能上海大厦的重要策略，即用连廊将位于两个地块的两栋塔楼连为一体，而连廊在优化内部交通的同时，实现了两栋办公楼的

资源共享，平面功能更加高效。

为体现央企总部建筑大方平正、稳重大气的特点，立面设计上采用石材与玻璃组合幕墙。立面肌理分为软硬两种建筑表皮处理，软质表皮主要指玻璃幕墙系统，通高的Low-E中空玻璃幕墙结合轻巧的浅色铝合金竖向框架与不锈钢楼层饰面板和百叶，缔造出一个现代的、具有国际水准、识别性强的企业形象。不锈钢材料增添建筑质感，水平百叶遮挡街面往上的视线以保证办公区域的私密性。硬质表皮主要为石材，以坚实的质感体现着建筑的永久性。在强调竖向线条的同时，从建筑基座到建筑顶部的石材由密变疏，利用三段式的古典构图比例，创造出典雅的建筑外形。

—26

招商局上海中心
办公楼
China Merchants
Shanghai Centre
Tower

项目北临规划二路，东侧为规划一路，西临中化（B03C-02）地块，南临华电（B03C-05）地块。

招商局上海中心办公楼充分考虑建筑的城市界面形象，植入空中庭园作为建筑空间与城市空间的中介和契合点，也是城市设计切入建筑的媒体。建筑通过正交的石材墙面格网和玻璃幕墙窗洞之间的虚实对比，形成简洁、大气、稳重的立面造型。而结合内部的空中花园在建筑转角处设置的通透玻璃幕墙区域，使得严谨的立面上增加了变化和轻盈的建筑语汇，让建筑立面沉稳中不乏变化，理性中不乏激情。现代的材料重新诠释经典的建筑立面构图，体现百年传承，老而弥新的招商精神。

建筑通过屋顶绿化和大堂室内水景的设置，有效地引入了室外的绿化空间。地块东侧与西南侧均设有下沉式庭院，通过垂直绿化和水平绿化呼应内院和沿街绿化，为建筑提供更多的绿色景观。

—27

中国黄金大厦
办公楼

China's Gold
Tower

中国黄金大厦项目试图探索城市、自然与人的关系，将建筑视为城市环境和市民生活的一部分。借助后世博的契机，将其打造为一座现代、绿色、智能的总部地标建筑。

方案通过对塔楼顶部的造型设计和夜晚照明设计，试图将建筑塑造成为黄浦江畔一座璀璨的城市灯塔，顶部造型方正透亮，酷似皇冠，彰显建筑的典雅气质。

设计中强调文化隐喻与形态空间的全面融合。通过对形体的推敲实现对企业形象的完美诠释。主楼造型与裙房造型完美结合，犹如一艘蓄势待发的巨轮，彰显出"一帆风顺"的符号意义，使之成为世博 B 地块的标志建筑。

塔楼办公空间以核心筒为轴分为南北两部分，通过错位处理实现更大面积的景观房间和更良好的通风效果。通过一系列向上叠加攀登的绿化中庭、内部植被，为办公白领提供了绝佳的休憩空间。

28.中国黄金大厦办公楼，主楼造型与裙房造型完美结合，犹如一座蓄势待发的巨轮，彰显出"一帆风顺"的符号意义
29.30.中化集团世博商办楼，通过磨光花岗岩板适当外挑、板边镶金属框及局部组合铝板幕墙，使整体形象现代、轻盈
31. 中化集团世博商办楼，现场施工

中化集团
世博商办楼
Zhonghua Group Tower

项目北侧为规划二路，西临长清北路，东临规划一路，南侧为国展路。中化集团项目是在谋求基地问题的最佳解决中建立自身特色的，为同时满足总体轴线与道路贴线的需求，在世博规划对建筑控制线的要求下，利用沿街立面轴线与道路夹角间形成一个巧妙的夹角空间，而夹角空间在产生生态价值与能源价值的同时，促进了建筑的美学特性，同时也是基地问题的最佳解决途径。

立面设计采用现代风格，整体上追求大气、优雅、时尚的气质，通过磨光花岗岩板适当外挑、板边镶金属框及局部组合铝板幕墙，使整体形象现代、轻盈。 由于建筑处于卢浦大桥的东侧，幕墙系统采用百叶屏风幕墙，不仅减少西晒带来的能耗增加，也削弱了西侧玻璃幕墙对卢浦大桥上的交通车辆带来的炫光影响。幕墙上尽量少开窗，而采用通风器装置达到自然通风效果，既减小了卢浦大桥对建筑产生的噪声干扰，又达到节能环保的双重效果。

中国建材大厦
China Construction Material Tower

基地北临中信地块，东靠世博馆路，西侧紧贴国网地块，南靠博城路，位于 B02B 街坊的东南角，西北侧为街坊中心绿地景观。中国建材大厦旨在创建一个绿色可持续的工作环境。设计中充分考虑绿色节能设计，利用错置的双层幕墙表皮系统、热缓冲中庭空间及空中庭院绿化系统等空间设计策略，为业主创建一个绿色可持续的工作环境。

本项目是在整个 B02 地块、B03 地块总体设计的基础上形成的，为满足贴线要求，实现建筑空间和使用效率的最大化，建筑东西向布置成为必然，而相对较长的日照面便成为重要的基地问题。对此，双层幕墙系统以及相应的遮阳百叶设计成为最好的解决途径。

在实现双层幕墙系统的同时，大厦设计利用沿街立面轴线与道路间形成的夹角空间，形成可持续性边庭提供自然通风。边庭作为垂直绿化的主要组成部分以及双层幕墙表皮的外显形式，不仅调节了建筑内的气候环境达到环保节能效果，同时也内化为办公人员的休憩空间。空中花园、边庭内的开放式会议室等非正式办公空间的植入将使空间利用更灵活丰富。

32.中国建材大厦，边庭作为垂直绿化的主要组成部分及双层幕墙表皮的外显形式，不仅调节了建筑内的气候环境达到环保节能效果，同时也内化为办公人员的休憩空间
33.中外运长航上海世博办公楼，沿街立面轴线与道路夹角间巧妙地利用可持续的中庭提供自然通风，转角空间结合会议室与空中花园设计，作为一个装置性元素提高了室内办公环境的可持续性

33

中外运长航上海世博办公楼
Sinotrans Office

项目西临长清北路，南侧为国展路，北临中化集团（B03C-02）地块、招商（B03C-03）地块，东临华电项目（B03C-05）地块。

中外运长航上海世博办公楼是整个B片区的西南门户，为地块的区域展示面，并且景观朝向极佳。依照规定的建筑控制线，可建区域呈钝角L形，为了解决钝角地形与直角总体轴线的矛盾，在沿街立面轴线与道路夹角间巧妙地利用可持续的中庭提供自然通风。转角空间结合会议室与空中花园设计，不仅通过布置景观提供了向外延伸的灵活的工作空间，同时作为一个装置性元素提高了室内办公环境的可持续性。

通过与转角垂直的中庭使城市景色与街坊庭院渗透连通，使得办公人员在建筑内能同时享受到西南方向繁华的城市景象和东北方向优雅的内院景致。街坊内围合的大型景观庭院也成为大堂的绿色背景，并有效地阻挡了各办公楼的视线，保证了各办公楼的私密性。

设计利用双层幕墙自身特性提高建筑应对室外气候变化的应变能力，降低能耗。外幕墙采用百叶屏风幕墙，不仅减少了西晒带来的能耗增加，而且削弱了西侧幕墙对卢浦大桥上的交通车辆带来的炫光影响，达到了节能环保的双重效果。

34.中信大厦、中信泰富大厦，采用了"波光"的概念，石材浮于玻璃表层，利用厚重石材与轻薄玻璃的对比产生类似波纹的立面肌理

中信大厦、
中信泰富大厦
Citic Tower &
Taifu Tower

项目分为两个子项：（B02B-03 地块）中信泰富大厦子项北临世博大道，东靠世博馆路；（B03B-03 地块）中信大厦子项北临博成路，东靠世博馆路，南靠规划二路。

中信大厦与中信泰富大厦的设计没有将问题的解决限于单纯的"建筑"手段，而是首先从城市设计的角度将两个地块的项目按照城市的逻辑组合在一起，使之成为城市的有机组成部分，形成不相邻但是相互呼应的整体。

建筑整体造型风格现代，体块简洁明快。立面上采用米黄石材、玻璃幕墙及不锈钢格栅遮阳系统，严格按照模数划分，强调竖向线条的表达。采用了"波光"的概念，石材浮于玻璃表层，利用厚重石材与轻薄玻璃的对比产生类似波纹的立面肌理，界面清晰的建筑语言让两个建筑既各自独立，又和谐统一。

注：世博 B 片区央企总部基地项目总控设计由李定撰文，国家电网世博园区办公楼项目由邵文秀撰文，世博发展集团大厦项目由杨翀撰文，其他央企总部办公楼单体项目由李定、张路西撰文。

作者简介

李定，男，现代设计集团上海建筑设计研究院有限公司 院副总建筑师，集团技术委员会 建筑专业委员，建筑一所总建筑师，教授级高级建筑师，天津大学硕士，国家一级注册建筑师

邵文秀，男，现代设计集团华东建筑设计研究总院 主任建筑师、设计总监，国家一级注册建筑师，高级工程师

杨翀，男，现代设计集团上海建筑设计研究院有限公司方案创作所 所长助理，硕士，国家一级注册建筑师，高级工程师

张路西，女，现代设计集团上海建筑设计研究院有限公司 建筑一所建筑师，同济大学建筑学硕士

世博会是永恒的也是瞬间的，世博会博物馆用历史河谷寓意永恒，用欢庆之云象征瞬间，共同体现人们对于世博会精神的理解。在这里，设计选取欢庆之云为切入点，分析悬浮钢结构外壳体建筑在实际工程中的运用，并探讨异形空间、参数化设计及信息化建造的设计过程。

1.世博会博物馆"欢庆之云"方案，用云厅去庇护公共的广场，
  使人们可以在此纳凉、休憩、沉思，用连廊平台与云厅相连，
  使人们可以自由穿梭其间，交流、漫步、凭栏远眺

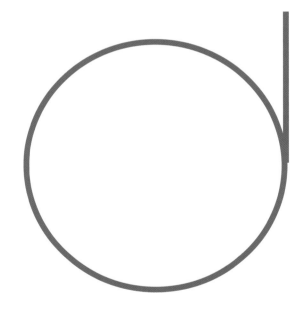

在云端

上海世博园区D片区
世博会博物馆云厅参数化设计

Beyond the Clouds
Parametric Design of Shanghai World Expo Museum Cloud Hall

刘海洋，郭睿/ 文　LIU Haiyang, GUO Rui

[项目概况]

项目名称：上海世博会博物馆新建工程
建设单位：上海世博会博物馆
建设地点：上海世博会地区文化博览区 15 街坊 15-02 地块
建筑类型：文化类建筑

设计 / 建成：2011/2016
总建筑面积：46 550 ㎡
建筑高度 / 层数：34.8m/5 层
容积率：0.8

设计单位：现代设计集团华东建筑设计研究总院
合作单位：武汉凌云建筑装饰工程有限公司（幕墙深化）
项目团队：汪孝安、杨明、阮哲明、王萍莉、刘海洋、俞楠、
黄永强、左鑫

1.回溯

　　世博会起源于中世纪欧洲商人定期举行的市集，到 19 世纪 20 年代，这种颇具规模的大型市集便成为博览会（expositions）。建筑作为世博园中最主要的组成元素，既是举办各种展览和活动的场所，其本身也是耀眼的展品，引导着观众了解建筑，增进大众对建筑的理解，对世博会而言意义重大。

　　上海世博会博物馆是国际展览局在全球唯一授权的永久性世博会专题博物馆，具有国际性、唯一性、专题性的特征，是极少兼具博物馆与文献中心功能的展馆。项目分为"历史河谷"和"欢庆之云"两部分，本文以其中的"欢庆之云"为例探讨数字技术及加工技术在项目中的运用。

2.基点

1）瞬间

　　设计由两方面的因素发展而来：一是未来博物馆综合体的多种功能需求，二是一座现代信息中心所需要的多种有创造性的整体解决思路。这种现代信息中心可在运用优化建造施工概念的同时，也满足造型的要求。

　　永恒和瞬间是理解世博会博物馆的两个关键点，每一届世博会从开幕至闭幕只有短短几个月，仿佛是一个个繁盛的瞬间，每一个瞬间汇集在历史的长河中，沉积了 150 余年而成为人类文明的一段永恒的历史，怎样去表达永恒和瞬间成为开始设计的一个原点，这时设计者想到了"云"。

2）云端

　　"云"是变幻的与新生的，代表着未来、发现、开拓与创新，是虚无的布景。"云"所传递的形象永远是一个个瞬间的布景，但正是这一系列无法定格的布景成为今天设计者对"云"的理解。"云"所传递的内在精神是一种集成与交互的整体解决方案，而这也是设计者对云厅的定义，因此"云端"代表着设计者对世博会的记忆与传承。

3）开放

　　井喷式的中国城市发展造就了今天超大尺度的建筑，它们往往显得生硬而缺乏人文关怀，博物馆建筑作为重要的公共建筑则需要表达某种态度。设计者用云厅去庇护公共的广场，使人们可以在此纳凉、休憩、沉思，用连廊平台与云厅相连，使人们可以自由穿梭其间，交流、漫步、凭栏远眺，设计者用"云"的意象去体现一个博物馆的开放态度，进而体现上海这座城市的开放与包容。

3.技术

　　开放性的态度使设计者极力希望建筑形体可以尽可能地悬浮于地面，如此，在视觉上建筑的漂浮感会更加强烈，与此同时，建筑的具体功能让位于建筑的城市功能，地面被极大地贡献给城市生活，形成城市客厅。

1）塑型

　　为实现这一效果，设计者选择三个云柱支撑上部云厅的构建方式。在几何上，三点的稳定性最好，三个云柱互相抵消侧向力，形成的三角拱在受力上有一定合理性。另外，建筑形体在广场内有三大功能布局，东侧大厅布置云柱能形成极强的戏剧性，给参观者视觉上的震撼；西侧展厅外布置云柱能强化竖向交通，并使得各展厅之前的公共空间更加灵活；南侧公共服务空间布置云柱可以提供参观者进入云厅的快速通道。

　　有了粗略的建筑轮廓后，接着将形体细化，使其具有实施的可能。设计者首先依据功能确定三个云柱的位置，由下至上扭转收分形成与主体建筑相协调并且边界清晰的轮廓；同时，依据云柱的位置，屋盖由三块拱形的曲面交汇在一起，形成如三滴水珠融合在一起的自然柔和的效果；最终，由屋盖往下、云柱往上过渡形成云厅。

　　有了具有施工可能的云形体后，就开始布置功能用房。设计者将云形体拆分成四部分进行深化，由上至下，依次分为云屋盖、云厅、云底及云柱四个区域。在 24.3m 至 26.4m 的云厅区域，设置 840㎡ 展示步道，与室内展

2.生成图解：①确定云柱位置；②曲面交汇形成屋盖；③云
柱与屋盖融合过渡生成云厅
3.世博会博物馆，鸟瞰效果图

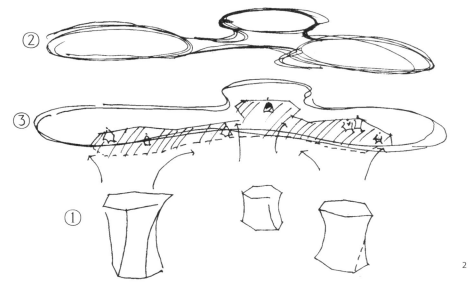

4. 在云厅区域，设置展示步道，与室内展区衔接，同时也与屋顶的室外展场环通，形成独特的空中特展区

5. 通过三角形板块进行表面划分，使形体从基本塑形转换至可控的三维形体，实现参数化建模

6. 拱形顶檐口幕墙划分方案：方案一将误差消化到屋面中心，这样檐口一圈较为平整；方案二屋盖中间较为平整，误差集中在檐口一圈；为保证室内效果，采用方案二

7. 世博会博物馆，BIM模型

8. 云厅檐口划分调试（按规范控制三角板块面积≤2.5㎡）；上图为调整前板块大小，很多板块大小规格超出厂家原件大小（2400X3600），超出板块需要定制，成本高；下图为调整后板块大小，所有板块均在原件尺寸范围内，降低了造价

区衔接，同时也与屋顶的室外展场环通，形成独特的空中特展区。在 0m 至 24m 的云柱区域，在 0m 至 24m 的云柱区域，有 9 个通道与室外平台及室内展厅相连，功能互相穿插，提供便捷的交互空间。

2）找形

通常，形体从基本塑形至可控三维形体的转化是参数化设计的主要内容之一，本项目的云厅为平滑曲面体，云柱为几何切面体，两者的平滑过渡与控制突变是设计工作的重点，可通过以下步骤进行操作。

首先是屋盖的优化，分为五个步骤。第一步，屋盖由三个拱形的曲面组成，设计者把屋盖拆解成三部分，每部分尽量做到几何规整，因此将三部分的轮廓设置成圆弧的一部分，圆心则落在轴网上，这样可以简化后期结构受力、施工等方面的麻烦。第二步，自然的曲线其实并不是严谨的几何形态，也不是随意的曲线。确定圆弧基本轮廓后，设计者根据贝塞尔曲线得到一个完整的曲线轮廓，通过控制曲线上的四个点（起始点、终止点以及两个相互分离的中间点）来编辑曲线。利用贝塞尔曲线，设计

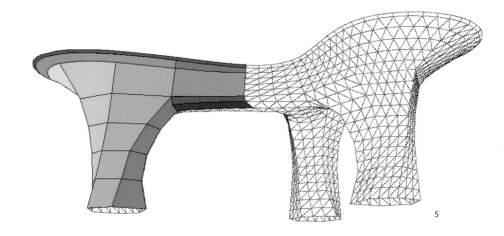

在保证曲线流畅性的同时又有足够的调整余地。第三步，**在轮廓确定后，即确定拱形顶的范围**。拱顶的**范围由三个异形的椭圆控制**，每个椭圆的轮廓由平滑过渡贝塞尔曲线控制生成逻辑（与檐口曲线类似），这样最大限度地保证了形体的几何严谨性。第四步，确定拱形顶的高度。通过方案对比，确定 5m~8m 之间的高度是贴合云厅尺度的高度。为增加空间的戏剧性，设计者在三个顶点区域设置最高点，通过调节第三步中椭圆形的大小与空间高度使得拱

顶过渡平滑，并控制檐口边界保证檐口边缘的标高一致。第五步，有了拱形顶的高度和范围，通过将曲面分解成三角面的方式将其细化。为了保证檐口幕墙划分的均匀性，设计者通过多次迭代计算对檐口一圈划分进行了调试。

调试前，在檐口划分非常不均匀，常常出现难以加工的小板块三角面和四边形，这样既影响屋面的美观，同时对屋面、墙身一体化处理带来难度。设计者修改了檐口一圈三角型板块的定位，让所有三角形的角点落在檐口上使

其均匀。调试后，檐口一圈的划分得到均匀处理，将形成的误差吸收到整个网面，这样又得到两种效果的幕墙划分。对比两个方案，方案一将误差消化到屋面中心，这样檐口一圈较为平整；方案二采用相反思路，屋盖中间较为平整，误差集中在檐口一圈。最终，为了保证室内效果，设计者采用了第二个方案。通过以上措施，云顶部的参数化形体拟合完成。

与此同时，云柱以另外一套逻辑进行找形。对于云柱的外轮廓，设计者采用了形体较为规整且相对饱满的六边形，高度每隔6m轮廓收缩旋转，最后顶点相连，在横竖方向平分3次再相连。整个云柱形成后，设计者通过控制六边形的中心、边长、角度等使之尽可能地过渡自然，再通过整点取数，简化形体，方便后期施工。

云厅为屋盖与云柱之间的连接段，也是形体由平滑曲面体过渡到几何切面体之间的连接段，幕墙划分在竖向上向内凹进一段距离，在横向上由逐层减少一格划分，两种方式给形体过渡提供了一定的自由度，这样就得到云厅的幕墙线。由于幕墙厂家的原件大小为2 400mm×3 600mm，以及上海市玻璃幕墙规范上要求的最大面积限制，又要反过来调整整个形体。最终的形体在云厅的每个区段大小均匀，满足幕墙多方面的面积要求。

4.结语

欢庆之云是设计者对于世博会的理解，是设计概念的一部分，而实施这一概念必须借助于参数化的设计工具。在设计前期，参数化设计思路可以方便建筑师更理性地处理建筑与城市等之间的关系，设计的后期，用数字化建造的思维逻辑去解决建筑多方面的限制比传统意义的调整方式更为高效。在云端，不只是一个概念的抛出，更重要的是对概念的实现。

注：本文受现代设计集团华东建筑设计研究总院《悬浮钢结构外壳体建筑综合设计技术研究》（14-1类-0061-综）课题资助；图纸来源于现代设计集团华东建筑设计研究总院，文中图片均由作者自绘

作者简介

刘海洋，男，现代设计集团华东建筑设计研究总院 设计室主任，专业院总师助理，国家一级注册建筑师

郭睿，男，现代设计集团华东建筑设计研究总院 建筑师

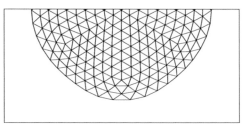 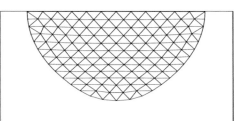

6

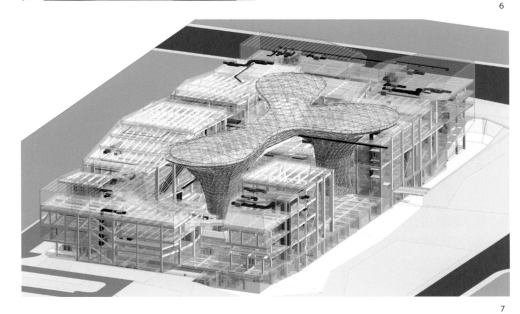

7

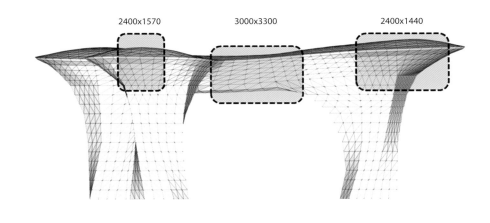

2400x1570 3000x3300 2400x1440

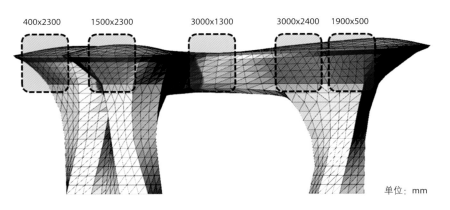

400x2300 1500x2300 3000x1300 3000x2400 1900x500

单位：mm

8

华东建筑集团股份有限公司

华东建筑集团股份有限公司

华东建筑集团股份有限公司

成功上市！

1. 上市活动现场
2. 现代设计集团董事长、华建集团董事长秦云致辞
3. 中国国际金融股份有限公司投资银行部董事总经理、上海分公司投行业务执行负责人孙雷致辞
4. 市国资委副主任林益彬致辞
5. 现代设计集团董事长、华建集团董事长秦云和上交所副总经理阙波签订《上市协议书》
6. 华建集团总裁、董事张桦同上交所副总经理阙波交换礼物
7. 上海市政府副秘书长、市国资党委书记、市国资委主任徐逸波和现代设计集团董事长、华建集团董事长秦云共同敲响上市铜锣

"棱光实业"更名"华建集团"
A股迎来国内建筑设计龙头企业

华东建筑集团股份有限公司（以下简称"华建集团"）于10月30日在上交所举行A股上市仪式，这意味着，"棱光实业"正式更名为"华建集团"，股票代码为"600629"。

10月30日开盘价报28.15元，按此计算，华建集团最新动态市值约为101亿元。华建集团首次亮相也标志着上海现代建筑设计（集团）有限公司（下文简称"现代设计集团"）实现整体上市。

华建集团控股股东为现代设计集团，现代设计集团通过借壳上市将核心主业华东建筑设计研究院有限公司（以下简称"华东设计院"）注入华建集团，实现了集团设计咨询主营业务的整体上市。华东设计院是华建集团的全资控股子公司，作为建筑设计行业的龙头企业，2014年位列ENR全球建筑设计企业第64位。

华东设计院是一家以建筑设计为主的现代科技型企业，下设华东总院、都市院、上海院、现代建设咨询、水利院、现代环境、Wilson等数十家分子公司和专业机构。公司目前拥有包括工程总包一级、建筑工程设计甲级、工程咨询甲级、岩土工程甲级等在内的各业务及专项领域最高资质，为行业内业务资质最完整、拥有全过程全产业链一体化服务能力的综合性建筑设计龙头之一。

经过60多年的发展，华东设计院业务遍及全国29个省市、20个国家与地区，完成了工程设计及咨询项目达3万余项。积累了丰富的建筑项目经验，承接了包括国家会展中心（上海）、东方明珠电视塔、环球金融中心、金茂大厦、八万人体育场等在内的大量标志性建筑的设计，刷新了多项中国、亚洲乃至世界之最。

华东设计院始终坚持科技创新，聚焦高端人才培养，目前拥有1家全国级企业技术中心、5家高新技术企业和5家市级工程技术研究中心。近四年，累计获得包括詹天佑奖、全国优秀勘察设计奖等在内的各类国家级和市（部）级奖2000余项。荣获国家科技进步奖一等奖和二等奖各1项，上海市科技进步奖9项。

近年来，华东设计院依托雄厚的综合实力进一步加强产业下游延伸、不断提升工程总承包项目的开拓和承接能力，挖掘建筑设计行业广阔的市场空间，从而稳健提升自身营收规模及盈利能力。此外，还通过不断加大对BIM技术、3D打印技术、建筑工业化、绿色节能建筑等行业前瞻性技术领域的研发和实践，在最大程度上满足客户需求，提升业务服务能力。

展望未来，华建集团将积极响应上海市国资国企改革的不断深入，争当国资国企改革的先行者，排头兵。上市后，华建集团将借助资本市场平台进一步巩固竞争优势，为科技创新提供市场化的手段，全力打造"为城镇化建设和城市更新提供高品质综合解决方案的集成服务供应商"。同时，华建集团将进一步夯实公司在行业的龙头地位，与国际著名设计咨询公司全面接轨，成为全球顶尖的工程咨询公司。

集团改制上市
工作发展历程

Working Process of Group's Going Public

根据市领导对现代设计集团（以下简称集团）提出的"加大改制上市推进力度"要求，在市国资委的指导下，集团结合自身发展现状，确定将改制上市作为集团体制改革的首要方向和目标。2012 年底，集团编制完成《集团整体改制上市方案》并获得主管部门的批复，由此集团整体改制上市工作正式启动，经历第一阶段（2012 年）编制方案和搭建上市平台和第二阶段（2013 年至 2014 年 4 月）上市平台内部梳理和推进引入战略投资者，进入第三阶段（2014 年 5 月至今），全面启动借壳上市，2014 年底完成方案准备，2015 年 1—6 月底，方案获得证监会批复，7 月初至今，基本完成了方案实施。

一、全面启动改制上市，完成上市平台搭建

2012 年，现代设计集团全面启动借壳上市，完成了《集团整体改制上市方案》的编制并获得批准，并基本完成了上市平台的搭建，主要包括：经论证确定以华东建筑设计研究院有限公司为主体搭建上市平台；将集团下属的 11 家子公司的国有股权无偿划转至集团上市平台；将集团公司与上市平台业务相关的经营性资产交易过户至集团上市平台；集团本部及分公司人员的劳动合同关系变更至上市平台，签署了集团公司、上市平台和员工三方协议，并于 2012 年 12 月 28 日完成了上市平台工商变更登记。

二、基本完成股份制改造前期准备工作

（一）完成上市平台搭建后续工作

2013 年上半年，集团加快落实上市平台搭建的后续工作，完成了"四个转移"。一是完成了集团下属所有分公司（上海本地的 6 家和内地 5 家分公司）转移；二是完成了集团本部及分公司所有人员的注册执业资格转移；三是完成了包括建筑设计资质在内的 13 项资质转移；四是完成了 1311 个业务合同转移。

（二）完成股份制改造前期准备工作

围绕改制上市第二阶段目标即股份制改造，推进五大主要工作：一是生产组织架构及管理模式调整；二是战略投资者选择确定；三是制定和实施激励方案；四是募集资金投资方向的研究与实施；五是内部规范管理研究。与此同时，重点推进阶段性专项重点工作：特别是按会计核算准则规范收入与成本核算体系（POC）的建立及推进，经过一年的努力，基本具备进入股份制改造阶段的条件。

三、基本完成借壳上市，正式登陆资本市场

（一）借壳上市方案编制阶段

2014 年 5 月，确定采取借壳方式推进集团改制上市，全面启动借壳上市；至 9 月底，基本完成了尽职调查、三年又一期审计、评估和盈利预测初稿，于 2014 年 10 月 13 日召开棱光实业第一次董事会，披露重组预案；12 月 13 日，完成了审计、评估、盈利预测、尽调和各专项工作，签署相关协议，召开棱光实业第二次董事会，披露重组方案；12 月 31 日，棱光实业召开临时股东大会，审议通过了重组方案。借壳上市方案准备阶段工作完成。

（二）方案获得批准

2015 年 1 月 6 日，借壳上市方案全套申报材料上报中国证监会，1 月 19 日，中国证监会正式受理，同时，根据证监会最新要求推进年报尽调工作，上海院、建设咨询、艺卡迪按照华东院标准全面尽调工作也基本完成；3 月 13 日，证监会对申报材料正式反馈了 27 条意见，4 月 20 日，反馈意见回复上报证监会；5 月 12 日，证监会重组委审批通过，7 月 2 日，证监会正式下发核准批文。

（三）方案实施基本完成，正式登陆资本市场

8 月 13 日，国盛集团持有的 49.44% 棱光实业股份无偿划转至现代设计集团工作完成；8 月 26 日，华东设计院工商变更工作完成，9 月 1 日，资产交割协议签订，同时，棱光实业召开临时股东大会，完成了董事会和监事会的换届改选工作，集团正式登陆资本市场；9 月 10 日，棱光实业定向现代设计集团增发的 11060377 股股份完成登记手续，至此，借壳上市方案的三部分即股份无偿划转、资产置换和新增股份发行工作基本完成。

经过 60 多年的发展，华东建筑设计研究院有限公司的业务遍及全国 29 个省市、20 个国家与地区，完成了工程设计及咨询项目达 3 万余项。作为国内建筑设计行业的龙头企业，华东建筑设计研究院 2014 年位列 ENR 全球建筑设计企业第 64 位。

展望未来，华建集团将以党的十八大和十八届三中、四中全会精神为指引，扎根上海，在国内和国际两大市场上拓展更大的业务空间。集团将牢牢抓住上市提供的宝贵机遇，努力在新常态的经济和行业环境中实现再一次腾飞，以稳定、健康发展的企业形象，回报股东、回报社会！希望大家一如既往地关心和支持华建集团，我们也将不断努力开拓市场，用心经营，把华建集团打造成为可持续增长的优质上市公司。再次感谢各级政府、各有关部门、社会各界朋友以及各中介机构的支持与帮助，感谢投资者对华建集团投资价值及发展前景的认同与信心。谢谢大家！

上海现代建筑（集团）有限公司董事长 秦云

华东建筑设计研究院有限公司是一家以建筑设计为主的现代科技型企业，是现代设计集团旗下唯一从事建筑设计业务的专业平台，整合了包括华东总院、都市院、上海院、现代建设咨询、水利院、环境院、Wilson 等数十家分子公司和专业机构。本次借壳上市，现代设计集团将核心主业的华东建筑设计研究院有限公司装入华建集团，实现了集团设计咨询主营业务的整体上市。在上交所的成功上市，是华建集团发展史上的重要里程碑。上市后，集团全力打造"为城镇化建设和城市更新提供高品质综合解决方案的集成服务供应商"。

上海现代建筑（集团）有限公司总经理 张桦

关于华建集团

华东建筑集团股份有限公司（简称"华建集团"），（股票代码：600629），其控股股东为上海现代建筑设计（集团）有限公司。按照上海市国资国企改革的统一部署，经证监会批准通过，现代设计集团通过借壳上市将核心主业华东建筑设计研究院有限公司注入华建集团，实现了集团设计咨询主营业务的整体上市。华东建筑设计研究院有限公司是华建集团的全资控股子公司，作为建筑设计行业的龙头企业，2014 年位列 ENR 全球建筑设计企业第 64 位。

华东建筑设计研究院有限公司是一家以建筑设计为主的现代科技型企业，下设华东总院、都市院、上海院、现代建设咨询、水利院、现代环境、Wilson 等数十家分子公司和专业机构。作为建筑设计行业的龙头企业，2014 年位列 ENR 全球建筑设计企业第 64 位。公司目前拥有包括工程总包一级、建筑工程设计甲级、工程咨询甲级、岩土工程甲级等在内的各业务及专项领域最高

资质，为行业内业务资质最完整、拥有全过程全产业链一体化服务能力的综合性建筑设计龙头之一。

经过 60 多年的发展，华东建筑设计研究院有限公司业务遍及全国 29 个省市、20 个国家与地区，完成了工程设计及咨询项目达 3 万余项。积累了丰富的建筑项目经验，承接了包括国家会展中心（上海）、东方明珠电视塔、环球金融中心、金茂大厦、八万人体育场等在内的大量标志性建筑的设计，刷新了多项中国、亚洲乃至世界之最。

华东建筑设计研究院有限公司始终坚持科技创新，聚焦高端人才培养，目前拥有 1 家全国级企业技术中心、5 家高新技术企业和 5 家市级工程技术研究中心。近几年，累计获得包括詹天佑奖、全国优秀勘察设计奖等在内的各类国家级和市（部）级奖 2000 余项，荣获国家科技进步奖一等奖和二等奖各 1 项，上海市科技进

步奖 9 项。

近年来，华东建筑设计研究院有限公司依托雄厚的综合实力进一步加强产业下游延伸、不断提升工程总承包项目的开拓和承接能力，挖掘建筑设计行业广阔的市场空间，从而稳健提升自身营收规模及盈利能力。此外，还通过不断加大对 BIM 技术、3D 打印技术、建筑工业化、绿色节能建筑等行业前瞻性技术领域的研发和实践，在最大程度上满足客户需求，提升业务服务能力。

展望未来，华建集团将充分利用资本市场平台，为科技创新提供市场化的手段，全力打造"为城镇化建设和城市更新提供高品质综合解决方案的集成服务供应商"。同时，华建集团将继续坚持"创意成就梦想"的企业文化精神，通过建筑精品佳作来打造城市美好未来，为社会创造更多价值。

对设计企业和集团上市的看法

唐加威 / 文　中国国际金融股份有限公司投资银行部 副总经理

Views on Design Institute and Group's Going Public

国内经济结构调整转型以及固定资产投资增速放缓的大背景下，国内建筑设计行业竞争将越发激烈，具备全产业链、多领域综合服务能力的行业龙头将在新一轮竞争中脱颖而出。近年来，横向拓展服务范围、纵向衍生产业链的行业整合案例频现，设计企业纷纷登陆资本市场亦是顺应行业发展趋势，上市后企业将拥有资本市场运作平台，可积极运用资本市场各类工具，为开展业务扩张、行业并购整合提供市场化手段及多元化融资渠道。完善的资本平台亦为企业在行业前瞻性技术领域如 BIM、3D 打印、建筑工业化、绿色建筑等布局投入、采用市场化激励手段吸引人才等方面提供了丰富的资金及技术渠道保障，为企业长远快速发展打下良好的基础。

现代设计集团是以建筑设计为核心、以先瞻科技为依托的技术服务型企业。1952 年，上海市建筑设计公司与华东工业部建筑工程公司设计组等部门合并，组成华东工业部建筑设计公司；1953 年，上海市建筑工程局生产技术处成立设计科，由此诞生了集团的前身华东院和上海院。作为当时上海市第一家国营中央设计公司和上海市第一家市属设计单位，这两家设计单位承担了大量国家大型工程建设任务、参与多项行业标准制定，并为国内建筑设计行业培养了大量顶尖建筑设计人才。1995 年，这两家设计单位率先实施现代企业制度试点，于 1998 年正式合并诞生了现代设计集团，成为国内建筑设计行业第一家完全走向市场的大型企业集团公司。

现代设计集团的发展见证并伴随了整个中国现代建筑设计行业的发展历程。有着深厚的历史积淀、顶尖的人才储备及行业领先的技术优势。

本次借壳上市是现代设计集团将旗下唯一从事建筑设计及相关主营业务的专业平台，整合了包括华东总院、上海院、现代院、现代建设咨询、水利院、环境院、美国 Wilson 公司等数十家分子公司和专业机构，囊括了现代集团全部主业资产。本次上市实现了现代设计集团主业的整体上市，也将其最优质的资产呈献给资本市场。

近年来华东设计院营业收入保持稳定增长，公司各业务板块营收均呈平稳上升态势，其中公司核心的工程设计业务占比超过 60%，工程承包和工程技术管理服务比重逐年递增，逐步成为公司新的业务增长点；外地业务的营收占比接近五成，全国化布局卓见成效；未来还将依托美国 Wilson 公司的品牌优势积极开拓海外市场。在盈利指标方面，公司综合毛利率水平历年维持在 25% 左右，与同行业 A 股上市公司均值相近，高于境外可比上市公司约 5 个百分点；但公司的净利润率略低于行业均值，主要原因是公司的管理费用占收入比例较大，包括薪酬类费用、房屋租赁费、折旧摊销费和研发费用等，随着上市后逐步建立起市场化的长效激励机制、提升日常运营管理水平、增强费用节约意识，公司的净利润率水平会得到持续改善。

上市后，现代设计集团将借助资本市场的东风扬帆起航，迈向国际化工程咨询企业的战略目标，在未来行业变革的浪潮中纵横开阖，继往前行。

是插上翅膀，还是进入藩篱

祝波善 / 文　上海天强管理咨询有限公司 总经理

With Wings or Within Cage

近一两年来，建筑设计公司上市（以下简称"上市"）的话题特别热，该不该上市、能不能上市？是 IPO 还是借壳上市？上主板、创业板、还是新三板，或者即将推出的战略新兴板？

目前已上市或已申报上市的建筑设计公司聚焦了业内目光，尤其是上市后巨额市值带来的财富效应也成为业内话题，已上市的公司对同行的兼并购力度更让很多业内单位难测虚实。几年前，上市还仅停留在讨论阶段，尤其是几年前汉嘉上市的失败，这个话题冷了一段时间。过去讨论的核心主要还是公司缺不缺钱、融来的资金派什么用场？

当下，建筑设计市场竞争加剧、传统需求下滑，有的建筑设计单位开始慎重考虑是否上市、有的进入了筹划阶段，还有的已把上市作为未来几年的战略重点。

建筑设计公司通过上市，可迅速对接资本市场、提升资本化能力，借助资本市场，插上资本的翅膀。同时，资本市场要求的规范以及相应的游戏规则可能又会带来新的困扰，甚至会限制创意的发挥。上市或许是双刃剑。

要在大的战略背景下考虑是否上市，企业的长远战略定位、核心竞争力定位，这些都是战略导向语境下必须回答的问题。用需不需要钱来取舍是否上市，基本上还是过去任务导向发展模式下的命题。在任务导向型的建筑设计公司，内部的运作集中在通过激发个人或小团队的积极性去获得及完成项目。战略导向型则立足于培育核心能力，寻求差异化发展，在产业链上重新定位自身。

上市是建筑设计公司资本化的一个表现，将有效推动业务的资本化发展，主要体现在推动兼并重组、进行产业链延伸，以及开展 EPC、PPP 等模式的业务，这些业务对资本化能力都有直接的要求。在跨界融合的时代，产业链上下游的整合也需要资本，业务模式的创新，例如合同能源管理、专项产品化运营、建筑产业化发展，这些都要求企业有资本化能力的支撑。

当然，如果建筑设计公司的战略定位聚焦在传统模式、传统价值链环节，把核心竞争力定位在自身的创意能力，上市的一些规则、资本市场的要求可能会给企业的运作带来巨大困扰、甚至是某些方面的障碍与阻滞。

由于我国建筑设计公司特殊的发展历程，导致其内部管理相对落后，再加上过去业务快速增长掩盖了管理不足，相对落后的行业监管模式又使一部分设计单位回避了竞争力提升。这些让建筑设计公司的持续发展愈发被动。通过上市，可在很大程度上促进自身管理体系的完善与提升，如公司治理、项目核算、成本管理等。

在此深刻变革时刻，面临着传统市场萎缩调整、监管市场化变化带来的影响，还面临着新技术的挑战与压力，其中核心是互联网冲击带来的深远影响。建筑设计公司在未来的战略发展上面临更多的未知、选项和取舍，是否上市无疑是其中的重要问题。

是否上市，是从属于企业的战略定位命题。无论如何，一批建筑设计公司上市、或寻求上市，将会给行业带来新的气象、新的价值探索！

励精图治二十载
雄关漫道从头越

Twenty Years of Ambition

冯正功 / 文　中衡设计集团股份有限公司 董事长

中衡设计集团股份有限公司（原苏州工业园区设计研究院股份有限公司，以下简称"中衡设计"），是"中国－新加坡苏州工业园区"建设的全过程亲历者、见证者和实践者，2014年12月在上交所成功上市，成为国内建筑设计领域第一家IPO上市公司。

1994年，我作为工业园区派往新加坡学习"管理软件"的首批"学员"之一，汲取了先进的国际管理经验，因此，公司自成立时就采用了工时管理、项目经理负责制等先进制度。公司经历了改制、股份制改造和上市等里程碑大事件，逐步形成了符合国际惯例的全贯通产业链模式，打造了属于自己的独特品牌。作为园区的首批建设者和开拓者，创造了多个"园区的第一座建筑"，如第一个邻里中心、第一所小学、第一个科技园、第一个大型外资工厂等。2009年，在园区"15年15人"评选活动中，我荣幸当选为15个见证和参与园区发展的践行者之一。

上市后作为公众企业，公司将更加自律地以现代企业制度规范管理企业，努力提升品牌价值，提高资本运作能力，谋求更长远的发展。特别是在人才培养方面，更注重高端人才的引进，建立多元人才激励机制，利用股权激励等多种方式让员工一起享有企业发展成果，提升企业文化的向心力和内部凝聚力。同时，中衡设计始终肩负作为一个"社会公民"的担当，"义利相衡，大义为重"，切实履行"诚信为本、责任为先、知行合一、反哺社会"的一贯理念，促进企业持续均衡的良性发展。

促进企业多元融资、技术资本融合是上市带来的机遇与挑战，中衡设计以先进的企业管理模式较好的进行了资本运作，并寻求与志同道合的同行强强联合，推进区域拓展。2015年在"鸿雁来宾"的金秋时节，中衡设计与重庆卓创国际工程设计有限公司签署战略整合协定，共谋发展、同创未来。技术资本融合方面，中衡设计始终把科研放在重中之重的位置，2012年由江苏省科技厅财政厅联合批准成立了江苏省生态建筑与复杂结构工程技术研究中心，2015年被授予江苏省建筑产业现代化示范基地（设计研发类）。目前，公司累计获得授权专利100余项，其中发明专利5项，软件著作权6项。

公司于20周年之际全新更名为"中衡设计集团股份有限公司"，"中衡"原为古天文学中黄道与天赤道的交接点，"黄道赤道殊途同归"之意，蕴含了公司的宏大愿景：致力于成为建筑设计及工程领域有识之士志同道合的汇聚平台，共谋发展、共创未来；致力于成为文化理念体系传承历史与创新变革的交汇点，广集众长、聚变升华。

从设计院上市
看苏交科发展

Development of Jiangsu Transporlatin Institure Viewde from Architectural Institute's Going public

朱晓宁 / 文　苏交科集团股份有限公司轮值总裁

传统意义上的设计院是一种人力密集型的企业，核心竞争力来自于高水平人才的拥有以及对人才的培养与激励机制，这种竞争力强弱也决定了传统设计院发展的空间。大多数设计院如果战略是朝着做专做精的事务所方向去发展，那么只要把这一核心竞争力内功持续练好，总能有所成就，由于设计业务本身良好的现金流，这种发展模式不需要资本的推动也可以实现。

目前很多设计院对登陆资本市场感兴趣，我认为有两大因素驱动：

一个重要因素就是服务于企业发展的战略，如果战略是规模扩张型的，同时也是产业链布局型的，那么仅依靠传统的修炼内功作为战术手段并不能满足战略要求，尤其是在中国目前设计行业地方进入壁垒高，行业跨度鸿沟大、企业资质要求严，市场集中度不高的情况下，要靠传统的发展模式达到规模快速扩张的目的是很难实现的。在这种情形下，依靠资本的手段实现企业的联合兼并发展是快速扩大规模的破局良策，对于上市设计院来说，资本市场不仅提供了资本运作的手段，还通过上市的过程以及监管要求规范化了企业的内控机制，促进了管理的规范性和透明度，这一管理上的进步也是企业规模快速发展所必需的条件，所以总结起来就是企业上市可以为企业规模扩张战略提供了资本的硬手段以及管理的软环境。

另一大因素就是企业股权内部流动的需求，我国大多数规模化的设计院都是体制内改制而来，改制时的股权分配模式不一定能够满足企业战略发展的需求，同时大量的原股东在企业发展到一定阶段也有股权兑现的需求，这些需求在一个封闭的体系内难以通过公平合理的市场手段去解决，解决不好就会造成企业内部矛盾纷争甚至分裂，严重影响企业的进一步发展和股东自身权益的保障，因此通过企业上市实现股权的市场化流动是解决这一问题最好的途径。

苏交科自从2012年1月作为咨询设计行业首家登陆资本市场的企业，一直坚守自己的发展战略，把上市作为实现企业战略的手段，立志于成为土木与环境行业综合性服务商。上市以来，通过资本途径与多家行业优秀企业实现联合，弥补了在产业战略布局上的空白，并在发展价值上与合作方实现双赢，快速扩大了苏交科的业务规模，主营业务始终保持着较快的增长势头。同时苏交科因应企业快速发展需求，持续优化管理体系，将集团打造成支撑合作企业快速发展的平台，在项目管理、人力资源管理、客户管理、财务管理、知识管理等方面持续进行集团化管理优化，保持行业领先性，形成对合作企业强大的管理支持。

未来苏交科也将持续利用好各种资本手段，在全产业布局以及新兴业务的探索方面进行投资，并加大对基础设施建设领域的投资，力求通过这些投资的带动，让苏交科的战略更好更快的落地，实现苏交科最具活力、值得信赖、勾画新世界的企业愿景。

浅谈建筑设计企业上市的一点认识

Views on Architectural Companies' Going Public

修龙 / 文　中国建设科技集团 董事长

企业上市或不上市，知识密集型企业该不该上市，一直以来都是长期困扰企业的艰难选择。国外的苹果公司和中国的联想公司都是通过上市实现了快速发展，而华为等一批坚决不上市的企业，也走出了一条适合自身发展的特色之路。可见上市与否，不是评判企业好坏的决定性因素。

建筑设计企业作为典型的知识密集型企业，该不该上市一直是行业内部讨论的话题。我们满怀敬佩地看到上海现代设计集团勇于探索和挑战，积极通过上市为企业发展创造机遇，为业内企业谋求上市发展做出了有益的探索，起到了引领示范作用，令人赞赏。

个人认为，建筑设计企业该不该上市不能一概而论，应该"因企而异、顺势而为"。另外，不能为了上市而上市。上市不是目的而是手段，上市是企业实现战略目标的路径选择之一。就中国建设科技集团、上海现代设计集团这类大型综合咨询设计企业而言，是否上市应综合考虑企业内外部两方面因素。

1. 企业外部环境要求

1）国家宏观政策。近日，《关于深化国有企业改革的指导意见》等系列文件相继出台，为科技型企业改革发展提出了明确的政策要求，文件还指出主业处于充分竞争行业和领域的商业类国有企业，原则上都要实行公司制股份制改革，并着力推进整体上市。国务院国资委更是明确要求力争将中央企业改制成为干干净净的上市公司。

2）市场规则变化。伴随资本的强势介入，勘察设计行业市场规则和竞争格局正在发生巨大变化，技术优势逐渐被资本优势所冲击，BT、BOT、PPP 等商业模式的出现，"技术＋资本"已逐渐成为市场规则的主流。包括建筑设计，特别是在海绵城市、地下管廊等市政领域，没有资本的介入竞争力将大大减弱。

2. 企业内部发展需要

一、企业转型升级的需要。大型咨询设计企业由于企业规模的要求，就像一部停不下脚步的战车，企业要想发展和正常持续运行，往往都将"做大做强做优"作为企业战略发展方向。要想实现这一目标，转型升级是必由之路，通过思维创新、技术创新和管理创新，以资本为推动力，寻求新的发展模式和机遇。

二、提升管理水平的需要。传统大型咨询设计企业市场化程度较低，管理方式较为简单，苦练内功、提升管理水平是企业的共识，进行公司制、股份制改革，建立现代企业制度，规范法人治理结构，是企业提高生产效率、降低经营风险的客观需要。由设计院长向企业家转变是行业发展的客观要求。

三、吸引和留住人才的需要。建筑设计企业的竞争是人才的竞争，建立科学有力的激励约束机制，激发广大员工的积极性和主动性，更好地吸引和留住人才是企业的核心主题。

在综合考虑企业内外部因素的同时，如何正确认识上市对建筑设计企业的作用和意义也是极其重要的。

一是有助于企业解放思想、转变思维方式，促进企业由院所式思维向现代企业思维转变，成为真正市场化的企业。

二是有助于企业建立直接融资平台，实现低成本融资，增加企业发展新的驱动力。

三是有助于企业适应新的市场规则。建筑设计企业可以通过上市融资搭建完善的投资体系，强化资本的推动作用，以资本拉动主业发展，实现技术与资本的有效融合，塑造新的市场竞争力。

四是有助于企业选择多重发展模式。通过上市融资，有利于企业通过并购、重组等多重资本运作模式进行行业整合，通过补差性和补强性战略并购，进一步弥补技术短板、完善产业链条、深化战略布局，迅速做大做强。

五是有助于企业加大研发投入，实现成果转化。通过募集资金，企业可加大研发投入力度，撬动更多的社会资本参与企业创新孵化与科研成果转化，打造"技术吸引资本、资本反哺技术"的良性循环。

六是有助于企业建立有竞争力的激励机制。通过上市，企业可以设计灵活多样的股权激励模式，通过建立各类中长期激励机制，丰富激励政策，缓解企业薪酬压力，激发员工积极性和主动性，提高员工忠诚度，使员工同企业成为利益共同体。

七是有助于企业建立现代企业制度，提升综合管理水平。通过规范法人治理结构和"三会一层"建设，形成"决策、监督、运营"有效制衡，提高决策效率和抗风险能力，促进企业持续健康发展。

八是有助于企业树立品牌和良好的公众形象，增强企业内部凝聚力、外部感召力和社会影响力。

当然，凡事有利就有弊，企业上市也面临多重压力：外部监管的压力、股民监督的压力、效益持续增长的压力、提高企业透明度的压力、企业目标与股东目标不一致的压力等，都对企业经营管理提出了新的课题和挑战。

总之，个人认为，上市不是设计企业发展的唯一选择，不能一概而论，但就大型综合咨询设计企业而言，上市总体上利大于弊。上市是大型设计企业实现战略目标的重要路径选择之一，而且也有这类企业通过上市加快发展的成功案例，国际知名工程咨询设计企业 AECOM，正是通过上市融资，迅速实现了全球范围内的并购扩张，上市助推了全球化目标的实现。中国建设科技集团已明确将"成为具有国际竞争力的世界一流设计企业"作为企业的战略愿景，将"企业化、市场化、股份化、国际化"作为战略目标的实施路径。特别是在"股份化"方面，集团已经成功完成了股份制改革，明确将上市作为实现企业战略目标的重要路径之一。新成立的中国建设科技集团股份有限公司正向着上市目标，坚定前行。

上海现代设计集团作为国有大型咨询设计企业，在企业上市方面先行先试、勇于探索，令人尊敬，值得期待。我们将借鉴经验，共同为勘察设计行业发展做出贡献，为实现企业基业长青的目标做出努力。

上市与资本对接   Listing and Capital Docking

赵晓钧 / 文   上海悉地工程设计顾问股份有限公司 董事长

祝贺华建集团今年成功上市，这是设计行业一件非常重要的事情。从苏交科上市以来，终于在股票市场上有了一个工程设计行业版块，对我们这个行业来说是一件非常有意义的事情。

CCDI是最早策划上市的设计企业之一，但是长时间以来，因为种种原因，我们还没有真正进入到上市的步伐之中，想起来比较汗颜。虽然，上市并不能代表一个企业的成功，也不能当作企业的一个经营目标，但是终究进入资本市场还是代表企业具备了一定的层次和基础，同时又有了对接资本市场的能力，会助力企业在另外一个层次上不断发展，这终究是一件值得考虑的路径。

上市是企业发展的一个工具，所以企业必须有能力使用这个工具，上市才是有意义的。这个能力就是对接资本的能力。在设计行业中并不是每一个企业都具有跟资本关联对接的能力。因为设计行业还是一个很传统的企业，在企业运行的基本动力里，资本所占的份额往往很小，更多的是人力资源本身自我发展和成长所产生的动力。人力资源无法跟资本准确地关联。当无法用资本的方式去计量人力资源的价值和未来的收益的时候，资本是很难以进入到这个行业里的。因此，我坚定地认为传统的设计事务所或是小型的设计公司是不可以上市的，这是对不起投资方的。因为资本的力量加进来，并不能促使企业进行有效的扩张，使资本获得足够的回报。

多年以前CCDI之所以选择走向资本市场，是因为CCDI选择了一个企业化运行设计公司的道路。所谓企业运行化设计公司，必须认真地选择业务上的关键行为，或者说业务行为的实质是什么。我们发现"设计"这样一个业务行为并不是设计公司的责任，而是设计师的责任。设计公司在设计业务里它所承担的责任另有两点，一是准确或者创新地去挖掘客户的需求，然后通过企业的投资动作、研发动作，做个体设计师难以做到的动作，使产品的供给更能贴合客户的需求；另外一方面是组织个体设计师的协同动作。所以，客户管理和协同管理应该是设计"公司"本质的业务行为，而提供设计产品，是设计师的责任。

客户管理和协同管理这两个问题上，就需要有管理的技术加进来，也就需要资本的一些支持，从而进行创新、进行研发、进行一些关于人力资源的管理。所以，才可以在一些传统的业务行为里，找到一些规律性的动作进行放大，然后把原来设计过程里边的一些环节抽离出来，进行分块管理，使它变得集约和协同，效率提升，这是设计公司本来应该有的，这些动作是需要资本支持的。

当然，资本还可以帮助企业做到更多的传统设计行为之外更多的事情，所以，我认为掌握资本的对接力量是设计公司上市的前提。

资本改变设计   Capital changes Design

冯果川 / 文   筑博设计股份有限公司 集团执行首席建筑师

近些年眼看着国内建筑设计市场的规模在缩减，建筑师群体呈现出产能过剩的态势，大家都得为自己的未来想想。

市场规模收缩，最直观是两方面的竞争激烈，一方面是设计输出（产品、服务等）上竞争，一方面是价格的竞争。设计、服务和管理都能力平平的设计院最容易出局，一方面是产品上没有竞争力，另一方面管理不行很难降低自身成本，打价格战是饮鸩止渴。所以市场会挤压平庸的中间部分，而让两极的设计公司得到发展。中国的建筑设计一直很糙，未来建设速度降了，可能会有更多的业主希望慢工出细活，出精品，做细活做精品的建筑师会有一些能活下来。另外，一些能够依赖规模和资金优势并将其发展为系统优势的大型设计机构也会有发展的机会。所谓系统优势是相对于个体优势而言。我们一般认为设计水平高低取决于设计师的个人水平，过

去设计院是围着设计师转，有好设计师就有好设计。设计师如同鞋匠，掌握着制鞋的核心技术，鞋匠手艺决定鞋子的质量，鞋匠收徒弟，手把手传授制鞋的秘密。我们设计行业长期处在这种手工作坊式的状态中，系统没有多大意义。但是如同20世纪20年代泰勒制打败手工业带来美国制造业的崛起，系统化的力量很可能会摧毁大多数低效平庸的设计师生态，只留下少数真正保持手工艺做法的能力超群的个体建筑师。

这些系统性的力量将彻底打破设计师原来个人化、神秘化的设计过程，对设计流程、设计质量进行拆解重组实现精确化控制，促成多种专业的高效协调工作，并对设计上下游进行无缝连接整合。系统化的过程中，我们需要建立庞大的案例信息库、多专业的协作平台、信息化管理平台等。也要在不同设计领域，如设计和技术科研、前期策划、城

市研究、工程管理等之间进行跨界和上下游整合。这种系统依托数字和网络时代的技术，将具有过去的泰勒流水线所不能比拟的灵活和有机，这种系统将会让工作在大型设计机构中的建筑师依附于大型工作平台，一旦离开公司的强大系统就会武功折半，生存困难。这就是马克思说的死劳动对活劳动的辩证关系，大型设计机构会趋向于用"死劳动"来统治"活劳动"，个体越来越深刻地依附于机构提供的平台工作。

可是系统的打造非常耗时耗力，而且不会立竿见影，但系统一旦建立和运转起来，大型设计机构在行业中的竞争力将是难以估量的，还会出现著名的大型机构的费用比普通设计机构更加便宜这样的怪现象。问题是谁能够打造强大的系统？现在即使是大型设计机构凭自身的经济实力和技术实力也未必能够打造"杀手级"的系统。资本就

是在这种时候登场的。很多人说设计机构的核心是人，上市有什么用？也有很多人说，这些设计公司的老板想到资本市场圈钱然后走人。我认为不排除有圈钱上岸的人在，但是也会有不少设计机构的高管是希望通过上市，借助资本打造出改变行业工作模式的系统，为自己的企业开启崭新的发展道路。常规设计和高度复杂综合体项目的设计方法都面临着颠覆性的变革，谁能领导这场变革谁就将主导未来的市场。可是这样做好吗？上市或者系统，都是人创造出来又超越了人的存在。无论是资本还是系统都不以人的意志为转移，人驾驭它们还是被它们驾驭还很难讲。

人类注定要打开潘多拉的盒子，褒贬都不重要，建筑师们还是赶紧应对已经袭来的资本吧！

Architectural
Design

_ 空间创作

设计的逻辑
江苏建筑职业技术学院图书馆
The Logic of Design
Jiangsu Architectural Institute Library

崔愷 / 文　CUI Kai

抛开传统的轴线对称式校园图书馆，设计师提出三个基本问题，追溯校园图书馆设计的本质，试图打造一座内在理性而外在感性的建筑，一座单元标准而组合丰富的建筑，一座不刻意装饰而讲究自然美的建筑，一座不强调文化而有些内涵的建筑。

1. 挑战传统的轴线对称式校园建筑，图书馆如一棵生长的植物在场地中自由地舒展

"什么是图书馆？
什么是大学的图书馆？
什么是大学生喜爱的图书馆？"

六年前，当我站在学校西门的广场上，看着一片荒草坡的时候，头脑中不自觉地又想起这些有点儿形而上的问题来。

的确，这些年国内外新校园看了不少，自己也曾参与了几处，图书馆都多少像一尊菩萨，供在校园最核心的位置上，谓之知识的殿堂。建筑师们通过轴线、对称、高台、柱廊、中庭等等一系列手段构建殿堂，已然成了套路，却似乎渐渐淡忘了这几个基本问题。

而我在现场又回想起这些问题，也是有些缘由，有感而发的。那场地虽正对学校新修的西大门，广场上也似乎有点轴线的提示，却处在偏坡，南高北低，东边还紧邻着一座教学楼的墙角，不当不正，似乎不具备殿堂的气场。但坡上有树，坡下有塘，西侧面山，学生去东面的教学区和北面的体育区都会经过此地，又似乎是个读书的好地方。于是营造树下读书的环境，回归图书阅览的基本原型便成了构思的出发点。

其次，分析校园规划，西门内是校园扩展的新区，校园主要功能区都在东半部，图书馆虽应以西面为主，但学生多从东面来，前门后门哪个为主便有些纠结。于是将其首层架空，让校园人流线保持畅通和灵活，并借此把书店、咖啡、展厅、报告厅、自习教室散布在底层开放空间中，

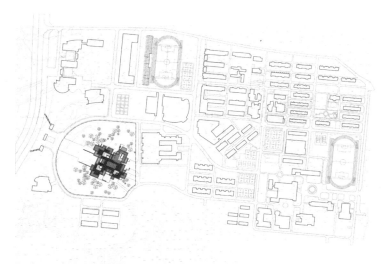

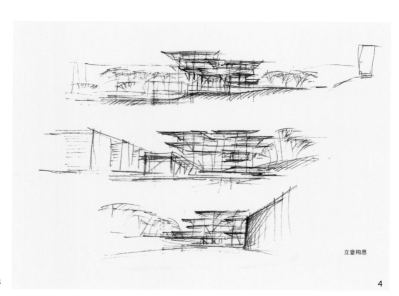

立意构思

项目名称：江苏建筑职业技术学院图书馆

建设单位：浙江海天建设集团有限公司

建设地点：江苏省徐州市

建筑类型：图书馆

设计 / 建成：2009 / 2014

总建筑面积：27 896m²

总用地面积：54 878m²

建筑高度：23.8m

设计单位：中国建筑设计院有限公司

项目团队：崔愷、赵晓刚、周力坦、李喆

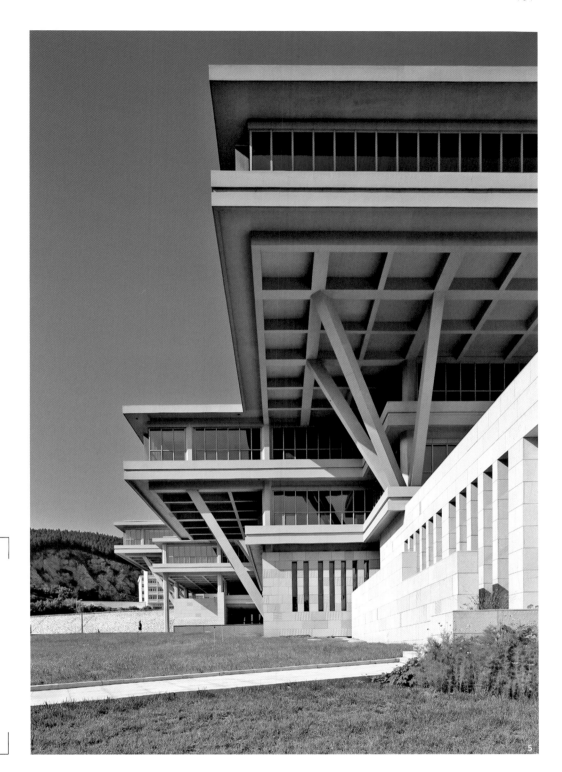

5

2. 激发交流的室内公共空间
3. 总图
4. 方案构思草图
5. 钢筋混凝土倾斜撑柱的结构体系可以支撑多变的平面和向
   外的悬挑，同时减少柱子的数量

营造学校信息交流的中心，这似乎也回答了第二个问题。

第三个问题好像比较难，建筑师创作绞尽脑汁，除了满足建筑基本功能外，总想取悦未来的使用者，但往往是自作多情。除了满足一点自尊心外，未曾谋面的使用者们不一定领情。所以在这里为学生着想，绝不敢从夸张的造型入手，只是希望多提供些面向风景的阅览座位，多创造些可以纳凉休闲的开放空间，这应该是他们喜欢的。又考虑到这里的学生都是学建筑设计和建造技术的，所以展示清晰的结构体系、设备系统和建构逻辑便也有了见习教学的意义。

把这三个问题想清楚了，脑子中便朦朦胧胧有了方案的影子，心情也舒畅了许多。回到北京的办公室和助手们一起用草图勾画、模型推敲寻找恰当的技术路线。先是确定了正方形柱网平面，因为这比较符合书架和阅览桌的排列模数，平面效率高。其次是采取集中大平面的格局，空间布置弹性好。其三要尽量加长外窗的长度，使更多的座位可以看风景并享受自然采光，所以将平面外沿曲折进退。第四是底层架空平面要开敞、灵活，提供一层和二层入口的同时，适应坡地的高差，使较大体量的配套功能体嵌入土地。第五是研究结构体系以支撑多变的平面和向外的悬挑，同时尽量减少落地柱子的数量，所以采用了钢筋混凝土倾斜撑

6

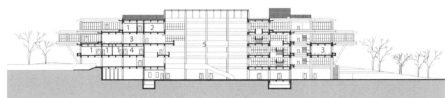
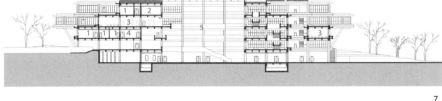

7

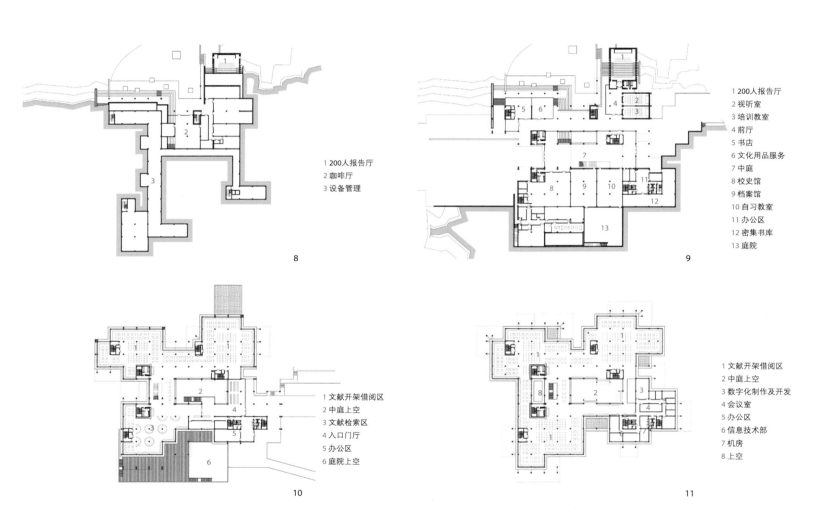

1 200人报告厅
2 咖啡厅
3 设备管理

8

1 200人报告厅
2 视听室
3 培训教室
4 前厅
5 书店
6 文化用品服务
7 中庭
8 校史馆
9 档案馆
10 自习教室
11 办公区
12 密集书库
13 庭院

9

1 文献开架借阅区
2 中庭上空
3 文献检索区
4 入口门厅
5 办公区
6 庭院上空

10

1 文献开架借阅区
2 中庭上空
3 数字化制作及开发
4 会议室
5 办公区
6 信息技术部
7 机房
8 上空

11

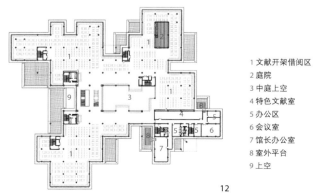

1 文献开架借阅区
2 庭院
3 中庭上空
4 特色文献室
5 办公区
6 会议室
7 馆长办公室
8 室外平台
9 上空

12

1 电子文献阅览室
2 庭院
3 办公区
4 研究室
5 会议室
6 室外平台
7 中庭上空
8 庭院上空

13

柱的技术。第六是绿色建筑的设计理念，强调自然采光、通风，布置窗外花槽和屋顶绿植，并以清水混凝土作为完成面，少装饰少耗材，在适当地成本控制下达到节能减排的要求。第七是对徐州地域性的适当表达，除了地形地貌的积极呈现和气候条件的应对策略外，从室外地面到首层外墙选用当地肌理石材，也是多少有些对汉石刻艺术的隐喻和提示。其实，主要出于结构考虑的斜撑框架，也可能会让人对汉代木作有所联想。最后决定采用BIM设计技术，

建筑、结构和机电各专业在三维数字信息模型上工作、交流，力争达到高质量的设计和高完成度的施工。

我们希望这是一座内在理性而外在感性的建筑，一座单元标准而组合丰富的建筑，一座既刻意装饰而讲究自然美的建筑，一座既强调文化而又些内涵的建筑。非常庆幸的是这种价值观和设计策略得到了学校方面的积极认可，方案也比较顺利地通过了审批。之后设计团队的精诚合作以及南通建总包单位的认真施

工，使建筑最终呈现出了应有的质量。稍显遗憾的是室内设计和景观设计虽然也是由我的团队提供了方案，但在校方自主的深化和实施中还是出现了一些偏差，说明在有些观念上不同的认识仍然存在，相互沟通也还存在一些不协调，真希望日后还能得到调整和完善。当然，除此以外，我更希望同学和老师们能真心喜欢和珍惜这座建筑，更期待这座建筑为校园提供的开放空间能够引发校园的活力，更愿意看到这座建筑多少诠释了一点儿图书馆的本意。

1 预留出水口
2 滴水槽
3 浅灰色铝合金窗框
4 导水铁链
5 LOW-E中空玻璃
6 筒灯
7 沿外窗第一个梁格做铝方通吊顶
8 预留100圆洞走消防喷洒水管
9 空调出风口
10 电源插座
11 VRV空调机
12 预留100圆洞走空调冷凝水管
13 木桌
14 空调进风口
15 竖向遮阳百叶
16 滴灌系统
17 落水口
18 建筑出挑部分的楼面满铺50厚挤塑板

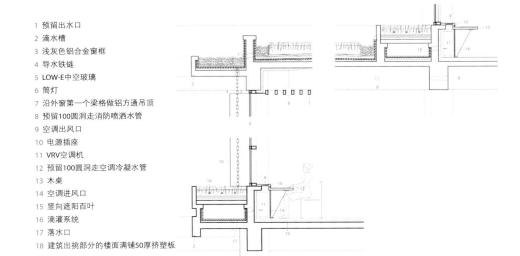

作者简介

崔愷，男，中国建筑设计院有限公司名誉院长、总建筑师，中国工程院院士，国家勘察设计大师，本土设计研究中心主任

项目名称：玉树藏族自治州行政中心	**容积率**：1.15
建设单位：玉树三江源投资建设有限公司	**设计单位**：清华大学建筑设计研究院有限公司
建设地点：青海省玉树州结古镇	**主持建筑师**：庄惟敏
建筑类型：办公、会议等	**设计团队**：庄惟敏、张维、姜魁元、龚佳振、屈张、汤涵、
设计 / 建成：2014	徐华等
总建筑面积：72 638m²	**获奖情况**：2015 年教育部优秀工程设计一等奖，玉树灾后
建筑高度：45m	重建优秀城乡规划设计特殊贡献奖

与雪域高原共生的藏式院子
玉树州行政中心建筑创作

Tibetan Courtyard Growing with the Snowy Plateau
Tibetan Courtyard Growing with the Snowy Plateau

张维 / 文　ZHANG Wei

玉树州行政中心是玉树地震灾后重建项目，设计在现代建筑技术和工艺条件下，既尊重藏区当地的风俗文化，体现当地文脉特色，同时强调行政建筑的时代特质，赋予建筑群落以场所精神，创建和自然、历史、未来可能的对话。

1. 玉树州行政中心与远处的结古寺，浑然一体
2.3. 院落是建筑群体的精神核心，将建筑与自然结合在一起。图为州委水院和州府主内院

1. 项目背景

玉树藏族自治州地处青藏高原腹地，平均海拔在 4 200m 以上，境内著名的尕朵觉悟神山为藏区四大名山之宗。玉树是长江、黄河、澜沧江的发源地，素有"三江之源"美称。玉树属于传统的康巴藏区，人口 97% 为藏族，几乎全民信教，富有浓郁的民族特色。玉树州是千年唐蕃古道上最重要的城池之一，是青藏川三省（区）交接部康巴藏区的中心城市和商贸物流中心。当年文成公主远嫁吐蕃王松赞干布走的就是唐蕃古道，据传文成公主进藏前在玉树休息时间最长，教给当地群众耕作、纺织技术深受当地群众喜爱。在勒巴沟的贝大日如来佛石窟寺（文成公主庙）建成已有 1 300 多年，是国家重点文物保护单位，也是汉藏团结的象征。

项目所在地玉树州三江源市结古镇群山环绕，北有普措达则神山，南有加吉娘神山。山谷之间的圣水扎曲河和巴曲河形成了最初城市的

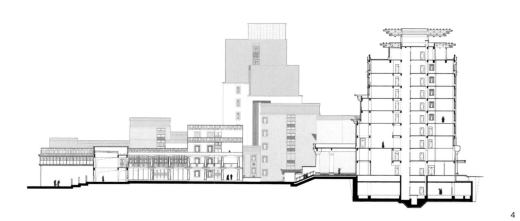

4.剖面图
5.立面图
6.基地位于中心城区的西北方向
7.劈裂砌块立面营造出藏式建筑外墙厚重粗犷的效果
8.州府东配楼内院有一种宁静和谐的氛围
9.州府主入口

"T"形结构，城市沿河水自然生长。新中国成立后结古镇又建成八一路和民主路，形成陆路交通系统的"T"形结构。"双T"结构是玉树结古镇最重要的城市骨架，"双T"交汇处中心区域建有格萨尔王广场、康巴文化艺术中心、玉树州博物馆等建筑，是新玉树的文化中心。高居山岚之上的藏传佛教寺院结古寺位于中心区域东北方向，是当地宗教和传统政治中心。玉树州级行政中心位于中心区域的西北方向，是新时期地方政权机构所在地，在城市格局上和结古寺形成空间平衡关系。

2.设计之初的建筑策划

在设计之初我们使用建筑策划的问题搜寻法，针对具体问题一一分析。诸如，藏区建筑院落主要特点是什么？什么是宗山意象？对神山圣水的敬畏和场所精神如何体现？在表达地域性的同时如何适应现代化建造？建筑的色彩问题？建筑体量与空间问题？对场址大量保留树木和保留建筑如何处理？在地震灾后重建过程中建筑师应该扮演什么样的角色？在边界条件和现场情况不断变化情况下如何应对？基于这样的系统分析，再将问题和问题应对策略一一汇总，形成前期的策划报告文件。

玉树州行政中心建设是玉树地震灾后重建

十大重点工程之一，也是玉树地震灾后重建规模最大的工程项目。玉树州行政中心有两个特质：一是借鉴藏文化传统中的宗山意象，折射出地方权力的象征、地方文化和风情；二是通过藏式院落表达当代行政建筑在内涵上的亲民特质。传统"宗山意象"与"亲民内涵"在形式表达上是有矛盾的，如何解决这种矛盾就是我们设计的要点，也是这个设计的起点。建筑整体淡雅质朴，不凸显宗教色彩，通过整体造型和空间院落表达上述两方面，含蓄中显出力度，亲切又不失威严。

3.雪域宗山

灾后重建是一个重塑城市肌理的过程，也是保留人们对城市集体记忆的方式。设计团队通过类型学研究，结合新玉树的建设需要，从整体形象上把握玉树新行政中心的建筑群体风貌。藏地建筑讲求依山就势，所有的建筑都在水平方向和垂直方向上有机生长，与高原环境融为一体，形成鲜明的地域特色。玉树州行政中心设计方案有别于内地行政中心常见的大体量、对称轴线形式，主要通过小体量建筑的层叠组合，构筑自然生长的意象，从南向北逐渐上升。由于场地内水平高差很大，部分建筑采用台地形式。设计通过层层向上的建筑群体，与北侧普措达泽神山和南侧扎曲河圣水形成微妙的互动关系。

建筑设计方案吸取了藏式"宗山"建筑的特点，从地域特征、民族历史文化中寻找建筑的原型。"宗"为旧制中西藏地方政府的行政机构，"宗"建立在山头之上，也就形成了"宗山"。这些宗山均选择占据高地，以便于观察和控制全局。宗山周围有层层叠叠的附属用房环绕，形成鲜明的层次和丰富的水平肌理。为满足玉树总体风貌要求，建筑既要与结古寺遥相呼应又不能过于突兀，经过多次分析设计将高度严格控制在45m以下。行政中心方案通过内部功能组织和建筑联系，形成具有藏式特点的空间格局，使得尺度不大的建筑群颇具气势，承托出主体建筑的庄严，体现出"宗"的意象。

4.藏式院落

藏式建筑的另一特色是多样的空间院落组合。藏式建筑依山而建气势恢宏，内部廊院依次递接疏密有致。内院的空间是最受藏民欢迎的地方之一，在光线下和诵经声中行走于廊院，尺度宜人，个体与环境间会有一种默契的交流。玉树州行政中心设计结合自然环境，通过藏式特色的建筑和围廊形成院落空间，这些院落形成建筑群体的精神核心，创造出宁静和谐的氛围。院落中的吉祥纹样由玉树当地取材的石子铺成，站在其中更加可以感受到与自然的沟通。院落空间中还

布置了一些水院，倒映出高原湛蓝的天空和雄壮的山势。为了使院落空间更加接近藏式传统空间形态，设计团队对藏式建筑中院落的开放空间和封闭空间进行了研究，从中总结提炼出适合本方案的空间尺度。另一方面，院落设计适应当地气候特点，玉树地处严寒气候，全年冷季长达7个月，围合的建筑形态也有助于建筑节能和提升使用人群的舒适度。

5.政府办公楼的亲民特质

作为新时期的政府办公建筑，在项目设计和施工过程中，设计团队30多次赴玉树藏区实地调研，并积极向藏学研究专家和当地工匠学习请教，希望在建筑细部上以亲民的姿态展示在公众面前。这种亲民性首先体现在对地域文化的尊重上，方案设计庄重祥和，强调因风土、宜人情。玉树州行政中心的开窗颇费心思，青藏高原气候寒冷，传统藏区建筑普遍为小窗和大面积的厚实墙面，这种做法有利于保温，同时产生强烈的光影效果。建筑的开窗在满足办公建筑窗地比和节能要求的基础上，通过对藏式窗格形式的提炼，并对传统装饰元素如"玻璃尕层"、"牛角窗套"等进行抽象表达，形成"新而藏"的立面表情。亲民性也体现在对建造费用的控制上，玉树州行政中心建设积极响应中央厉行节约的号召，将原

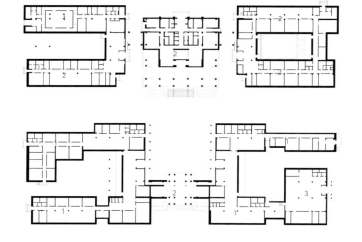

1 州档案馆
2 州府办公

10. 州委室内院子和神山、圣水、玉树融为一体，创建和自
   然、历史、未来的对话
11.州府平面图
12.州委平面图

1 各局委办用房
2 入口门廊
3 政务大厅

11

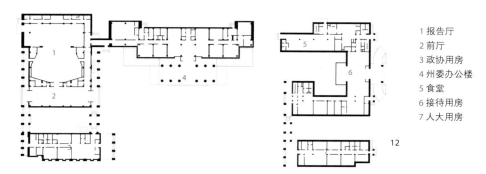

1 报告厅
2 前厅
3 政协用房
4 州委办公楼
5 食堂
6 接待用房
7 人大用房

12

外立面的大部分石材幕墙改为劈裂砌块，降低造价的同时营造出藏式建筑外墙厚重粗犷的效果。又如州府主楼上部的藏式"边玛"檐墙，原设计中是通过外装石材变化营造出多重檐口效果，在取消石材后，采用涂料拉毛处理，既有边玛草的韵味又符合当代工艺。

6.玉树相映

玉树气候严寒干燥，树木生长十分缓慢，当地每一棵大树都可以称之为"玉树"。在本项目场地中有一排林荫道，是结古镇上为数不多的高大乔木，十分珍贵。内部的小花园中有历任玉树州委书记种植的松柏，有一定的纪念意义。在方案设计之前，设计团队对这些树木的位置和冠径仔细核实，并在设计中予以保留，基地内一些散植的树木建筑也尽可能地避让，体现出对环境的尊重。方案学习了藏式园林"林卡"的造景手法，结合现有树木进行设计景观设计。设计采用自然朴实的手法，根据功能需求营造环境空间，有烘托气势的台地景观，近人尺度的庭院空间，以及举行仪式的行政广场。自然景观与庭院中的水景相结合，水静风平，玉树相映，构成一幅优美的雪域高原"林卡"图画。

7.结语

玉树地震灾后重建活动是迄今人类在高海拔的生命禁区开展的最大规模灾后重建。由于种种意料之中或意料之外的原因，这个项目也是在不断的坚持与妥协中前行。巍巍昆仑山，茫茫唐古拉，在大自然壮美面前，建筑师对神山圣水一直秉持敬畏之心。玉树地震灾后重建设计过程，也是向藏文化学习的过程。玉树州行政中心设计在现代建筑技术和工艺条件下尊重藏区当地的风俗文化，体现当地文脉特色，强调行政建筑的时代特质，赋予建筑群落以场所精神。在普措达泽山下，藏式院子和神山、圣水、玉树融为一体，创建和自然、历史、未来可能的对话。

作者简介

张维，男，清华大学建筑设计研究院有限公司咨询所所长，清华大学工学博士，亚洲建协职业实践委员会委员

城市中的抗战遗址
有关四行仓库保护及部分复原设计的访谈

Historic Site of the Aiti-Japanese War in the City
Interview on Protection and Restoration of Sihang Warehouse

唐玉恩、张竞、邹勋、刘寄珂、吴霄婧、游斯嘉 / 受访
郭晓雪 / 采访

TANG Yuen, ZHANG Jing, ZOU Xun, LIU Jike, WU Xiaojing,
YOU Sijia, （Interviewees）,GUO Xiaoxue(Interviewer)

项目名称：四行仓库修缮工程
建设单位：百联集团置业有限公司
建设地点：上海市闸北区光复路 21 号
建筑类型：局部设置抗战纪念馆，主体为创意办公
设计类别：保护修缮设计
建成 / 修缮完成：1935/2015
总建筑面积：25 550m² （修缮后）
建筑高度 / 层数：27.7m/6 层（修缮后）
设计单位：现代设计集团上海建筑设计研究院有限公司
项目团队：
项目总监：王强
设计总负责人：唐玉恩
副设总：邹勋
建筑专业：刘寄珂、邱致远、庞均薇、吴霄婧、游斯嘉、张莺、邱佳妮、邹辰卿、吕稼悦
结构专业：张坚、英明、刘桂、范沈龙、苏朝阳
机电专业：姚军、干红、陈叶青、汪海良、马立果、高笠源、徐雪芳、周海山、赵旻
节能顾问：孙斌、贾水钟、李海明

在上海市闸北区苏州河北岸，静静矗立着一栋墙体弹痕累累、满目疮痍的建筑——四行仓库，在高楼林立、人流如织的都市中，显得既醒目又特别。这里，就是1937年10月曾经发生过著名的"四行仓库保卫战"的地方，是淞沪会战重要的战场，站在它的面前，仿佛可以听到炮声隆隆，依稀可以看到硝烟弥漫。战争之惨烈、将士之英勇都被这座建筑所铭刻。在抗战胜利70周年的今天，作为纪念抗战胜利的重点工程，它的历史意义不言而喻。

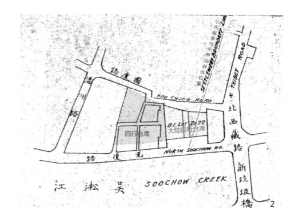

1. 四行仓库西墙，正是当年受攻击最猛烈的部位
2. 四行仓库在历史上的地理位置非常独特，从1937年的地图中就能看出，当时华界租界的分隔线贯穿大陆银行仓库
3. 沿苏州河的南墙是最能展现原仓库建筑特点的立面，是文物建筑的重点保护部位。根据现残留构件，历史图纸和照片予以保护和部分复原

每年的 8 月 13 日，对于上海而言，是何等特殊的日子！

1937 年 8 月 13 日，日寇悍然发动第二次淞沪战争，中国军队奋起抗击，从吴淞口打到罗店、宝山、大场、江湾、闸北……10 月 27 日激战在苏州河边建成才两年、坚如城堡的四行仓库，西墙上被炮弹击穿的洞口述说着此役惨烈异常……七十余年过去了，人们不会也不可能忘记这烽火岁月。

2014 年 7 月，上海院有幸承担四行仓库这一抗战遗址的保护利用复原工程设计，在集团领导、院领导支持下，我院的建筑一院与城市文化研究中心组成设计团队，在极紧迫的情况下，开展从设计到施工配合全程的工作。我们怀着敬畏之心，尊重历史、复原真实，克服难题、全力以赴。目前，工程仍在进行中。

值 2015 年 8 月 13 日上海抗战纪念日到来、四行仓库抗战纪念馆开馆之时，谨以该工程小结，向集团、上海院领导和同仁作汇报。也让它化作一心香一瓣，缅怀历史、向奋勇抗战的将士们致以敬意，不屈抗敌的民族精神永存。

——唐玉恩

1.四行仓库的历史背景

郭晓雪（以下简称"郭"）： 2015 年是抗战胜利

70 周年，四行仓库的历史意义显得尤为重要，请介绍一下四行仓库改造项目的历史背景。

邹勋： 四行仓库是 1937 年淞沪会战中著名的"四行仓库保卫战"的发生地。我们现在看到的四行仓库，实际上是由大陆银行仓库和北四行仓库（金城银行、中南银行、大陆银行、盐业银行）组成的联合仓库。当年，两个仓库比邻而建，都由当时著名的英商建筑事务所"通和洋行"所设计，东侧的大陆银行仓库建成于 1930 年，西侧的四行仓库建成于 1935 年。

四行仓库位于上海闸北区苏州河北岸，它在历史上的地理位置非常独特，地处原华界与租界的交界处，从 1937 年的地图中就能看出，当时华界租界的分割线贯穿大陆银行仓库，也正是这个独特的地理位置，成为"四行仓库保卫战"发生于此的原因，借助这一有利的地形条件，苏州河北岸的"八百壮士"奋勇抗击日寇，他们的英勇气概深深感染了苏州河南岸租界内的民众。建筑的西墙，在战争中遭受了最猛烈的攻击。对于西墙的保护和展示是整个项目中最重要的内容。

而我们本次的保护及部分复原工程实际上是包括四行仓库和大陆银行仓库在内的两个仓库。这两个仓库原先都是地上五层的建筑，1976 年加建到地上 6 层，1996 年加建

上海大陸銀行會庫
THE CONTINENTAL BANK WAREHOUSE

4. 根据历史图纸和照片恢复原南立面主入口处的退进门廊空间，形成有层次的立面节奏
5. 根据现在的使用需求，对室内进行功能布局和流线设计。按照消防规范，合理设置疏散楼梯和出入口

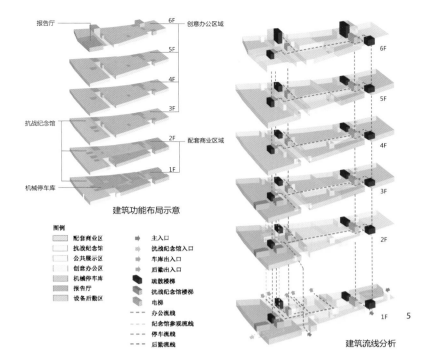

建筑功能布局示意

建筑流线分析

到 7 层，没有地下室，上部主要是钢筋混凝土无梁楼盖体系。四行仓库除了曾作为仓库使用外，后来也曾作为家具城、商业百货、办公及保龄球馆使用过，因此建筑外立面也多次粉刷过，原本仓储建筑的特点和一些艺术装饰风格（Art Deco）的立面也都已经不存在了。结合市文物局的重点保护要求，我们提出了保护设计的几个关键点：一是西墙根据现有文物留存情况进行保护修缮，对 1937 年战斗痕迹进行展示；二是根据现状情况和历史资料，对南北墙立面进行修缮和部分复原；三是保护原内部无梁楼盖的结构体系。在实际的保护设计中，我们本着贯彻真实性、整体性等原则，经过方案比选等，解决上述设计难点，最终基本达到了保护要求，也满足了新的使用功能。

2. 四行仓库的改造设计

郭：当接到这个项目时，都做了哪些方面的设计思考？

刘寄珂：我们是在 2014 年 7 月接到的这个项目，它的历史意义非常特殊，所以在接到这个项目时我也很激动。我们首先着手收集历史资料，但关于四行仓库建筑本体的资料并不多，基本都是 1937 年后关于八百壮士的报道，所以整个项目是在边设计、边收集、边调整中完成的。例如当项目进行到施工图阶段时，报纸上刊登了一则新闻：当年美国记者拍摄的老照片现身嘉德秋拍卖，里面竟然有很多四行仓库的照片。这些资料对我们来说实在太宝贵了，让原先很多得不到证实的部分都得到了印证。

而后在保护修缮过程中，我们的重点是将外立面恢复到 1937 年抗战时期的原貌。在确定了保护原则后，我们根据原始图纸及历史照片，分析了仓库在不同年代的改建与加建，并逐步进行梳理、复原。以保护文物本体为前提，在业主百联集团的支持下，拆除了后期加建的七层，退进了六层平面的三边外墙。面对苏州河，你会发现南立面上有两个立面样式，就是因为当年这里实为两个仓库，即西边的四行仓库和东边的大陆银行仓库，两个仓库紧贴着建造，在后来的使用过程中，也是打通室内两个一起使用。在本次改造中，我们根据历史资料复原了两个仓库各自的立面样式，并恢复了仓库入口的退进空间以及柱饰、门头、雨棚等立面细部。西墙现状墙体中是否还存在历史弹孔的痕迹，是影响到文物建筑真实性的最大问题，也是设计前期面临的最主要的难点。于是我们经过方案前期的探测以及选取西墙五层的室内侧进行试凿，将凿出的砖墙面与历史照片上的弹孔轮廓进行比对，终于确定了弹孔痕迹的真实性。最后，在经历了多轮的方案比选后，西墙复原方案最终确定为恢复四行仓库保卫战时的原状。

再有，四行仓库原来的中央通廊也很好地反映了 30 年代仓储类建筑的空间布局特点。所以我们把四行仓库原中央通廊部分按照历史空间布局进行了复原，拆除了后期加建的楼板，并在顶层增加了玻璃采光顶，形成一个明亮的中庭空间，中庭内设置一些连廊，既为中庭增加了亮点，同时也作为东西两侧的交通通道。

此外，四行仓库和大陆银行仓库原来的主体结构都是无梁楼盖，每层柱子上面有放大的柱帽，柱帽上置一块托板，楼板直接由托板承重，这也是仓储类建筑比较具有代表性的特征之一。所以我们在内部的设计也花了很多工夫，在保护文物建筑的前提下，设计尽量将楼梯、设备等竖向空间设置在中庭区域，以减少对无梁楼盖体系的影响。由于该结构体系现已不能满足现行的抗震要求，结构专业专门进行了验算、加固设计以提高整个建筑的抗震性能。本次同时进行了各个功能所需的设备专业设计。

3. 四行仓库的立面保护

郭：据说"西墙"是这个建筑非常独特的亮点，在设计过程中，曾做过"十多稿"，请谈一谈西墙以及其他墙体的立面设计？

游斯嘉：西墙在战争中遭受过最为密集的攻击，也是四行仓库作为文物建筑最精华、最本体的特质所在。所以在设计初期，我们首先采用了红外热成像无损勘测的方法，检测战争年代是否遗留过枪弹痕迹。然而，整座建筑在使用过程中经过多次加建，原本期待中的历史痕迹荡然无存。后来，在业主单位的支持下，我们在五层对外墙的内饰面做了剥除，发现这里为青红砖间砌，经过勘测，证明建筑原本用的是红砖，青砖则是战后为了封堵炮弹洞口时砌筑的。当看到这些修补痕迹后，我们立刻把这些痕迹与历史照片中的弹孔做了比对，结果非常吻合。最终我们得出结论：四行仓库最初以红砖砌筑，战后曾用青砖封堵炮弹洞口，后经多次粉

6. 工程完成后，四行仓库两侧设置了纪念广场，两墙作为最重要的纪念馆展品刻入每一个市民的记忆中。
7. 四行仓库原来的中央通廊很好地反映了30年代仓储类建筑的空间布局特点。所以上海院参考四行仓库原中央通廊部分历史空间布局进行了设计，拆除了后期加建的楼板，并在顶层增加了玻璃采光顶，形成了一个明亮的中庭空间，中庭内设置连廊，既为中庭增加了亮点，同时也解决东西两侧的交通连接问题。

刷，青、红砖砌筑的边界形状反映了当时墙体炮弹洞口的情况。因此，经过了十余轮方案比选，从恢复 1935 年建成时的实墙方案，到最终这个"战痕累累"的方案，我们觉得最终这个效果是对历史最为恰当的呈现。为将洞口轮廓还原出炮弹打击的感觉，我们对洞口边缘的处理做了多个加固技术方案，并与施工单位现场讨论施工可行性，以确保弹孔洞口的视觉效果。同时我们还尽量保留了西墙上的多处战斗细节，例如被炮弹炸毁的原粉刷面层裸露砖墙及受损的混凝土结构和炸弯的钢筋，经过技术处理都在外立面上原样保留，参观者在广场上可以直接看到。经过这些努力，西墙最终完成的效果是比较真实和震撼的。

但是，在施工阶段，当西墙外部的水泥抹灰剥除后，暴露出的砖块由于年代久远已经很疏松，出于安全方面的考虑，我们又在洞口四周包覆了碳纤维布、在原有砖墙后衬钢筋网片和混凝土加固层，借此把弹孔周边的轮廓固定住，这也是当时一个技术上的难题，如果不解决这个问题，势必要放弃现在这样的立面设计。好在我们都解决了。

南立面也是一个重点保护部位。我们尽量把它完全恢复到初始建成时候的状态，包括整体风貌和对细部构件的恢复，如壁柱柱头、门头、女儿墙、山花等部位的装饰。北立面因为不是重点保护部位，于是我们在修复的过程中，更多考虑的是使用需求，仓储建筑原本基本上采用的都是高窗，考虑到室内办公的需要，就把窗的高度降到了正常办公的高度上。但外立面还是尽量保证了它原有的风貌，没有影响它的整体性。

4.四行仓库的平面布局

郭："四行仓库"的改造再利用，也伴随着平面布局及功能的转变，那么它以前的布局是怎样的？这次又是如何改造的？

吴霄婧：由于建筑原本是一个仓库，空间比较大，对采光没有很高的要求。最早的平面布局

8.9. 西墙在战争中受创伤最重，也是四行仓库作为文物建筑最精华的部位。上海院保留了西墙上的多处战斗细节，例如被炮弹炸毁的原粉刷面层裸露砖墙及受损的混凝土结构和炸弯的钢筋，在后侧经过技术加固以保证原样展示的同时又是安全可靠的。

是四行仓库和大陆银行仓库的中央各有一条南北向的通廊，再加上两个仓库之间的分隔墙，总体是把平面分成了从东到西四段。在交通流线上，主要通过中央通廊来组织，这四段的大空间都是用来做仓库的。其中，四行仓库部分有四个独立仓储的区域，大陆银行仓库部分有三个独立仓储的区域。该仓库体现了大进深仓储空间的平面布局特点。

然而，当仓库向纪念馆、办公、商业等功能转变时，首先要解决的就是人的流线以及采光问题。因此我们将两个仓库原本南北向的通廊变成两个中庭公共空间，然后二至六层在东西向做了一条串联两个中庭的通廊。因为它是一个公共建筑，南北向的进深也比较大，东西向通廊可以组织流线，同时照顾两侧大办公空间的采光需求。

紧邻极具纪念意义的西墙，在一至三层的西侧设置"抗战纪念馆"，其中一至二层作为常设展馆，三层为临时展馆和办公用房。中部、东部的空间为办公、商业及其他辅助功能。其

中，一层的主要布局难点在于既要安置一个具有独立流线的纪念馆，也要布置配套商业和辅助设备空间；在建筑内部设置适量停车；在东部临近道路的南北面对外布置商业；原大陆银行仓库部分柱距较小，车库设置于四行仓库一层的北部，并做双层机械停车以提高利用率；另外，还利用了原局部板筏基础至地坪的少量地下空间作为对空间要求较低的泵房，最终解决了一层的布局难题。四至六层主要为内廊式办公区域，新增的竖向交通与辅助设备用房整合，并且尽可能设置在中部梁板结构区域，尽量减小对原有无梁楼盖结构体系的破坏。

5.四行仓库的建设单位

郭：作为四行仓库的业主，请您谈一谈对这个项目的看法？

张竞：为了纪念抗战胜利 70 周年，中共上海市委决定修建四行仓库抗战纪念场馆，百联集团作为四行仓库的产权单位，作为市属国有大型企业，义不容辞地承担起了四行仓库整体建

筑的修缮改造工程。从 2014 年 7 月起，短短 13 个月，先后完成了两百多家租户动迁、方案设计与审批、招投标等工程前期手续办理、施工建设等各项工作，成功确保了今年 8 月 13 日抗战纪念馆的顺利开馆。可以说这样一个政治性强、时间紧、技术要求高的任务，对设计团队来说也是场考验。上海院作为国内一流综合性建筑设计单位，在与他们的合作中，我们充分感受到设计团队高度的政治意识、责任意识，他们讲奉献、讲规范、讲效率、讲协作，十分高效、专业地完成了各项设计工作。还根据项目不同的特点、需求，进行科学规划、合理布局，最终的效果获得了包括市委宣传部、市文物局、闸北区以及我们百联集团在内等各个方面的认可。特别令人感动的是唐玉恩大师和文物局几位专家，他们年逾七旬，依然数次登上脚手架，层层查看施工方案，及时提出完善意见。可以说这个项目是凝聚了多方的智慧和努力后的成果。

作者简介

唐玉恩，女，现代设计集团上海建筑设计研究院有限公司 总建筑师，四行仓库项目设计总负责人

张竞，男，百联集团置业有限公司总经理

邹勋，男，现代设计集团上海建筑设计研究院有限公司，城市文化中心主任，项目副总负责人

刘寄珂，男，现代设计集团上海建筑设计研究院有限公司 建筑专业负责人

吴霄婧，女，现代设计集团上海建筑设计研究院有限公司 建筑师

游斯嘉，女，现代设计集团上海建筑设计研究院有限公司 建筑师

郭晓雪，女，现代设计集团市场营销部 责任编辑

项目名称：惠南镇新市镇 17-11-05、17-11-08 地块 23 号楼
适老样板房
建设地点：上海市惠南镇新市镇
建筑类型：居住建筑
设计 / 建成：2015
设计单位：上海现代建筑设计（集团）有限公司、上海现
代建筑装饰环境设计研究院有限公司
项目团队：张桦、贺芳、高文艳、**苏海涛、戴单**、竺宏峰

老有所依，老有所养
挑战未来"适老"改造的新住宅

Design for the Elders
New Housing Challenging elderly-oriented Transformation in Future

张桦，高文艳，戴单，苏海涛 / 文　ZHANG Hua, GAO Wenyan, DAI Dan, SU Haitao

万华城23号楼是一个示范住宅项目，作为未来"适老"改造住宅的一次有益尝试，项目结合工业化建筑试点从户型设计、室内装修、家具配饰及设备选用上，均充分考虑了老年人生理和心理需求，确保老人入住之后生活安全、便利、舒适，满足人性化的需求，对现有的住宅设计进行了一次全新的挑战。同时，希望通过改变户型格局和细部设计，来更好地满足不同阶段老人的多样性使用需求。这对于提高上海老年住宅设计品质、延长老年人自理时间、研究全生命周期的适老住宅等方面均有着积极和现实的意义。

上海是中国第一个进入老龄化社会的城市，也是中国老龄化程度最高的城市之一。至 2014 年底，60 周岁及以上户籍老年人口（413.98 万）占户籍人口（1 438.69 万）的 28.8%，而且上海老龄人口呈现老龄化、高龄化、空巢化、少子化的特征。与此同时，外来常住老年人口也在逐年递增，上海人口老龄化的问题将日益突出。上海作为中国最早的老龄化城市理应为中国解决老龄化问题作出应有贡献。

中国老年人不愿离开自己长期熟悉的家庭和社区环境，居家养老让老人居住在熟悉的社区，更加有归属感，同时也能减轻机构养老服务的压力，有效节约社会资源。

1.作为示范住宅的一栋楼

万华城 23 号楼（位于惠南镇新市镇 17-

11-05、17-11-08 地块）是现代建筑设计集团和宝业集团用工业化方式建造和进行内部装修的第一个示范住宅项目。它作为全生命周期工业化装配式住宅，采用叠合板式混凝土剪力墙结构体系，除去建筑外墙和水电设备管道井外，其余墙体都可以任意布置，为建筑功能布局预留了充足的变化空间，这为"适老"建筑改造创造了重要的条件。"适老"首先需要确保卫生间和厨房间的功能改造，包括空间的扩展、设施布局的调整。其次是要确保空间的顺畅。作为居家养老住宅的一次有益尝试，项目从户型设计、室内装修、家具配饰及设备选用上，充分考虑了老年人生理和心理需求，确保老人入住之后生活安全、便利、舒适，满足人性化的需求，同时，希望通过改变户型格局和细部设计，来更好地满足不同阶段老人的使用

1.2. 万华城23号楼作为全生命周期工业化式装配式住宅，采用叠合板式混凝土剪力墙结构体系，除去建筑外墙和水电设备管道井外，其余墙体都可以任意划分

3.4. B户型介助介护式适老住宅，在整体格局中，提出了"南向居家起居室"的概念，将厨房与餐厅、客厅合为一体，朝南布置，与主卧室连通，视觉沟通无障碍，这样老伴或看护人员与长期卧床老人在日常交流、看护陪伴方面都更为便利，减少了卧床老人的寂寞感

需求。这对于提高上海老年住宅设计品质、延长老年人自理时间、研究全生命周期的适老住宅等方面均有着积极和现实的意义。

实现居家养老需要以适老化的居住环境为基础，老年人由于机能衰退产生通行障碍、使用障碍、信息交流障碍等，针对老年人对空间及设施的使用需求，通过安全性、舒适性、便捷性设计，以智能化作为支持，建立基于全生命周期的可变房型设计是居家养老适老化设计的核心：首先是安全性，老年人生理功能逐步退化，肢体灵活度降低、肌肉力量下降、骨骼变脆易骨折等容易造成老年人绊倒、滑到、撞伤等居家突发情况，通过有效解决高差问题，建立防滑、防撞、防跌落、扶助系统及安全智能监控系统，达到安全的要求，避免老年人发生意外，避免老年人由于摔倒、撞伤等意外事故而被迫缩短自理时间

情况的发生；其次是便捷性，老年人行动迟缓，腿脚不灵便，在流线设计、功能使用及细部设计中应充分考虑老年人的需求，克服由于老年人机能衰退引起的住宅使用不便，达到使用方便、快捷的目的；第三是舒适性，适应老年人身体机能的下降，为老年人提供一个具有充足的日照、良好的通风、新鲜的空气、安静的环境、适宜的温度与湿度的居住空间；第四是可变性与适应性，通过大开间可变房型设计灵活调整居室、卫生间、厨房的空间位置或尺寸，灵活调整或增加储藏面积等手段适应老年家庭结构、老年人与子女家庭空间以及老年人自理能力的变化，满足不同年龄段的老年人对住宅居室空间的不同需求。居住者可在全生命周期中，不离开原有住宅社区，通过部分或全部的改造持续使用，实现居家养老的愿望。

5

6

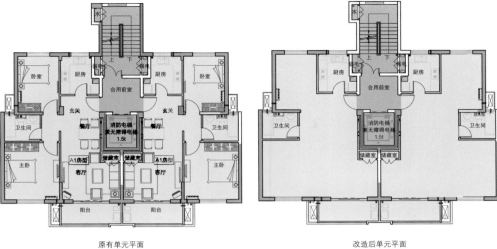

原有单元平面　　　　　　　　　　改造后单元平面

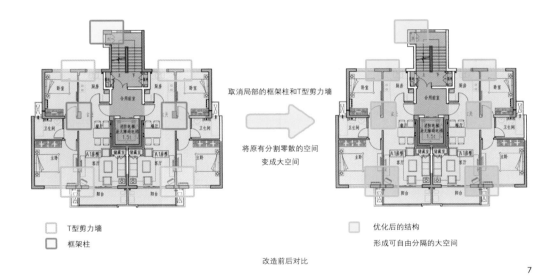

□ T型剪力墙　　　　　　　　　取消局部的框架柱和T型剪力墙
▢ 框架柱

将原有分割零散的空间
变成大空间

▢ 优化后的结构

形成可自由分隔的大空间

改造前后对比

7

5. 6. A户型装修风格采用简约中式，设计上提取古典中式元素，用现代手法做简化处理，加上时尚的床品和花艺的点缀，营造出富有东方韵味的静怡空间
7. 基于全生命周期的可变房型设计特点
8. 左侧为A户型，右侧为B户型

8

2.适应老人不同需求的两套户型

　　23号楼的适老样板房设定为两套户型，适应不同年龄阶段的老人日常需求。A套为自理式适老住宅，主要针对日常生活行为完全自理、不依赖他人照护的老人。B套为介助介护式适老住宅，主要针对生理机能衰退、行动迟缓，但有一定行动能力的介助老人或者是基本丧失自主行动能力的介护老人。

　　从健康老人到介助老人，再到介护老人，反映了老年人逐渐衰退的生理机能所对应的不同阶段，需要在室内设计中有针对性地提供不同的空间、设施来应对。如何在一套住宅户型内进行户型空间的变化，通过局部的设计修改，而不需要再次更换住所，就能满足老人全生命周期内的生活需求，这两套样板房的设计对解答这一难题进行了尝试。

1）A户型（自理式适老住宅）

　　A户型设计整体类似普通住宅的两室两厅格局，在局部增加一些适老化设计。比如，客厅墙面上设置的观察窗可方便家人随时观察老人在卧室的活动情况，当有紧急情况发生时，可第一时间察觉；卫生间外墙设置的镜面玻璃，方便在客厅沙发上就座的老人不用起身就可通过反射看清入户门方向的动静；厨房和卫生间采用移门，宽度预留轮椅通行间距；所有移门边上都设计固定拉手，方便老人开门时借力；装修风格采用简约中式，设计上提取古典中式元素，用现代手法做简化处理，加上时尚的床品和花艺的点缀，营造出富有东方韵味的静怡空间。

2）B户型（介助介护式适老住宅）

　　B户型设计具有很大的创新性，体现了居家养老的发展方向。首先，在整体格局中，提出了"南向居家起居室"的概念，将厨房与餐厅、客厅合为一体，朝南布置，与主卧室连通，视觉沟通无障碍，这样老伴或看护人员与长期卧床老人在日常交流、看护陪伴方面都更为便利，减少了卧床老人的寂寞感。其次，卫生间尺度

9

10

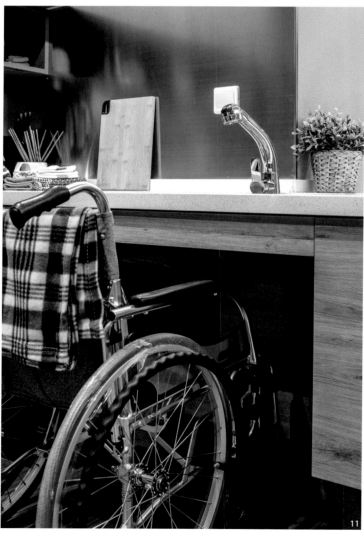

11

12

9. 室内地坪无高差，房门宽度加大，介助、介护老人户型的房门都采用移门
10. 卧室、客厅、卫生间均设置自动小夜灯；家具选用圆角，均选用高度、硬度适合老人的沙发和床等
11. 厨房洗碗槽下方也留出空间方便轮椅嵌入
12. 在最易发生危险的卫生间采用了防滑地砖，设置安全扶手；卧室、客餐厅、卫生间、厨房、阳台均设置报警拉绳按钮
13. 客厅墙面上设置的**观察窗**可方便家人**随时观察**老人在卧室的活动情况，**当有紧急**情况发生时，**可第一时间察觉**

较大，且与卧室、起居室形成回游动线，方便介助、介护老人的使用。可升降的厨房也是此户型的一大亮点，厨房不仅光线明亮，台面还可以根据需求调节高度，让轮椅老人也能在厨房完成一桌美餐。最后，设计者在卧室内还预留了夜间陪护的空间，通过很小的改动，在特殊时期就可以进行 24 小时的陪护。装修风格现代时尚，在设计中充分考虑其功能性，整体设计采用化繁为简的手法，材质以木、棉、麻为主，通过材质的自然属性，给人一种回归自然、舒适放松的温馨之感。

3.周到的细节

　　两套户型内，为了让老人使用更安全、更舒适、更便利，在许多细节方面都进行了特殊的设计。例如，入户门处设置小型搁板和挂钩，玄关处设计站立扶手和换鞋凳，室内地坪无高差，房门宽度加大，介助、介护老人户型的房门都采用移门，增加竖向扶手，降低开关高度，提高插座面板，墙面阳角采用圆弧形等。在最易发生危险的卫生间采用了防滑地砖，设置安全扶手，台盆下方也留出空间方便轮椅嵌入。再如，卧室、客厅、卫生间均设置自动小夜灯；在客厅、卧室安装照明一体化吊扇；客厅、卧室灯具采用双控开关，避免来回走动造成的潜在风险；提高室内空间的整体照度，设备均选用大字体；家具选用圆角，均选用高度、硬度适合老人的沙发和床等。在智能化方面，入户

门采用智能门锁，带开关门报警装置和自动上锁设计；卧室、客餐厅、卫生间、厨房、阳台均设置报警拉绳按钮；室内设有红外线探测器，可发送老人不活动情况的报警信号；还有一些设备可以提供床垫感应、跌倒感应、烟雾感应、燃煤气泄漏感应等进行报警。这套完备的系统在方便使用的同时还可以起到实时安全监控的目的。

　　这些细部设计可以防止老人发生跌倒、碰撞、中毒等意外伤害，实现通行无障碍、操作无障碍及信息感知无障碍，延长老年人的自理时间。同时，在老人发生意外时，也可以及时报警和呼救，寻求迅速的救治。

4.结语

　　通过合理的设计，使新建住宅平面不仅能够满足社会多样性的需求，更应该留有"适老性"未来改造的可能性，满足业已到来的老龄社会的变迁需求，提高住宅的社会价值和经济价值。希望这次的尝试和探索能唤起当今社会，特别是政府、开发商和建筑师对老龄社会的关注，对老龄事业的参与。

作者简介

张桦，男，上海现代建筑设计（集团）有限公司总裁

高文艳，女，上海现代建筑设计（集团）有限公司建筑科创中心副主任，创作研究中心主任

戴单，女，上海现代建筑设计（集团）有限公司设计中心，高级工程师

苏海涛，男，上海现代建筑装饰环境设计研究院有限公司，工程师

"当世博会结束之后，世博园区能直接
与城市融合在一起。这正是 2010 年
世博会与以往其他世博会最大的不同
之处。"

董艺（采访），郭晓雪（整理）
DONG Yi(Interviewer), GUO Xiaoxue(Editor)

2

1.沈迪肖像
2.梅赛德斯–奔驰文化中心

与城市完美结合的上海世博

上海世博会总建筑师沈迪访谈

Perfect Integration of Shanghai Expo and the City
Interview with SHEN Di, Chief Architect of Shanghai World Expo

1.回望上海世博

H+A：作为上海世博会的总建筑师、副总规划师，能简单回顾一下您在 2010 年上海世博期间参与的工作情况吗？

沈迪（以下简称"沈"）：我参与"世博园"的建设不仅仅是一个设计者，同时也是一个建设者。而且，我的工作不是靠我一个人，而是一个团队。为了有效地推进世博园区的建设，世博局在组织构建上采取了相应的措施，专门成立了总建筑师办公室，通过这样一个组织构架来推动场馆和配套设施的建设工作。所以，无论是规划落地还是单个场馆的建设，世博局总建筑师办公室全方位、高投入度地参与其中，在标准制订、技术把控、总体协协调等方面发挥作用。

H+A：您如何看待 2010 年上海世博会？与以往世博会相比有什么特色？

沈：2010 年世博会的不同之处非常明显。以往的世博会都是围绕主题来谈世博，而 2010 年上海世博会，它不仅围绕着主题，同时还与上海的城市发展完全结合在一起，这是最大的不同之处。首先体现在世博园区外，整个上海市为了世博会的成功举办，在市政建设、环境建

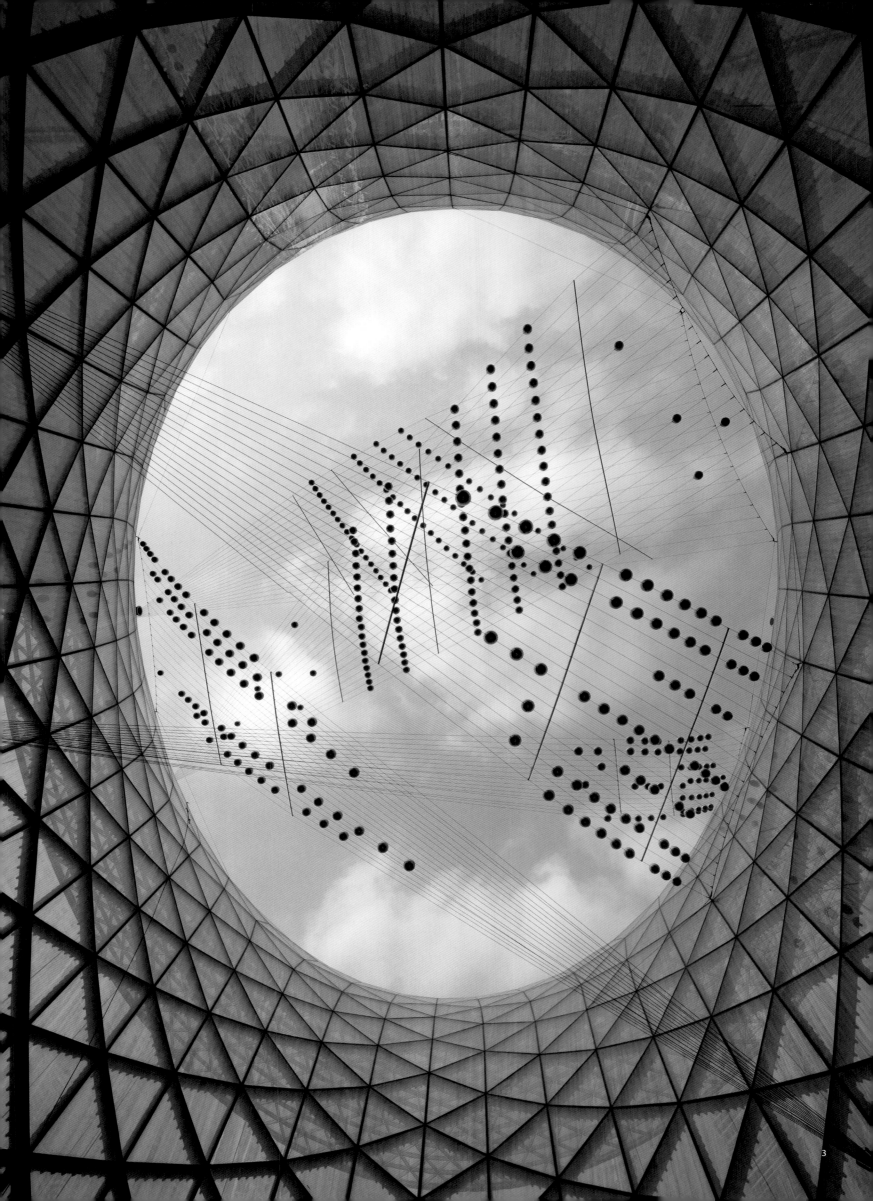

3.世博轴
4.世博会浦东片区沿江景观

设方面都花了巨大的财力和物力,使上海在环境面貌、道路交通等方面有了很大改善和提高,城市在旅游设施、酒店、商业等也有大幅度的发展。就世博园区而言,它的规划和建设都是将它作为今后城市一个有机的组成部分来考虑的。为世博会举办建立的配套服务设施,也是作为城市今后的发展和建设的基础或配套设施来设计和建设的。当世博会结束之后,世博园区能直接与城市融合在一起。这正是 2010 年世博会与以往其他世博会最大的不同之处。

H+A:现在让您回望 2010 上海世博会,您觉得当时最大的挑战是什么?

沈:我觉得当时面临的挑战主要来自两方面:第一个挑战是理念的演绎与实践,就是如何通过园区规划、世博会的场馆设施建设,把"城市,让生活更美好"这样的理念充分地体现出来;第二个挑战是时间,因为 2010 年世博会是有史以来建设规模最大的一次,在这么短的时间内把如此大面积的建筑高标准地完成,是非常难的事情。

2.世博后续利用

H+A:目前,世博会后续利用在上海整体发展背景下,是如何定位的?

沈:根据世博园区后续发展规划,园区在后世博发展中,在上海城市发展战略的指导下,作为上海以世界级城市发展为目标的核心功能区,一方面促进上海产业结构的调整,发展现代服务业;另一方面加强上海的城市竞争力和城市活力。在功能定位上,它包括文化博览区、城市最佳实践区、国际社区、会展及商务区、后滩拓展区及滨江休闲景观带,即"五区一带",来吸引最高端的服务企业,全球最具实力的企业总部,成为国际交流和文化产业培育基地和上海高端精品会展最佳场所,从而有效补充上海作为国际大都市在"四个中心"建设中还缺失的功能。

H+A:请具体谈谈其开发改造策略是什么?

沈:世博会后续的改造策略,主要有三块。一块是针对当时作为永久性建筑的改造,就是如何把它在世博会期间的配套功能,转换成后世博永久性建筑的功能,比如一轴四馆。这类改造中有一个比较好的前提条件,就是当时在作为永久性场馆设计时,就已经考虑到了后世博的利用,所以无论是建筑空间、结构还是机电设施方面都对后续利用做过预留,这些考虑就为今天的改造打下了良好的基础。尤其是世博中心和世博文化中心,后来改造为国际会议中心和梅赛德斯-奔驰文化中心,它等于是把整个功能完美地移植到后期使用,并没有经过大的改造。另外,像中国馆改造成的中华艺术宫,虽然在功能上有很大的转换,但是大的结构体系并没有发生变化,主要是结合新的功能在建筑装修方面进行一些改造。

第二块是临时建筑的保留,比如对法国馆、意大利馆、沙特馆及城市最佳实践区中大部分保留下来的展馆进行利用,这也属于改造范畴。在这类改造利用中,充分关注原有的建筑特征,把原来的设施尽可能地加以利用,使原有建筑和新功能完美结合。这些改造也是本着节约、可持续发展的理念在做。其实,这两类改造的

5.瑞士馆
6.开幕式大屏幕搭建
7.世博轴

量是很大的，按规划约有 102 万 m² 的世博保留建筑得到改造。改造策略主要是这两大块。

第三块就不是改造的概念了，而是在原来的基地上进行的再开发，比如目前正在进行的 A 片区和 B 片区的开发建设。而这些新的开发建设策略都充分体现了后期开发与原来世博园区建设密切相关的特点。在当时世博园区建设中，我们就有一种考虑叫"地下做硬"，就是园区地下的所有市政配套设施在设计和建造过程中都已经考虑到后世博的发展需要。所以严格意义上来说，在后世博的开发当中，道路没有重新建设，甚至路面底下的一些市政管线也没有重新铺设，都是充分利用原来世博建设中就已完成的这些设施和管线。

3.生态世博

H+A：在您的演讲中，曾提到"生态世博"，能具体谈谈吗？

沈：世博会在实现"生态世博"方面，主要有两个层面的意思。一是规划层面。世博园区基地原先是一个包括冶炼、造船、化工等产业的重工业区，整个环境被污染比较严重，所以从规划层面上来说，如何进行环境修复的问题是首先需要考虑的。当时主要采取生态性手段来修复，如土壤的置换和生物吸附及降解处理，降低重金属等污染物的含量。同时，在规划当中，我们还在绿地的配置、园区绿色交通的设计和能源站的布局等方面，考虑了"生态世博"这样一个理念来具体体现。

第二是建筑层面。"生态世博"既包括被动式生态建筑的设计，也包括很多主动式的技术应用，尤其是高新技术、高新的建筑材料及节能环保方面技术的实际应用。今天上海无论在公共建筑还是在住宅建筑中都积极应用生态绿色技术，可见世博的推动作用是十分显著的。

H+A：那么在后世博的开发利用中，是否也延续了这一理念，具体体现在哪里？

沈：目前，后世博的 A 片区和 B 片区的规划、建筑设计中都充分体现了生态环保的理念。比如整个 A 片区当中，规划了一个"绿谷"，这个"绿谷"把人、绿化、环境以及服务设施有机地结合起来，成为一个人和自然环境能够很好融合的公共活动场所。再比如在 B 片区，通过地下空间的整体开发，使土地的节约使用得到了充分的体现，这些都是绿色生态方面的具体实践。

H+A：沪上生态家目前已华丽变身成现代设计集团科创中心的办公楼，其本身也是一个最佳的生态绿色改造项目，能简单谈谈创作理念吗？

沈：沪上生态家是一个既有建筑改造项目，从设计理念上说，在改造中首先还是把原有的建筑特征，尤其是空间上的性格特征保留下来，并且把它融合在新的功能当中。同时，把可持续发展方面的一些理念加以延续和完善。而我们通过这样的实践，感受到这种理念的实践并不需要很高的技术和技巧，关键在于实际行动。比如中庭，就把原来观赏性的中庭改造成供员工进行学术交流、开展活动、午休的场所。并

7

且在这个空间中，"风笼"这样的建筑特征也被部分地保留下来，再结合新功能的需求，使得这个空间既有原来建筑的性格，又与现在的功能有机地结合了起来。

另一方面，我们把"绿色"的概念也引入这个空间中，不仅把绿色植物引进来，在这个空间的构成中，还充分利用了一些原来的建筑材料、建筑设施，比如中庭周边的玻璃围栏基本上都是利用原来引导参观流线的玻璃栏板。另外，在施工当中，我们对吊顶材料、家具、灯具以及光伏、太阳能、雨水收集等设备采取了保护性的拆除方法，对拆除物件进行编号、修复，再应用到新的设计图纸当中。原先的这些材料和设备使用寿命得到了延续，这也是贯彻绿色可持续发展理念的具体表现。

H+A：主动技术这块请简要谈一谈吧。

沈：在沪上生态家当中我们利用原有的设备，将一些主动的节能环保设施和再生能源装置保留下来，结合新平面重新布局，比如在屋面改造中，利用原有的屋架重新布局太阳能发电、太阳能热水等装置，同时利用庭院空间进行雨水收集，使得整个大楼的绿化浇灌和厕所冲洗用水都可以利用雨水来提供，使原来的设备设施继续发挥作用，有效地节省了资源。

H+A：沪上生态家所处位置是原来的最佳城市实践区，您觉得在这个区域里沪上生态家是一个怎么样的姿态？

沈：沪上生态家坐落于原世博园的最佳城市实践区，世博会后，它被打造成上海的一个具有

典型意义的和谐绿色社区，在这里工作和生活相融合，到处是开放的公共活动场地和绿化，没有机动车干扰。在此，办公人员和周边小区居民共享着阳光和绿色。沪上生态家在这样的环境中，当然要与此相匹配，建筑以花桥、多层次水庭、水院与周边环境相衔接，使沪上生态家不但融入其中，而且成为提升社区环境的积极元素。

4.世博人生

H+A：目前，您关心的话题是什么？

沈：还是建筑设计本身吧，因为建筑设计是一个非常大的课题，也是一门大学问。做得越多，越觉得心里没底，越觉得难。所以要学的东西，要掌握的东西越来越多，尤其是建筑设计既牵涉到建筑层面，也牵涉到文化层面，甚至越来越多地牵涉到历史和哲学层面，这些层面我也是比较有兴趣去了解和学习的。

H+A：那您现在做建筑设计的时候，会特别关注什么问题？

沈：关注点还是挺多的。尤其是通过世博以后，经历过业主角色的扮演，我现在非常能理解开发商的一些想法，所以在我做设计的时候，会考虑到他们的一些诉求，再从我自己的设计中去反映这些诉求；第二，就是文化，因为建筑设计本身与文化设计相关，如何在建筑设计当中体现文化性是非常难的，因为"文化"不等同于"符号"，如何从建筑、空间内涵上去体现，也是我所关心的；第三，我觉得目前大家谈得比较多的是"绿色生态"，这的确是一个发展方向，也是建筑设计当中需要密切关注的方向，这方面也是我关注的重点。

H+A：您认为现代设计集团在绿色建筑领域扮演了一个怎样的角色？

沈：就我个人认识而言，集团毫无疑问在绿色建筑设计当中应起到一个引领者的作用，因为很多的技术、设计运用需要我们这样一个在行业当中处于先导作用的单位来带头。这样对设计、对行业都能产生重大的影响。

注：图2~图6由邵峰拍摄

作者简介

董艺，女，建筑学博士，现代设计集团市场营销部主管，《华建筑》主编助理

郭晓雪，女，现代设计集团市场营销部 责任编辑

吴志强教授作为城市规划领域的国内外知名专家，长期坚守在城市规划实践和教研一线通过重大规划工程实践，积极探索和扎实推进城市规划理性发展的理论与方法，并将这些成果广泛运用于城市规划和建设实践中

吴志强

同济大学副校长

瑞典皇家工程科学院外籍院士

2010 上海世博会园区总规划师

全球规划教育联合会联席主席、联合国科教文组织 - 国际建筑师协会建筑教育委员会终身委员、中国城市规划学会副理事长、中国建筑节能协会副会长、中国绿色建筑与节能专业委员会副主任委员

代表作品

2010 上海世博会总体规划

2014 青岛世界园艺博览会园区总体规划

都江堰市灾后重建总体规划 2008-2020

中国 2010 年上海世博会规划区详细规划

武汉东湖宾馆更新规划设计

沈阳城市发展战略规划

董艺/采访，杨聪婷/整理
Interviewer: DONG Yi, Editor: YANG Congting

1.吴志强肖像
2.治理后的黄浦江成为市民休息的场所

两个二十年：规划魔术师的世博人生
2010 上海世博会园区总规划师吴志强专访

Two Stages of Twenty Years: Expo Life of Planning Magician
Interview with WU Zhiqiang, Chief Planner of 2010 Shanghai EXPO

　　一转眼，上海世博会已经过去五年。但对于上海世博会的总规划师吴志强来说，这却是一个新的开始。"大家看世博的时候很兴奋的时候，我一点不兴奋，因为我觉得后面才让大家兴奋，后面才是我真正的目标"，吴志强对记者说。实际上早在 1984 年，吴志强就已经开始搜集历届世博会的资料，一直持续到 2004 年被任命为上海世博会总规划师为止。在他看来，世博会仅仅是城市发展中一个短暂的片段，世博之后才是最精彩的，他把眼光直接瞄准到 2030 年——这个戏法从世博会结束那天开始，正在一个一个变出来。

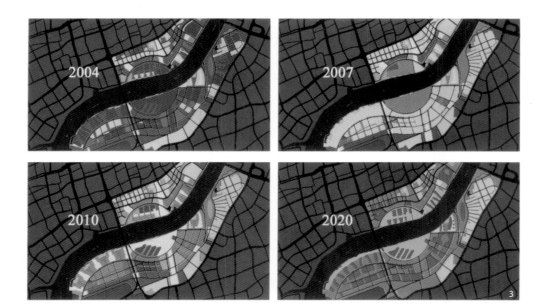

3.世博园区土地空间开发时序
4.2009年8月，吴志强教授在园区后滩湿地查看植被生长情况
5.吴志强教授在世博浦西船坞施工现场

1."后"世博的"前"思考

H+A：在上海城市发展的大背景下，世博园区后续利用的规划定位是什么？

吴：实际上世博后的思考在世博之前就已经做得比较系统，这是上海世博会和历届世博会相比有很大突破的一点。这次上海世博会的规划，不是从2010年开始做的，而是从2020年、2030年开始做的。我们把它放在整个上海的城市发展中来考量，按照城市发展的规律，未来上海起码缺少100个项目。所以我们当时围绕这块场地的定位定了二条线索。

H+A：哪二条线索，能否具体谈谈？

吴：第一条线索就是2030年上海城市发展的定位。

首先，2030年的上海应该是一个国际化的大都市。所以那时的上海应该是整个亚洲开会最密集的地方，应该有一个国际级的会展中心。我们当时算了一下世界顶级的城市中国际级会展中心的面积都应该在60万 m^2 左右，当时上海零零散散加起来有40万 m^2，就缺20万 m^2，那这样20万 m^2 的展览会议的面积就定了下来。就是说假如把这些做完，上海就具备了国际顶级会展城市的条件。

另外，作为一个东西方文化交流的大都会，一定要有一个青年人的时尚流行音乐能够推动的中心，不能只有大歌剧院或者体育馆里的大舞台（上海一直没有流行音乐的专用会场）。那么这个项目也列上去了。除此之外，要成为世界顶级的城市，未来上海起码要有150个领事馆。2004年在上海的领事馆才45个，而美国是150个，所以起码要增加100个。那么在世博园区的规划中这100个领事馆的面积也要留好。

其次，2030年的上海还应该是一个创意城市，一定要有一块特别密集的文化、时尚、创新、创意的聚集地，大家能够在这里讨论创新设计产业。假如是用老厂房做就特别好，打造成未来的创新产业区。

再次，2030年的上海还是保留中国文化的种子库。上海作为一个殖民城市，光鲜的东西都是吸纳西方文化的东西，一直缺少一个中国文化的博物馆。所以我们需要有一个中华文化的基因库，让中华文化作为我们创新的根基。

最后，2030年的上海还是国际大都会的一个创新、创意、国际交往的中心，因此我们还需要一个全新的交通枢纽。未来城市建设的最高水平就体现在交通枢纽连接方式上，走多少路就减多少分，不需走路全部串通就是世界第一。于是我们就做了一个小枢纽的实验，希望能够将生活和交通连接在一起。

H+A：所以其实就是把上海未来所需要的功能转译到世博会？

吴：对的。首先，国际会议中心转译成世博中心，用于世博期间的新闻会议。但是里面全部是按照国际会议的会场来布的，从1 000人、500人会议厅到小型会议室，达到亚洲顶级的会议中心标准。

世博中心的对面就是20万 m^2 的世博主题馆，这就是使上海能够达到世界顶级会展城市的展览面积（含中国馆）。世博中心和主题馆之间我们留了一个五星级宾馆、一个三星级宾馆。其实这下面是连通的，在世博会期间叫餐饮服务广场。实际上就是会、住、展一体化的亚洲第一好的会展中心（convention center）。

我们刚才说到的预留给100个官邸的领事馆的场地，就是世博期间一万个老外在这里工作、居住、管理的地方。再比如，最佳实践区就是预留给未来的创新产业区。谁都以为这些名字是给世博会起的，但都不知道这些设施实际上是给上海用的，世博会只是未来的一个过渡。

中国文化的基因库其实就放到了中国馆，这个馆的目标从第一天开始，就是希望上海有一个中华文化的基因库，让中华文化作为我们创新的根基。而那个小的交通枢纽实验，就是世博轴。

轨道交通连接两个站点，然后是自行车和公交，再下面是购物和餐饮。

所以 2010 年上海世博会的规划实际上是从上海大都会最缺省的功能出发，是为了 2030 年的上海做的。所以大家看世博的时候很兴奋，我却一点不兴奋，因为我觉得后面才让大家兴奋，后面才是我真正的目标。这个戏法从世博会结束那天开始，现在一个一个被搬出来，一个一个开始实现。第一条线索就是对上海 2030 的两点最基本的定位，即通过城市的转型驱动，带动上海的国际化和创新力。

H+A：那第二条线索呢？

吴：第二条线索就是围绕城市主题展开，我们当时讨论上海世博会要做什么；未来做什么；还有城市未来是什么。当很多人都为改革开放 30 年来的建设成就在欢呼的时候，我们却比较冷静。因为在我们看来，中国城市建设还处于一个很粗放的阶段，必须要转型。那么转哪些方面呢？

第一，生态化转型。当时的后滩真的是百年污水横流，所以我们希望进行生态化的尝试，把这个做成给中国城市建设的一个案例——当大家还都在追求光鲜的时候，能够意识到生态环境的改善可以比我们表面的光鲜更加重要。治理黄浦江的污水对整个城市建设的贡献是巨大的。

第二，历史文化遗产的保护。在城市建设中，有大量的建筑需要转型，这其中就有老工厂。曾经看见旧工厂就炸，看见旧工厂就拆，再把土地拿来卖楼盘。世博会后这种观念彻底改变了。现在总有市长给我打电话特别兴奋地说："我们城市也发现老工厂了。"过去废弃的旧工厂变成宝贝了，这在以前是不可思议的，说明大家对历史遗产和当代遗产的观念发生了转变。

第三，精明化建设。当时我们做的整个世博会园区的路网规划，没有人觉得特别美，但是今天世博会结束之后，大家就觉得特别美。因为这片路网规划成为城市线路的一个交界点，这里没有一条路是重修的，包括所有的管道、管线，甚至连路牌都是当时的路牌，这在历届世博会上都是少有的，很多世博会园区都是自成一体，和城市的路网没有关系。世博会结束以后，路网需要重新翻盘。在我看来，这是上海世博会对城市巨大的贡献，也是对过去大拆大建的城市建设的一种教育。

H+A：这也纠正了我们过去城市建设的三大错误。其实这是对以往建设的反思，也是未来城市建设的方向。

吴：我们把世博园区规划视为中国城市建设未来的一个实验示范地，即未来城市建设的实验、最新技术的实验和最新理念的实验。这三点不光超越了上海目前的城市建设，同时也得到了国际上的认可。这也是我在德国十年，再回来看中国的城市建设时，首先想到的事情：快速的城市建设背后是存在着一些问题的。

所以我们世博会的规划图是倒推过来的。2030 年世博园区的规划图放在下面，上面再画一张 2010 的图，让大家 2010 年都高兴了一把，然后 2010 年闭幕以后一个一个戏法变出来，现在已经变出来好几个了，中国馆已经变出来了，最佳实践区也开始变出来了，这才是中国人的智慧胜过历届世博会的亮点。

H+A：原来世博之前就考虑了这么多啊？

吴：从 1984 年我就开始收集世博会的材料，一直到我从德国回来在同济任教。世博会本来和我一个大学老师没关系，这些资料搜集起来也没什

么用。但我很有幸，参加了一次专门谈后世博场地利用的座谈会，然后我就讲了很多很多。他们不知道有人会想到那么多，收集那么多各种世博会后的资料。大概在 2002，2003 年的时候，我第一次作为世博会的国际会议发言人，就是讲世博后续利用的。当时我提出来一个专门的概念，叫"pre-post"。本来英文中都是叫"post-expo"研究，现在前面加一个"pre"，意思就是把后面的事情在这之前都想好了，这就是"pre-post"的概念。这其中包括地价的预测、功能的预测、人流的预测。这份会议报告在今天看来仍然很棒，仍然令人兴奋。我们上海世博会最大的赢，就赢在先往后面想，那些世博会以后才开始来想的，还来得及吗？

H+A：您在 1984 年怎么会开始收集世博会的资料呢？

吴：因为我参加了 1984 年上海青年城市发展论坛，我的文章得了最高奖。市政府在同济大学的留学生楼给我们发奖，奖品就是一本《辞海》，当时是很贵的，相当于几个月的工资。这次论坛之后，我从市政府得知上海要开始准备世博会，然后我就开始大规模搜集世博会的资料了。同济大学图书馆，甚至上海图书馆里所有和世博会相关的资料和书籍，所有的英文杂志我全部翻阅并搜集起来。到了欧洲以后，哪里有资料，哪里有照片，哪里有园区我就去看。正好 20 年以后，2004 年我被任命为世博会的总规划师。所以我搜集了 20 年的世博会资料，这个真是不容易。所以我要对现在的青年设计师讲，你们要忍得住寂寞，你们要知道上海 20 年以后、30 年以后要做的事情，你们今天就得准备起来。不要以为画画图就完了，要一边画图一边搜集那些未来需要的资料。

6.净水渠建设现场；来源：上海世博会事务协调局.上海世博会规划[M].上海：科学技术出版社，2010.
7.吴志强教授在课堂上
8.吴志强教授向采访人员讲解他们课题组的研究成果

2.在现实中前行

H+A：我们回到刚才说的前期定位，现在五年过去了，那么您觉得有哪几个地方给你印象特别深刻，真正实现了的？

吴：大部分都实现了。第一，后滩完全实现了生态城市的实验地。第二，会议展览这部分开始起来了，就是中心这一块。但是原来的快餐广场这一块，还没有完全做起来。完成以后，那么会、住、展要三块联动，从江边一直到里面，一条龙配套的，完成以后这个就特别好。第三，一个城市综合体——世博轴基本要完成了。就是吃喝玩乐、交流和地下交通的结合这个事情也完成了，我觉得特别好。第四，中国馆完成了向中华文化宫的改变，这个就是中华文化的基因库。我们设想还可以做得更活跃一点，就是可以邀请各个省的民俗、传统文化表演、地方戏种，一个一个过来演出。成为采集全中国文化基因的一个地方，否则的话上海只有一个西方文化就会跟着别人走，而不会创造。

还有一点最重要的就是路网，世博会最大的贡献就是把一个路网全部打通。像2004年的时候上海只有四条地铁，我们通过一个世博会在六年的时间里铺设了14条地铁。这在世界历史上都是少见的。过去上海的交通网络就是一个团一根线，而现在成了一个网络了，这个的确是对整个城市巨大的贡献。

H+A：还有一个问题，就是在吴埔江的两岸其实有很多热点，比如徐汇滨江、北外滩，其实点还挺多的，那么世博会在当中是扮演一个什么角色呢？

吴：上海的浦江两岸的计划其实早早就开始了，这比我们世博规划还早。大概在2000年左右我们就做了很多这方面的调研。关于整个上海浦江两岸转型，就是从工业走向后工业，从码头走向文化交流，从单位占有走到公共绿地，这三个转型实际上大家都在思考，但不能否认的是上海世博的这一炮打响，完成了几件事情。第一完成了上海浦江两岸的一个缝合，就是两岸不是各管一岸，是两岸在某个点上是用大事件缝合的。

第二个就是世博会是浦江百年工程中间那个核心发动机，对外直接延伸，对周边有辐射力。这个世博园区浦东的岸比浦西的岸长，这两个岸假如是完全连上的话，那我们浦西的那一段就是徐汇滨江，这一块和世博园区是极其相关的，直接带动这一块。

3.大数据服务于人性化设计

H+A：怎么实现从大尺度事件到小尺度日常生活的过渡？

吴：这一点也是很重要的。在这个过程中间，实际上应该有不同的设计师在不同的尺度进行再创作的，世博会不能是一个总规划师完成的。从规划到细部这几个尺度需要不同的设计师进行协同工作，我就特别喜欢和这些做小尺度做得好的设计师合作，因为我被任命总规划师的时候，只能从大尺度开始做，但是实际上真正决定品质的还是小尺度的空间设计。所以我一直说一个规划师碰到一个好建筑师才是他的人生幸运，一个好建筑师碰到一个好规划师也是他的幸运，就是这样的，这是一个联动工作。

一轴四馆现在这里的尺度还没有进行从大事件变成市民化的二次创作。因为在大事件的过程中间，人流量是很可怕的，这个密度和流量创下了世界纪录。我们1km²站35万人的，就是1km×1km有35万人，这里面还有建筑，还有树，还有河流，还有设施，这是对我们的挑战，当时没有踩踏事件就已经是小概率事件。但是到了今天，要还给慢行交通、个体交通、个体人流、小家庭游散活动、非目标流向的这种生活。这件事其实不难，最简单的方法就是拿一万张椅子过来，让每个老百姓都可以来，每一天拍照下来，记录下来，像个大数据一样，一个星期的观察记录就会告诉你原来老百姓喜欢在这里。

设计师，包括规划师，首先是学习，向百姓学习，其次才是服务百姓。如果设计师不会学习，那他也不会进步。我在世博会185天，天天记录所有的流动状态，全记录，规划除了设计以外，一定要学习，否则这点本事是要用掉的。设计需要终身学习，然后才能创新。

H+A：当时全记录世博会数据有哪些作用？

吴：世博会是人类最大的实验场地，可以观测人流怎么流，道路怎么样，房子怎么样。现在设计师做的都是形态，玩的都是形，但忽视了"流"才能决定"形"为什么我们很多地方路是多做的呢？因为他们没有掌握流，所以路是多做的。这条路根本就没有必要，因为根本就没有流，所以说掌握流才是掌握形的根本要素。我们规划师更是这样，这个流是大量流，包括风流、水流、人流，这个流你不掌握的话，设计不可能有进步。

4.与时俱进的世博会

H+A：好，您比较一下米兰世博会跟上海世博会各有什么特色？

吴：这怎么能比较呢？上海举办世博会时处在一个发展中的阶段，中国正好在转型期，城镇化率50%，这个时候国家的人民是渴望见到世界。意大利现在的城镇化率已经达到70%~80%，这个时候的人民是需要安静的，这是基本需求不一样。所以时代的根本需求不一样了，国家发展

的前景和状态不一样，就像一个是十五六岁的人要读大学，一个是六七十岁的人要读大学，就是这样的差别。

H+A： 您跟博埃里先生共同发起了一个倡议书，您能不能谈一下？

吴： 世博局要求主办国半年以后室内全部拆掉，这是有问题的。当时还没有在可持续发展概念之前就提出来，它是为了防止看世博的人不去看下一届的世博会，所以说要把这次世博园都卸掉，然后让人再期待下一届的。这不是可持续发展的，也不是现在这个年代提出来的观念。

博埃里与我有共鸣。我们都觉得世博会还有很多的条款，都可以逐步逐步来更新，来满足现在大家的需求，以及可持续发展的需求。

5.后世博人生

H+A： 那最后再谈谈您世博之后的五年都做一些什么？

吴： 第一，提炼了在世博会中，向全世界学到的绿色技术并写了一本完整的书《城市的世界》，还未出版。这样书里有各个国家提出的城市所面临的各种挑战、城市的创新、新的技术及最佳案例。也是目前收集最全的有关人类目前对城市面临的挑战提出的想法、理念、技术和案例。

第二，就是也反思自己还有什么东西应该

可以做得更好。比方说这里面很多的技术可以提升为城市技术如数字技术。虽然当时世博会里面也是尽量在做，但是技术发展太快了。现在我研究的数字城市这部分领域都是源自世博会的，像人流的检测监控、预言预测、风流、电流、模拟等，我现在做的应该很前卫。

第三，世博会给我留下了很多的协同关系。在整个世博会期间我认识了很多各行各业的人，以及很多相关领域的专家。我觉得那么多的专家在一起，就变成一个协同创业中心，一块来创新未来城市，把这个世博会的命题再继续往下推下去，是很快乐的一件事情。

最后我想还是把这些东西回归到教学上面，把下一代的学生培养好，能够把这些生态的，智慧的、低碳的、精密的技术都传给下一代学生身上，把未来的城市建设得更好。

H+A： 您介绍几本您正在读的书给年轻的规划师吧？

吴： 有几本书我一直放在身上随时看看，像《人类简史》、《我在德国当大使》、《无为无不为》、*Gerd Albers Stadtplanung*、*National-Level Planning in Democratic Countries*、*Urban & Regional Planning*。

作者简介

董艺，女，建筑学博士，现代设计集团市场营销部主管，《华建筑》主编助理

杨聪婷，女，《时代建筑》编辑

戴春，王秋婷 / 文　DAI Chun, WANG Qiuting

超越东西方文明的共同语境
"世博会的生态动力：从上海到米兰"国际学术研讨会回顾
Transcending the Co-context between East and West
Summary of "Expo as Eco-driver from Shanghai to Milan International Symposium"

　　2015 年 8 月 25 日，"世博会的生态动力：从上海到米兰"国际学术研讨会在米兰召开。从上海世博会"城市，让生活更美好"到米兰世博会"滋养地球：生命的能源"，世博会呈现了一种深层生态学的探究状态。为了深入探讨世博会的可持续思想与实践经验，会议邀请中外知名规划、建筑方面专家学者，尤其是参与过世博会规划与建筑实践的建筑师与学者，在米兰展开多层次的研讨与交流，会议主要关注世博会的生态动力，世博会的生态策略与前沿技术探讨，世博场馆的后续利用等。现代设计集团作为上海世博会期间和后续利用的重要设计者，相关专家参与会议主旨发言。

　　与会人员包括米兰市副市长、米兰理工大学副校长亚历山大·巴尔杜奇（Alessandro Balducci）教授，中国工程院院士何镜堂先生，现代设计集团副总裁、总建筑师沈迪先生，米兰世博会总规划师米兰理工大学教授斯坦法诺·博埃里（Stefano Boeri）先生，时代建筑主编、同济大学出版社社长支文军教授，意大利著名设计大师伊塔洛·罗塔（Italo Rota）先生，米凯拉·德·卢奇（Michele de Lucchi）先生，意大利著名建筑师西诺·祖奇（Cino Zucchi 先生），米兰世博会中国馆总建筑师陆轶辰先生，现代设计集团华东建筑设计研究总院总建筑师黄秋平先生、现代设计集团上海建筑设计研究院有限公司副总建筑师姜世峰先生，伦巴第政府代表吉多·博迪加（Guido Bordiga）先生，意大利知名建筑杂志 *Abitare* 主编西尔维亚·波提（Silvia Botti）女士，德国知名建

1~3. 会议现场
4. 部分参会嘉宾合影

筑杂志 Detail 主编克里斯蒂·史蒂西(Christian Schittich) 先生,设计界著名杂志 IQD 主编诺贝达·布斯纳里 (Roberta Busnelli) 女士,以及各参会中外设计机构总建筑师、规划师近百位专业人士参加了此次会议,会议由《时代建筑》杂志责任编辑戴春博士和博埃里事务所建筑师、米兰理工教师阿苏拉·穆佐尼奇 (Azzurra Muzzonigro) 女士主持,特别邀请 Abitare 主编西尔维亚·波提女士、清华大学建筑学院副院长张悦教授、IQD 主编诺贝达·布斯纳里女士等担任相关专题主持。

会议上,亚历山大·巴尔杜奇教授、沈迪先生、吉多·博迪加先生、支文军教授分别致辞。中意双方的建筑与设计大师主要围绕"世博会的生态动力""世博会的生态策略与实践""后世博——世博场馆的生态技术影响与后续利用"三个议题,就 2015 年米兰世博会与 2010 年上海世博会从概念到总体规划,主要场馆设计以及后世博场地与场馆开发再利用等热点问题进行了精彩的主题演讲。

世博会主题从展现科技进步慢慢走向非人类中心的视角,以一系列相对激进的环境主义姿态呈现可持续的理想,从更深层的生态学角度探究与自然共生的愿望,以及城市反哺星球的憧憬。此次会议上,中外专家学者回溯上海世博的探索,多视角观察米兰世博建筑探讨的不同方向。

中国工程院院士何镜堂先生的演讲主要侧重 2010 上海世博会中国馆设计创作中生态技术与建筑文化的交融,他认为一个好的建筑创

作应该是从地域的环境和本土的文化中挖掘有益的基因，抽象、提炼、创新，上升到文化的层面与现代的理念、技术相结合，并进一步从空间的整体性和时间的可持续性上加以把握，形成兼具地域特征、文化特色、时代精神的现代建筑。

米兰世博会总规划师、米兰理工大学教授斯坦法诺·博埃里先生详细阐述了2015年米兰世博会的概念的诞生及其规划。此次世博会吸引了145个国家参与，是有史以来参展国最多的一届，迎接着来自世界各地的参观者。然而，他认为世博会的成功不止归功于主办国。世博会能够吸引各界人士，除了展示优秀的建筑、卓越的遗迹和艺术作品以及意大利本土特色的景观，它还提供了极具知名度的意大利传统农副业产品，牵动着意大利出口企业的命脉。世博会持续的六个月时间使意大利成为全球媒体关注的焦点。

现代设计集团副总裁、总建筑师沈迪先生对上海世博会到米兰世博会的生态策略与实践进行了阐述。他认为，上海世博会所提出的"生态世博"的理念和相关技术的展示，在后世博的建设中得到努力实践与广泛应用。从项目的新建开发到改造利用，从城市规划到室内设计，从追求新技术的表现到强调绿色运营的实效。这就是后世博时代以世博会场址区域为代表的上海城市建设生态实践的写照。

意大利帕维亚大学建筑设计系助理教授缇奇亚诺·卡塔内奥（Tiziano Cattaneo）则分析了2015年米兰世博会乡村城市化和建筑案例。2015年米兰世博会的主题不仅涉及食物相关的议题，还探讨了地域、城市住区和建筑的可持续发展。他介绍了德里卢察农庄——社区文化馆更新设计方案，结合世博会主题对方案进行分析，并引入了对未来建筑和景观设计的重要设想，解读了米兰农业身份的记忆和文化背景，还比较了世博会中另一个乡村城市化和建筑的案例"全球农场2.0"馆，探讨建筑和农业的设计研究在数字技术时代的新思路。

米兰世博会中国馆总建筑师陆轶辰先生主要围绕"场域""田野""在场"这三个关键词，讲述了2015年米兰世博会中国馆的生态策略与实践。从这三个词出发，解读包括在中国馆整体规划及建筑设计中"场域"的理念，中国馆在世博会中的身份展示与代表，及其对本届世博会主题的诠释，现场的参数化建造等。

米兰理工大学大卫·法西（Davide Fassi）教授主要讨论了中意在米兰世博中的研究合作与实践，着重聚焦设计过程，并介绍了同济大学和米兰理工大学合作设计的水稻馆。集群馆在展览空间类型和空间布置方式上有了突破性的创新，这一理念推翻了传统的以地域界限来分隔世博展区的方式，使来自不同大洲、不同区域的国家融合在一起。其中尤为值得注意的是，水稻馆看起来像是一片非常规尺度的稻田，土壤纹理清晰可见。伴随水稻生长而出现的色彩、香味和光影的变化，象征着场馆间的时间流动。同时，展馆将"信息景观"

隐藏起来，等待参观者来发现。

Mo Dus Architects创始人，特伦托大学马特奥·思卡诺（Matteo Scagnol）教授主要解读了世博会是如何构成的。他简单介绍了2015年米兰世博会的总方针，强调了贯穿整个世博项目的中心内容，涉及从建筑设计到室内展陈乃至餐饮服务等方方面面的工作。这使人们自然而然地对2015年世博会的建筑产生了兴趣，并尝试解读其主题背后的含义，思考技术和材料如何能被视为一个重要的组成部分，通过挑选和组合最终塑造成独一无二的世博建筑群。

意大利著名设计大师伊塔洛·罗塔先生和米凯拉·德·卢奇先生分别分享了他们在米兰世博会场馆设计中的思考。意大利著名建筑师西诺·祖奇先生以"嫁接：意大利城乡景象的蜕变（Grafting--The metamorphoses of Italian landscape）"为题，探讨了意大利城乡区域与建筑的发展状态与个人实践的思考。博埃里建筑事务所合伙人米凯拉·布鲁内洛（Michele Brunello）先生谈了垂直森林的生态策略。

华东建筑设计研究总院总建筑师黄秋平讲述了后世博时期上海能源规划新思维，主要从政策、体制、供应、经济技术等方面介绍了上海的天然气分布式供能。上海建筑设计研究院有限公司副总建筑师姜世峰先生则主要介绍了上海世博会场馆的后续利用以及世博会给建筑设计带来的启示，从"绿色""节约""科技"

这几个方面介绍了四个案例，并以"世界博览会是一种展示活动，无论名称如何，其宗旨均在于教育大众。它可以展示人类所掌握的满足文明需要的手段，展现人类在一个或多个领域经过奋斗所取得的进步，或展望未来的前景"作为总结。

会议还组织了参会嘉宾的研讨，主要研讨嘉宾包括意大利著名建筑事务所 CMR 合伙人马西莫·罗伊（Massimo Roj）先生、Gruppo C14 合伙人亚历山大·贝尔曼（Alexander M.Bellman）先生、阿尔伯托·罗拉（Alberto Rolla）女士、都灵市环境与地域部保拉·维尔诺（Paola Virano）先生、华中理工大学建筑学院院长黄亚平教授、哈尔滨工业大学建筑学院副院长孙澄教授、同济大学城市规划设计研究院分院长夏南凯教授、西南交大教授/四面田工作室主持建筑师王蔚教授、深圳 X-Urban 建筑事务所主持建筑师费晓华先生、米兰世博会万科馆执行馆长陈炫宇女士、上海 UA 建筑事务所合伙人杨立峰先生等等。中意双方建筑师代表就"作为城市大事件的世博会的价值与意义"展开了热烈的讨论与互动。此次参会的知名建筑师和团队还包括何镜堂院士和郭卫宏副院长率领的华南理工建筑师团队、上海世博会德中同行馆设计师马库斯·海因斯多夫（Markus Heinsdorff）先生、沈迪总建筑师率领的现代设计团队、夏南凯教授和俞静所长率领的同济规划设计团队、胡仁茂副院长率领的同济都境设计团队、刘凌雯总

规划师率领的中船九院设计团队以及福州市院总建筑师黄晓忠、同济设计院李阎魁博士等专家学者。

在这次会议中，中方对世博的讲演集中在如何推动世博后期的土地开发、使用率、资源整合等方面，更多集中在规划尺度和有效开发的角度。意方则更多地强调了对资源的使用应该包括对他人、后代的尊重以及如何在设计中通过对世博会物理性参与的把握，把对人的关怀延伸到他人、动植物上。这样的讨论体现了双方在不同社会发展阶段的现实性差异，使世博会继续成为观察世界多样性和对话的窗口，变得更有真实存在的价值。

此外，为更好促进中意双方商贸合作，上海现代建筑设计（集团）有限公司与伦巴第政府也在此次会议上共同签署了关于中意文化交流战略合作协议。

作者简介

戴春，女，《时代建筑》杂志责任编辑、运营总监，T+A 出版传媒工作室 主任

王秋婷，女，《时代建筑》杂志 编辑

TONGJI UNIVERSITY
COLLEGE OF DESIGN
AND INNOVATION
同济大学设计创意学院

同济大学设计创意学院位**于设计氛围浓厚的上海**，由同济大学建筑与**城市规划学院艺术设计系**
发展而来，其设计教育深**受德国"包豪斯"学派影响**。2009 年 5 月，**同济大学借鉴世界**设计与
创新学科的最新理念与模式，在同济大学艺术设计系的基础上，成立了**"同济大学设计创意学院"**。

reddot design award
winner 2014

◀ 每食每克调味瓶

每食每克调味瓶可以帮助人们控制每日的食盐摄入量。设计上运用了
沙漏的结构，在"正""倒"的动作中完成出料的精确量化。设计上
完全通过对造型的设计和计算完成对食盐量的控制，每次只能倒出留
在瓶底的部分食盐。

设计师：王一行

设计·生活·艺术
Design Life Art

罗之颖/主持　LUO Zhiying

木·隐 ▶

这款茶几设计名为"木·隐"，取自木材及汉语"隐隐约约"，传
达出中式美学对隐约含蓄的一贯追求。

"木·隐"秉承"简约而不简单"的设计原则，由顶部、底部平板和
周围四块可弯曲木板围合而成，外观雅致精炼、内部空间最大化，
部件轻巧、拆装灵活、适于平板化运输。

该设计最主要的部分是四块经过特殊镂空的可弯曲木板。利用木板
本身一定的韧性，参考金属弯曲技术，用部分镂空的方式来增加木
板的柔软度以便弯曲。再配合磁铁吸附弹出式开关，使用者轻按柜
门后会微微弹开至最适宜拉握的角度，给予使用者流畅别致的开合
体验。

设计师：沈璟亮
Erika Wiberg

reddot award 2015
winner

1 帝江 2 3 4

1 **帝江**

帝江，又名混沌，有初始之意，是听善舞的神鸟，生成过程中，挤压扭转和 sin 函数变形器控制律动变形。

2 **毕方**

毕方，一足，其邑有火，生成逻辑是一点出发，逐渐壮大的火苗，变形模拟火焰的动感。

3 **精卫**

精卫，取衔西山之木石，以灭于东海，将石头建模，再组合成一只水鸟，程序可控制每块石头乱序摆动，模拟风的吹拂。

4 **鲲鹏**

鲲鹏，单体为鱼和鸟的融合形态，生成方式为其"怒而飞"的轨迹。

5 **鹓鶵**

鹓鶵，凤凰的一种，百鸟朝凤，她是由一只鸟在雕塑软件中通过多次复制与旋转构成，神圣如宫殿般的形态。

生灵
参数化首饰

时尚不应只是美观，还应给人灵感与想象。设计者尝试运用数字动画与雕塑软件，结合 3D 打印技术为配饰设计提供一种新的设计手段与未来发展方向。"生灵"是一组数字生成的配饰。概念取自《山海经》中的五只鸟类神兽（鲲鹏、精卫、帝江、毕方、鹓鶵）。以其各自意象建立生成方式与逻辑，五件配饰以现代造型展现东方情韵。生成过程中，客户可进行选择与部分调整，3D 打印为快速生产及大批量定制提供了可能

设计师：赵健雄

注：P169、P170 内容由同济大学设计创意学院提供

designaffairs

designaffairs 为原西门子设计中心成立于 1950 年，是一家集产品发展和品牌规划为一体的设计咨询机构，目前三个分部，分别位于慕尼黑，埃尔兰根和上海（designaffairs China）。designaffairs 立足于国际化的运营模式并被评价为全球最有价值创意机构之一。designaffairs China 成立于 2010 年，在与客户的合作中，designaffairs China 与总部无缝协作，集团超过 80 人的多领域团队提供成功的产品以及市场开发战略从而使更多的中国品牌得到可持续发展。designaffairs 提供设计和品牌战略领域，从设计研究到工程解决方案的全方面支持，包括：产品设计，用户体验设计，包装设计，色彩及材料设计等。

▼ Clarity Bike
透明自行车

设计师们在单车的支撑部分运用新型透明材料"Trivex"，取代了传统聚碳酸酯材料来完成这个"透明"的外观设计。其本身是功能非常基本的自行车，在保证强度的同时，让整个造型轻盈而充满活力。这种名为"Trivex"的材料主要用于军事领域，足够高的强度和稳定性让它能够适应各种环境，非常适合使用在个人交通工具上。"Trivex"具有良好的可制造性能，和传统的金属框架相比，"Trivex"将为自行车行业工程和制造带来巨大的改变，包括降低制造成本和提高能效。

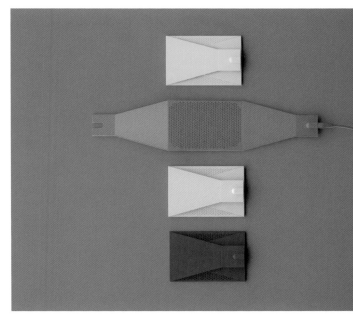

▲ FYLM

随身音响设备

材料能发出声音？FYLM 是 designaffairs 新材料团队找到的一种新型薄膜材料，这种材料可以通过震动有效地传导声音，FYLM 对声音传导的高效使便携音箱无须再使用额外的电池，播放设备完全可以为它提供足够的电能。扬声器厚度仅 0.25mm，可以折叠并随身携带。FYLM 随身音响的形态同时考虑了声音的全方位效能。可用性、形态和功能得到了良好的结合。

▼ 豹米

空气净化器

designaffairs 为豹米设计的空气净化器产品，希望通过家居化的设计增加空气净化产品的亲切感，使之更自然地融入居家环境。小巧的尺寸配合人性简约的设计理念，使整个产品具备极致宁静平和的外表，同时暗蕴强大的净化力量。

► **FIIL**

耳机

中国音乐人汪峰创立的时尚影音品牌 fiil 旗下
的首款耳机产品，产品旨在为大众音乐人提供
极致的音效和时尚高品质的外观。

FIIL 有着优秀的调音和主动降噪技术，并结合
极简的外观设计风格、高品质的材质感和 CMF
设计以及颇具特色的 logo LED 发光效果，带给
使用者统一完整的佩戴和用户体验。

▲ TCL

冰箱洗衣机系列

designaffairs 为 TCL 打造的这一全新大家电系列的初衷是"讲述白家电品牌全新的产品语言"。designaffairs 运用独特的战略工具，以系统性的设计方法完成了从品牌与设计战略、产品设计、全面性用户体验、工程支持直到生产质量控制的完整产品研发流程。产品结合了欧洲精髓中的纯净和专为中国消费者打造的用户体验，"大眼·晶"滚筒洗衣机"一键消毒蓝键"的设计帮助解决了中国用户的核心需求：减少因混洗衣物产生的清洁问题。冰箱产品从外观的把手、圆角到内饰的细微，designaffairs 与 TCL 协力打造一系列精工细造后的冰洗产品。其中"大眼·晶"滚筒洗衣机荣获 2015 年德国 iF 奖。

注：P170~P173 内容由 designaffairs 提供

工作与快乐的辩证关系
简单是终极的复杂，面向未来的工作方式革新
Dialectical Relationship between Work and Happiness
Innovation of Future-oriented Working Styles

龙革，上海现代建筑设计（集团）有限公司 副总裁

工作快乐吗？好吧，我认为，把爱好干成工作的可能是件蠢事，工作未必做得快乐，大概把爱好也算干丢了。但对于广大设计师而言，把工作干成爱好，却可说是一种脱离苦海的、有点小确幸。也不只是这么调侃说说，还是有思考路径和解决方案的。

1.办公空间无界化

公司大到一定规模，自己的办公楼还是要的，它是形象、资产的体现，更是平台；是办公、社交、生活、商务的结合体；是生意，也是文化；是自己的，也是社会的。

1）总部

应体现高大上，它是建筑技术、文化、能力和超越时代的价值观的最高体现，除必要的管理职能空间外，办公室以 Bus seat（巴士座椅）为代表形象体现热座化，谁来、谁需、谁坐，可以及刷及用；会议室采用超量配置，Bar meeting room（酒吧会议室）、量贩式吃喝管够、天南海北无限连通、预约式自助自组；食堂全日无休，面向社会，社交、创意、展览、讲座轮番上阵，时不时搞个拉面周、咖喱会、素食节的，全球资源共享；累了，再配置些水手式睡眠仓，刷卡，想睡就睡，加班无忧！

2）分部

应体现区域中心化，是地标，也是时尚、先锋、人气、创意＋创客的集聚地、梦想＋理想的乐园。咖啡简餐一定做到极致；有强大的某一领域的专业团队，研发能力强悍，不断进化，始终引导行业发展；有独立生存能力，风格迥异，行为难测，发展方向不明，但价值观相符的工作室共生共存；与总部无缝连接，资源高度响应！

3）家居办公

在无线网络已成为现实之时，家居办公已成为顺应当下的自然之举，姑且不说省了多少通勤时间、社会成本和企业成本，符合生态社会期望，只要有合适的软件，在线统计考勤不是困难之事，还有绩效考核、效率提升是应有之义。但不鼓励太宅，每周还是要去单位坐会，这样既不孤单，也不自闭。

4）群居办公

还应根据需要，建设或改建一些公寓，不是原有意义上的宿舍，是给单身、外地、外籍员工集中解决住宿的同时，配置大量生活辅助，如健身、娱乐、会谈、工作空间，给予办公间以生活延展。

2.个人移动终端化

在实现了办公空间的无界后，每个设计师，自然也就是无界的，无论何时何地，只要他在协同平台上，他就在履行职责，承担责任，做出贡献；去除了时空的束缚，他理应有更高的效率，更大的自在，更深的工作认同。

他是担当的，具有高度的独立作战能力及全面协调的责任，他是热点，是跟客户联系，协同单位、承包商、供应商的首呼责任人，有着即便事不关己，也会关心到位的自觉。他不是一个人在战斗，通过统一平台，他可以呼叫集团内所需资源，在既定的规则下，他可以强大到既是一个全能战士又是一个指挥员，这时的他，跟这个组织一定是休戚与共的。他还一定是创新的、进取的，在某一细分专业领域也一定越钻越深，这样他被别的兄弟呼叫的概率会越来越多，在组织上的层级和影响力会越来越高，在个人价值及成就上也当然会越来越大；这时，他应该会 Enjoy jobs（享受工作）！

架构上必须高度响应，因而，我们在信息化、知识管理、工作流程、分配规则上还要持续投入，这点幸好我们已有海量积累，但在云时代，需要大气魄、大投入、大担当，我自信，就像大航海时代的勇气和对未来的探究会激励我们劈波前行，我们能够做到知行合一！

3.专业发展时代化

目前的专业发展过于宽泛，既有的承继当然需要，与时代相符的合拍更为迫切。如参与其中的个人对这些专业无感无趣，那也指望不了他的投入、他的热情，他只能以自己的无为去迎接专业发展的碰撞。

理想的专业发展是在传统的发展框架下产生出很多微小的细分、交互的融合，这个是纵向和横向的同步延展。理应鼓励跨界，要在有业前提下尝试不务正业，往大里说，要有智慧城市、海绵城市、城市更新方面的领军人才和资源集聚；往细里说要有空间探索、生活方式研究、行为经济考量、光线色彩分析、心理感应和需求；还可以往玄里说、往天人合一说。只要肯钻研，肯花工夫，就有可能引导市场。这时，爱好和工作就两厢融合了！

组织结构还需和专业发展相匹配、相适应（这点另文专论）。

目前设计界对 O2O 的讨论和探索甚嚣尘上，我还是认为，先做好自己有把握和力所能及的事再说，关键是先做起来，掌握资源的做起来！

也许工作是不快乐的；工作和生活是可以融合的；生活是美好的，美好生活是快乐的；工作也可以是快乐的！这个关系成立吗？至少我是信的，或许我已是被工作折腾修理着炼成了，这可是全勤爱好啊！

总之：创新，既要仰望星空，还要脚踏实地。

再总之：面向未来的生存，还是需要快乐的工作。

2015.9.27 中秋仰望星空

转变的利弊
Pros and Cons of Transformation

欧阳东，中国建设科技集团教授级高
工，国务院政府特殊津贴专家

近几年来，创业板推出之后，每年都有几十家公司上市，设计企业上市的热潮也随之涌动。设计企业作为一个典型的高智商、轻资产、中收入、薄利润的行业，发展的速度非常快。在未来 20 年市场转型变化的过程中，尽管对设计企业上市的利弊看法不一，但上市所能带来的品牌价值的提升、融资能力的拓宽、核心竞争力和管理水平的提高，依然吸引着设计企业。本人就上述问题，提出个人的粗浅见解。

1.设计企业上市具有六个优点

第一，完善企业法人治理结构。传统设计企业基本上属于院所模式，对于中小型设计企业，该模式具有简洁、高效、灵活等优势，但随着企业规模逐渐发展到大型企业时，就需要建立完善的现代企业制度才能与之相适应。

第二，提升设计企业品牌和价值。根据上市相关规定，设计企业需要引入战略投资者。同时根据证监会的要求，一旦设计企业成为上市公司，对企业的质量、盈利、成长性、市场和发展潜力，将是一种最好的无形的背书，有利于提升设计企业的品牌和价值。

第三，拓宽渠道获得长期稳定资金。非上市设计企业持续发展的资金主要来源于两个方面：银行贷款和利润投入。设计企业上市属于股权融资和直接融资，与银行贷款等间接融资方式相比，具有明显的优势。比如说，设计企业可以打破融资瓶颈束缚，获得长期稳定的资本性资金，改善设计企业的资本结构；可以借助股权融资独特的"风险共担，收益共享"的机制，实现股权资本收益最大化。上市后，就可以通过配股、增发、发行可转债等灵活而多样的方式连续融资，为实现设计企业的快速发

展，为设计企业做大、做强奠定坚实的基础。

第四，提高设计企业的吸引力。设计企业上市后，可以通过改善工作环境、采购先进的技术平台和软件，提高薪酬待遇，可通过股权激励、期权激励等方式，保留和引进高素质的、优秀的管理人才、设计人才和科技人才，并激发员工的工作热情，为人才发展战略提供一个很好的平台。

第五，促进打造企业核心竞争力。设计企业的核心竞争力要素主要包括人才、技术、资金、制度、管理、知识等。通过上市可以吸引人才、留住人才、用好人才；可以把重大技术研发列为募投项目，利用上市募集资金促进关键技术的研发，保持企业技术优势地位；通过上市，可以募集大量资金，形成长期稳定的自有资金，从而取得资金优势；在上述资金支持下，企业可花大力气，把设计规范、设计经验、优秀案例、易发错误的技术问题加以整理，形成企业知识平台，将对设计企业今后的设计质量、设计效率、设计效益产生巨大效果；在 BIM、云计算、大数据、智能城市、"互联网+"的时代，研发、推广和应用项目，均需要投入大量的资金；通过上市，还可完善企业制度，提高设计企业管理水平，从而提升设计企业的核心竞争力。

第六，有利于企业结构的调整和提升。上市为股权资产变更提供了渠道，为设计企业与国内外大的上市公司并购提供了方便。设计企业可以继续扩张、收购、兼并，为产业的转移、升级等提供了很大的发展空间。上市公司通过募集社会资金，将进一步促进在现有业务的基础上，积极探索 EPC、BT、BOT、PPP 等模式，构建全生命周期的工程建设（规划、设计、咨询、管理等）和科研建设（课题研究、产品研发、

科技服务）等业务板块，推动资金、资源向产业链的关键环节和高端领域布局，在行业内进行专业化整合，将设计企业发展成为业内一流、服务和推动城乡建设发展的科技企业。

2.设计企业上市具有六个缺点

首先，上市要求与企业长远发展未必相一致。上市公司要求设计企业持续盈利，股民追求利润最大化；而设计企业所属市场不可能永远一路高歌，必然有起伏。有些上市企业为了报表过关，不得不消减研发、市场开拓等合理支出，甚至有些企业不得不出售一些优质资产或业务。其次，部分资产不得不剥离。鉴于历史原因，有的设计企业的一部分土地、房产在转企时，相应的确权证书不齐或未能及时办理，该类资产在日常经营活动中不存在障碍。但是在设计企业整体改制上市过程中，面对严格的上市审查制度，设计企业需要对上述资产进行剥离。其三，支付大笔土地出让金。设计企业改制上市需要支付大笔土地出让金，将原来的划拨土地转为出让地。第四，设计企业的股权稀释。设计企业发行上市后，由于向公众发行新股，大股东必定要面临股权被一定程度稀释的问题。第五，监督增多对管理要求高。设计企业公开发行上市后，接受中国证监会、证券交易所等部门的监管；此外还会受到媒体和公众舆论的广泛监督，以及保荐机构的持续督导。第六，公司内部管理的公开化。有向公众（包括竞争对手）进行充分信息披露的义务，包括主营业务、市场策略等方面的信息，使竞争更加激烈。

1.美国俄勒冈大学进修培训留影

现代人在俄勒冈
现代设计集团青年设计师赴美国俄勒冈大学游学

Architects of Xian Dai in Oregon
Young Designers of Xian Dai Studying at the University of Oregon in America

俄勒冈培训项目介绍（撰文：姚启远）

2015 年 1 月 2 日至 7 月 2 日，上海现代建筑设计（集团）有限公司派出优秀的技术与管理骨干赴美国俄勒冈大学进修培训。现代设计集团历来对人才十分重视，俄勒冈培训项目是集团"213"人才培训计划的重要组成部分。与往年相比，此次交流培训项目是集团派驻海外培训中参与人数最多的一次，共有 11 人参加；同时也是时间最长的一次培训，历时 6 个月。

本次交流培训，是以访问学者的身份进行。前三个月时间主要是在俄勒冈大学和当地学生一起参与课程设计，学习可持续、绿色建筑等相关内容；后三个月时间主要是在学校的帮助下寻找美国当地设计公司实习，或继续留在学校做专项课题研究。在这 6 个月的时间里，大家通过专业英语学习、学校课程设计教学、专题讲座、建筑及美国设计公司考察、建筑专项课题研究等多种方式进行学习和交流，收获颇丰。

各位参加培训的访问学者，利用这次学习机会，从学习、考察、科研、工作等不同方面，努力提升英语表达能力、设计能力，开拓思维、扩大视野、全面提升工作能力，回国后将为集团的发展带来新的设计思路、新的管理方法，为集团的发展做出自己应有的贡献。

周健（男，现代设计集团华东建筑设计研究总院 建筑师）

这次培训增加了到老美设计单位实习的机会，之前听说老美如何懒、如何效率低下、不加班、直的不走非绕着走云云，待到接触下来就会发现这种说法是不靠谱的。生产工具和生产力的关系大家都熟知，老美的设计师会用各种新的软、硬件来提高工作效率，比如面前一定是两个屏幕；电脑超过 2 年就升级；PDF 的批注和修改用 Bluebeam；设计说明用 Speclink；建筑绘图用 revit 软件；现场施工可视化用 Navisworks；项目进度计划制定采用 Smartsheet；项目文件管理及对外通讯采用 Newforma，还有各种电脑和手机 app 的云端交互，那种一个个检查修改二维图纸上的引注对他们来说是不可想象的。另外，公司中针对不同项目阶段、不同角色的设计师制订的 checklist（备忘录）会让设计师少走不少弯路，并且会有专人不断完善。

胡博（男，上海现代建筑设计（集团）有限公司现代都市建筑设计院创作中心 主创建筑师）

2015 年在俄勒冈大学的访学经历已然成为我建筑生涯的一个重要阶段和人生的一段特殊回忆。

于一个学科而言，这里汇集着一批对"可持续"有着深刻见解和积淀的学者：查理·布朗（Charley Brown）老先生的书我从学生时代就在读，布鲁克·穆勒（Brook Muller）先生的"生态机械学"成为我近期设计和思考的重点所在，依然难忘和郑南希（Nancy Cheng）教授一起为密尔沃基市（Milwaukie, OR）的城市可持续提供设计研究的愉快时光。

于一个城市而言，尤金（Eugene, OR 俄勒冈大学所在地）是一个活脱脱的生态小城市，我们的教室、宿舍随处可见一些"被动式"节能的小装置。清澈的维拉米特河水（Willamette River）从更北的哥伦比亚河分支流下，夹带着美国西岸北方独有的自然气息，河里常年自如的鸭子们早就变成了尤金的骄傲。

于一个建筑师而言，这是一段清修般的时光。如果建筑师是诗人，这里便是"远方"；如果建筑师是主厨，这里便有深山野味；如果建筑师暂时不做建筑师，到这里就能遇见凡人久未谋面的内心。

感谢集团和都市院为我们创造的国际交流平台，感谢俄勒冈大学师生的鼎力相助，感谢同行的伙伴。

姚后远（男，上海现代建筑设计（集团）有限公司现代都市建筑设计院，建筑师）

首先，在俄勒冈大学的学习让我受益匪浅，建筑学院在绿色设计教学上有着丰富的经验，在绿色、可持续发展方面先进的理念和技术也给我留下了深刻的印象。而这些绿色理念也渗透在人们生活的方方面面，小到生活垃圾分类、绿色出行，大到绿色城市的建设，俄勒冈波特兰就是美国排名第一的绿色城市。

其次，在美国建筑设计事务所的考察学习，让我对美国设计公司的运营管理模式、项目运作方式、设计方法、运用的设计工具等有了相对全面的了解，有很多是值得我们国内设计公司参考和借鉴的。

通过这 6 个月在美国的学习、生活、工作，自己在英语表达、设计理念、工作方法等各方面都有了一个全面的提升。

史晟（男，上海现代建筑设计（集团）有限公司现代都市建筑设计院商业地产研究所主创建筑师，工程师）

美国的建筑教育一直给人先锋、酷炫的印象，但俄勒冈大学却十分务实，培养出很多成熟的职业建筑师。学校以绿色建筑研究为特色，3 个月的学习让我们对可持续建筑有了全新的认识。从概念到实践技术，我们在这 3 个月中获益匪浅，并且每个人对可持续建筑的前景都有了各自的认识。俄勒冈州政府和居民对环保的积极态度更是令人印象深刻，从最小的细节开始就处处着眼于环保，这让俄勒冈成为美国闻名的绿色之州。

后三个月在威尔逊的工作，让我全方位了解了成熟的跨国设计公司的运作方法。他们的项目推进方式、人员构架、工作模式甚至设计方法，都让我感触良多。时间的充分利用和超高的效率是我最为佩服的。清晰的团队构架和权责分配，是提高效率的关键。

郑亚丰（男，现代设计集团上海建筑设计研究院有限公司副主任建筑师，工程师）

赴美 6 个月的学习，前阶段在俄勒冈大学，后一阶段在 HKS 设计公司。前者在美国可持续性建筑设计领域占有重要地位，在俄勒冈及美国各地都有可持续建筑设计实践。后者连续三年是医疗建筑设计领域全球排名前五的设计公司。由于我在本单位主要从事医疗建筑设计，因此在 HKS 的工作成为一个很好的了解世界著名医疗建筑设计公司的工作方式及设计方法的机会。在 HKS 工作期间，结合在俄勒冈大学的学习内容，重点研究医疗建筑与可持续相结合的方式，同时利用业余时间参观了美国十多个医院，了解了美国医院在可持续设计上的理念以及在实践中的应用。

杨慧南（女，上海现代建筑设计集团工程建设咨询有限公司主任建筑师，高级工程师）

在美国，绿色可持续设计已经迅速成为一项新的行业"设计通则"，而不再只是一个游离于主流设计之外的可选项。尤其在美国西部，政府的鼓励和推动、民众环境意识的觉醒，使得可持续的理念深入人心，项目无论大小，在设计的初期阶段，都会根据项目的投资预算制订适宜的、有针对性的绿色设计策略来应对"2030 计划"，不是每个项目都会采用相对昂贵的高新能源技术，而是

创新地利用自然光、引入自然通风、采用丰富的遮阳形式来减少建筑的直接得热，细致完善的细部、构造设计等低技术的被动式节能技术普遍应用于建筑设计中。同时借助先进的实验手段、严谨的科学分析和精准的能源监测体系，建筑设计师有了更强有力的技术支撑和指导，可以确保实现项目预定的、量化的节能目标。虽然两国国情不尽相同，但美国的实践仍然对我们有可借鉴的地方，可持续设计不应该只是炫技的代名词，而应该成为建筑师实实在在的日常工作和必备的设计能力。节能设计应从一点一滴做起，这大概是我们今后应该努力的方向。

范文莉（女，现代设计集团上海建筑设计研究院有限公司方案创作所低碳城市设计研究与咨询中心主任，高级工程师）

在美 6 个月的校园学习与建筑事务所实习，让我感受到美国倡导的可持续和现代建筑设计都扎根在本土，对城市和时代的问题都给出了务实、具体理性而开放的设计思考与应对。

建筑设计与诸如艺术、音乐、行为、文化、互联网、生态环境等不同领域产生着跨越和对话。

"生态街区（Eco-Districts）"是源自波特兰倡导全美城市与邻里可持续且弹性发展的一个理念和一系列实施办法（反思美国城市蔓延发展和美式社会的高流动迁徙特性），是针对城市邻里尺度的可持续的创新设计。对生态街区的思考，超越了传统单体"绿色建筑"，更加关注生物栖息地、交通、水资源、能源、材料、废物、医疗卫生、经营维护、社会公平、美观和社区感。生态街区最重要的目标，是力促"邻里"形成场所与认同。

在未来，我国会有越来越多的人居住在城市。创造怎样的城市人居生活，将是我们时代的重大挑战之一。

李俊（男，现代设计集团华东建筑设计研究总院事业一部高级工程师）

半年的时间可以真正静下心来体验一种不同的文化。在一个成熟的社会体系里，建筑设计早已过了蓬勃高速发展的时期，经历了喧嚣浮躁之后，剩余的是一种宁静淡定的心态。回归设计的本源，需要认真对待任何一个细节。无论是平地而起的大厦还是乡野村落的小屋，没有区别对待，都可以成为昼夜冥思苦想的兴奋点。曾经与美国同仁去看工地，我戏说这种"小项目"倒是值得好好把玩研究。事后反思觉得逻辑很有问题，可能是现在的大型项目中赶进度所养成的习惯，难道这就成为不去细细把控建筑的理由吗？也许我们的差距就在这里。

记得哈佛 GSD 门口写了一句话"THIS IS NO SMALL PROJECT——that is why we are doing it"。

做设计，心态很重要。少一点功利，认真对待每一个项目、每一处细节，是这半年的自我反省。

《H+A 华建筑》全新发布
Hua Architecture Launches Successfully

2015年9月8日，《H+A 华建筑》发布活动在现代设计大厦一楼大堂举行。现代设计集团领导、各职能部门领导、分子公司领导、行业协会、高校、专家、兄弟媒体、热心读者等多方人士齐聚一堂，共同见证这一重要时刻。

活动到场外部嘉宾和媒体代表有同济大学副校长伍江教授，上海市建筑学会名誉理事长吴之光先生，同济大学建筑与城规学院院长李振宇教授，同济大学出版社社长、《时代建筑》主编支文军教授、《时代建筑》执行主编徐洁教授、《时代建筑》副主编彭怒教授、《城市中国》总编辑匡晓明先生，《设计新潮》执行社长赵燕女士，YoungBird 创始人、《Domus 国际中文版》出版人葉春熙女士，《精品家居》主编李耿先生等。集团内出席嘉宾有集团党委书记、董事长秦云先生，集团党委副书记、总裁张桦先生，集团党委副书记杨联萍女士，集团副总裁徐志洁先生，集团副总裁沈立东先生，集团纪委书记张晓明先生，集团总工程师高承勇先生，集团资深总建筑师邢同和先生，以及集团职能部门领导和集团各分子公司领导等。

下午一点半，活动正式开始。集团领导秦云董事长、沈立东副总裁分别致辞，表达了对顺利出版的祝贺以及对未来的深切期望。同济大学副校长伍江教

授、建筑学会名誉理事长吴之光先生、集团领导秦云董事长、张桦总裁作为揭幕嘉宾，共同为《H+A华建筑：大虹桥时代》揭开大幕。

同济大学出版社社长、《时代建筑》主编支文军教授，上海建筑学会名誉理事长吴之光先生，代表媒体、建筑学会表达了对于《H+A华建筑》的祝

《时代建筑》支文军教授、徐洁教授、彭怒教授等外部嘉宾共同参与了讨论。《H+A华建筑》主编助理董艺博士介绍了各个栏目的详细内容和特色等。媒体同行纷纷表达了对于《H+A华建筑》顺利出版的认可与祝贺，并分别提出了长远发展的建议。

在轻松热烈的讨论中《H+A华建筑》发布活

中外专家齐聚现代，共话工程造价管理
Conservations on Engineering Cost Management in Xian Dai

2015年9月17日下午，"中外资工程项目全过程造价管理的比较"学术沙龙在现代设计大厦第二会议室举行，上海现代建筑设计（集团）有限公司总裁张桦、党委副书记杨联萍，上海市建设管理委标准定额处处长陆罡，宜家购物中心商务总监谢颖，香港建筑师学会内地事务委员会主席谭国治，华东建筑设计研究总院第二建筑事业部总建筑师党杰，上海市建管委科技委标准规范与工程经济专业委员会柳亚东副主任，王伟庆、陈建国、杨文悦、宋玮等委员，皇家特许测量师学会（RICS）的部分会员以及上海现代建筑设计（集团）有限公司的建筑师、造价师等近百人参加了本次活动。

活动伊始，由现代设计集团总裁、标准规范与工程经济专业委员会主任张桦介绍了本次活动的简要情况。此次沙龙活动是由上海市建管委科技委标准规范与工程经济专业委员会发起，上海现代建筑设计（集团）有限公司技术委员会、皇家特许测量师学会（RICS）共同主办。活动旨在增进国内外造价师和建筑师之间的交流，比较中外资项目全过程造价管理的异同，了解建筑师负责制与全过程造价管理，期望能通过本次沙龙研讨，整理形成书面文件，为政府提供相关管理和决策建议。

标准定额处处长陆罡首先介绍了国内工程造价管理的基本情况和上海的一些工作情况，他认为本次活动非常及时，也希望能吸纳国外的优秀经验为上海工程造价改革服务，并预祝本次沙龙活动圆满成功。

沙龙由标准规范与工程经济专业委员会委员、同济大学经济与管理学院教授陈建国主持，活动主要分为嘉宾主题演讲和讨论两个环节。

标准规范与工程经济专业委员会委员、香港利比有限公司董事王伟庆作了题为"中外资项目全过程造价管理的比较"的报告。从我国造价管理的历史变革谈起，简述当前我国造价管理的现状，分析其中的弊端，并指出存在这些问题的主要原因。在此基础上，结合国际工料测量在我国的实践，比较差异，探索适合我国国情的建设工程项目全过程造价管理体系。

宜家购物中心（中国）管理有限公司商务总监谢颖演讲题目为"全过程造价管理实施要点比较及分析"。她从投资方的角度，分享了在建筑项目造价管理过程中，设计、招投标、后期合同管理各阶段的实战经验，并介绍了成本控制的新趋势。

香港建筑师学会理事、内地事务部主席，王董国际有限公司项目董事谭国治作题为"建筑师负责制与全过程造价管理"的报告。他详细介绍了香港的建筑师负责制，即建筑师要提供"一条龙"完整专业服务，对整个工程项目全程负责，要求建筑师提供完整服务（Full Services），从概念设计、规划、方案、深化设计、施工图设计、招投标、施工管理，一直到竣工验收和交付使用。

华东建筑设计研究总院第二建筑设计事业部总建筑师党杰的演讲题目为"国内院执行建筑师项目的实践"。他曾经以执行建筑师（EA）的身份完成了上海太平桥126地块项目设计和建设。他从一个国内设计师的角度，介绍了执行建筑师的职责和工作方式。他认为虽然过程很辛苦，周期很长，但从经验教训中获得了很多知识和体会，锻炼培养了人才，提高了建筑设计的完成度，保证了整个建筑的设计品质，同时又有效地控制了整个项目的成本。总体来看，这套以香港商业地产开发总结出的一整套管理服务模式，在实践中得到了很好的印证和回报，为国内商业开发提供了一个高质、高效、高端的设计、建设的管理模式，对于国内的开发商和设计公司有很好的借鉴意义。

在与嘉宾对话的讨论环节，就如何在工程项目前期管理中规避将来可能出现的问题、招标图与合约图、建筑师负责制的工作内容与收费情况、工程项目的造价控制等问题，与会的专家、学者与演讲嘉宾展开了讨论，现场气氛热烈。

工程项目离不开投资，投资离不开造价管理。在项目投资多元化，提倡全过程造价管理的今天，造价工程师的作用和地位日趋重要，而建筑师在其中也扮演了愈来愈重要的角色。通过国内外专家、学者、资深人士等的经验分享，以及与专家场内外的交流，大家对中外资项目全过程造价管理的异同有了较为全面的了解，对于国际工程全过程造价管理的实施有了更深入的认识，对于建筑师负责制也有了更加直观的体验。整个活动得到了大家的积极参与，也取得了较好的效果。

现代设计集团动态
Xian Dai Architectural (Group) Co., Ltd News

上海院设计修缮的四行仓库抗战纪念馆开馆

8月13日上午，上海市"八·一三"淞沪会战纪念暨抗日战争胜利70周年主题活动在四行仓库抗战纪念地举行。上海市委书记韩正、市长杨雄、市委常委屠光绍、艾宝俊、沈晓明、董云虎、侯凯、姜平、沙海林、尹弘和市人大、市政府、市政协负责同志，驻沪部队领导出席仪式。仪式由市委副书记应勇主持。参加活动的还有抗战老兵、抗战将士遗属代表，国际友人，台湾地区嘉宾以及社会各界代表。四行仓库抗战纪念馆是上海唯一的战争遗址类爱国主义教育基地。作为修缮工程的主设计方，现代设计集团党委书记、董事长秦云，上海院党委书记、董事长张伟国，资深总建筑师唐玉恩等受邀参加纪念活动。

国之重器重磅登场——全球生命科学领域首个综合性大科学装置通过国家验收

由现代设计集团华东总院原创设计的全球生命科学领域首个综合性的大科学装置——国家蛋白质科学研究（上海）设施于7月28日通过国家验收。

蛋白质科学研究（上海）设施是与"上海光源"工程有对等重要意义的国家重大科技基础设施。中科院以上海光源和蛋白质科学研究（上海）设施为核心组建上海综合科学中心。设施的建成，为上海率先建成世界级蛋白质科学中心和建设张江综合性国家科学中心奠定了良好基础。

全球生命科学领域首个综合性的大科学装置——国家蛋白质科学研究（上海）设施通过国家验收，标志着探索生命奥秘的"国之重器"正式"重磅登场"，这将为上海建设具有全球影响力的科创中心提供有力支撑。

现代设计集团借壳上市基本完成

9月1日，棱光实业2015年第一次临时股东大会召开。经表决，占出席会议有效表决权的比例99.9885%的股东通过了《关于变更公司名称的提案》，同意将上市公司名称"上海棱光实业股份有限公司"变更为"华东建筑集团股份有限公司"，名称以工商部门最终核准为准。

在股东大会召开前，现代设计集团已成为棱光实业的第一大股东，同时，集团上市平台（华东建筑设计研究院有限公司）也已成为棱光实业100%控股的全资子公司，这标志着集团借壳棱光实业上市实施方案前两步即股份无偿划转和华东院股权交割置入上市公司工作已经完成。自9月1日起，现代设计集团借壳上市基本完成。

沪上建筑业七家龙头企业组建上海建筑工业化产业技术创新联盟

7月28日上午，第一届上海地区建筑工业化产业创新学术论坛在现代建筑设计大厦举行。现代设计集团、上海地产（集团）有限公司、上海建工集团股份有限公司、上海城建（集团）公司、上海市建筑科学研究院（集团）有限公司、同济大学和中国建筑第八工程局有限公司七家沪上建筑业龙头单位共同发起成立了上海建筑工业化产业技术创新联盟。现代设计集团担任联盟第一届理事会单位。联盟致力于共同开展建筑工业化项目的研究、设计、生产制作、施工装配等的相互合作，发挥知名高校和建筑行业领军企业的作用，通过有效融合行业资源，打通设计、制造、施工、装修一体化产业链，进一步提高建筑工业化的生产效率和装配式建筑的质量和水平。上海建筑工业化产业技术创新联盟的成立，将成为推进建筑工业成为建筑行业创新转型的重要抓手，从建造模式和完善产业链角度大力推进上海地区的建筑工业化工作。论坛开幕仪式上，市政府秘书长黄融出席并致辞。市国资委副主任林益彬、市建管委副主任裘晓共同为"上海建筑工业化产业技术创新联盟"揭牌。

营造城市文化的载体
Young Bird 集团公开课圆满落幕

7月28日下午，Young Bird 集团公开课顺利举办，该活动由 domus 杂志主办，集团市场部承办。

整场公开课围绕"营造城市文化的载体"主题演讲展开，集团副总裁沈立东全面展示了集团的优势资源与设计实力，并以建筑的文化性、时代性和地域性三个特征为方向为在场观众介绍了13个公共文化建筑的案例。

城市公共文化建筑是每个城市的精神凝聚地，公共文化建筑设计的好与坏，会由外而内地对城市产生巨大影响。在上海，约有70%的公共文化建筑是由集团设计完成的。集团积累了大量的文化建筑的设计经验，在此基础上，不断地研究与创新，为城市的文化营造更多更好的精神容器。

瑞金医院肿瘤（质子）中心通过国家绿色三星评审

由现代设计集团建筑科创中心承担绿色优化与技术咨询的"上海交通大学医学院附属瑞金医院肿瘤（质子）中心"项目于近日顺利通过国家住建部科技与产业化发展中心组织的绿色建筑三星级认证评审会，并得到评审专家的好评。

集团青年为第三季"穿越上海"活动志愿设计相关标识

近日，上海市著名公益活动"穿越上海"第三季之"向城市陋习SAY NO"——城市公益定向赛圆满落幕。集团团委作为联合主办方之一，负责本次活动的一系列标识设计工作。经集团团委动员安排，华东总院、上海院、都市院、现代建设咨询、现代环境等单位团委具体组织，集团共有14名青年设计师参加了该公益活动的总体LOGO、专用选手T-shirt方案设计及有关背景设计，并提交了35幅作品，受到了主办方普遍好评，并推广了企业品牌。

现代设计集团设计的中国第一高楼封顶

近日，由现代设计集团华东总院承担设计总包的天津117大厦封顶，该项目主塔楼核心筒结构高度596.5m，是中国结构高度第一楼。117大厦是高银中央商务区的核心建筑，中央商务区一期的建筑面积约为84万 m²，是集办公、酒店及精品商业于一体的特大型建筑。

水利部吴淞口课题顺利通过市水务局预验收

由现代设计集团水利院牵头的水利部公益性行业科研专项"吴淞口水势河势及河口形态优化利用研究"，于7月21日顺利通过了上海市水务局组织召开的预验收。吴淞口作为黄浦江连接长江口的口门，位置特殊，影响大而复杂。结合黄浦江建闸吴淞口选址的设想，研究吴淞口能否进行形态优化具有重大理论和实践意义。

现代设计集团承接乒乓球博物馆设计项目

近日，现代设计集团上海院原创中标乒乓球博物馆设计项目。该项目位于上海市局门路黄浦江畔，原为世博会场地。乒乓球博物馆地上三层，地下一层，总建筑面积10 000m²，集展示收藏、教育研究、体验互动、国际交流等功能于一体。该馆是经国际乒联和中国乒协认证的唯一、永久的官方博物馆。

打造绿色公益服务中心

近日，现代建设咨询中标上海市总工会沪东工人文化宫（分部）改扩建项目，项目建设用地20 624m²。改造后的文化宫将容纳职工互助保障会、劳模基地、市民活动中心、职工援助服务中心、职工活动中心、社区服务中心等，成为服务于职工和市民的绿色公益服务中心。

2015 上海城市空间艺术季九月底揭幕

8 月 25 日下午，由上海市城市雕塑委员会主办，上海市规划和国土资源管理局、上海市文化广播影视管理局、上海市徐汇区人民政府共同承办的"2015 上海城市空间艺术季"召开媒体通气会，"城市更新"的主题正式发布，市规土局局长庄少勤、市文广局局长胡劲军、徐汇区副区长徐建等出席了本次会议。

上海市规划和国土资源管理局总工程师俞斯佳介绍，首届艺术季以"城市更新"为主题，以"文化兴市，艺术建城"为理念，将于 9 月开幕，历时 3 个月，旨在打造具有"国际性、公众性、实践性"的城市空间艺术品牌活动，促进上海城市的转型发展。

本届艺术季主要由主题活动、实践案例展示和市民文化活动三大板块内容组成。其中，作为艺术季的重要组成部分，主展览和主论坛将于 9 月 29 日，在徐汇区西岸艺术中心开幕。

格拉斯哥 Red Road Flats 即将全部拆除

建于 20 世纪 60 年代的格拉斯哥 Red Road Flats 高层公寓曾经是欧洲最高的居住建筑，这 8 栋高层公寓原本致力于改进贫民窟生活条件，可容纳 5000 人居住。但是几十年来，遭遇了大量的社会的、建筑结构的问题，以至于在 2012 年和 2013 年不得不爆破拆除了其中 2 栋，而在今年年底也将爆破拆除其余的 6 栋。楼中最后的居民已于今年 2 月搬出，目前爆破倒计时已经开始。爆破之后，格拉斯哥的天际线将会留出空缺，这个地块的后续开发将经过公共咨询后决定。

"重复城市——香港私人开发住宅"展览

7 月 16 日，"重复城市——香港私人开发住宅"展览在香港大学上海学习中心正式开幕，开幕式由策展人 Jason Carlow and Christian Lange 主持。"重复城市——香港私人开发住宅"展览是香港大学建筑学院两位助理教授的研究成果，从香港特别行政区中最大的 100 个私人开发住宅区的位置、尺度和人口入手，选取 10 个人口最多的住宅区，按照开发时间的先后顺序，对区位特征、立面设计、平面布局及户型变化等方面进行了统计、梳理和总结。数据的图解可以从视觉上分辨住宅开发的趋势，又可以清晰地展现这一时期不同程度的重复化和标准化。

"新世代英伦创造：走进赫斯维克工作室"展览东南亚巡展中国站开幕

上海世博会上英国馆的设计者、世界著名的英国

设计师托马斯·赫斯维克（Thomas Heatherwick）在 2015 中英文化交流年里带来他的新展览"新世代英伦创造：走进赫斯维克工作室"（New British Inventors: Inside Heatherwick Studio）东南亚巡展中国站。"新世代英伦创造：走进赫斯维克工作室"展览于 6 月 4 日在北京中央美术学院美术馆开展，7 月 9 日—8 月 8 日巡展至上海当代艺术博物馆。展览由英国皇家艺术学院的凯特·古德温（Kate Goodwin）策展，英国大使馆/总领事馆文化教育处主办，展示相关设计作品以及作品的结构和材料，并探索了其设计过程中的严谨、创新和精益求精。

CRG 孟买船运装载箱摩天大楼概念方案

CRG Architects 设计了孟买船运集装箱摩天大楼概念方案（Containscrapers）。该方案关注为印度孟买提供临时住宅，赢得了竞赛第三名。如果该项目能建成，建筑将使用混凝土结构支撑，提供单人公寓乃至三房住宅等多种户型的选择。该项目布置在人口稠密的达拉维贫民窟，将堆叠 2500 个集装箱，使其能容纳 5000 个市民，建筑高达 400m。

赫尔佐格和德梅隆的"巴黎三角大楼"最终通过市政委员会的表决

赫尔佐格和德梅隆最受争议的项目"三角大楼"最终通过市政委员会的表决，获得审批，即将建立。三角大楼高 180m，虽然批评家诸多声讨，三角大楼即将破土，成为法国首都巴黎第三高的建筑。

从凡尔赛展览宫及其周边环境的尺度上看，三角大楼将在重组交通人流和改变城市空间感知上起到非常重大的作用。而展览公园的建成已经割裂了奥斯曼的十五世纪巴黎城市结构与伊西莱穆利诺和沃旺的社区结构，而是强调了城市周边道路的视觉作用。这个即将建立在凡尔赛展览宫附近的野心勃勃的建筑，标志着这个地区的开放，并修复由沃日拉尔街和欧内斯特·勒南大街。

扎哈·哈迪德对东京奥林匹克体育馆的申辩

最近扎哈·哈迪德建筑事务所公布了一段 23 分钟的视频，陈述了他们的 2020 年东京奥林匹克体育馆的设计方案。由于日本首相安倍晋三公布扎哈的设计被取消，因为自从扎哈赢得竞赛以来其建设成本高昂至 2 420 亿日元。扎哈团队否认承认本飙升的原因在于设计方案，而是归咎于缺乏竞争的日本承包商市场。她解释了该体育馆的理由：

"这是一个非常严肃的团队，包括工程师和建筑师，所有人都跟了这个项目两年，因此这是一个巨大的投资。我认为这是一个非常重要的项目，因为它是奥林匹克的项目，它有着延续的生命力。"

Santiago Calatrava 在得州达拉斯设计桥梁

8 月 22 日，Santiago Calatrava 在得州达拉斯设计的 Margaret McDermott 桥结构建设完成。这座新桥耸立在高速公路上，高约 275 英尺，将每周提高 46 万辆车通行能力，Santiago Calatrava 还在达拉斯设计了 Margaret Hunt 桥。Margaret McDermott 桥是达拉斯蹄铁计划的组成部分，该计划开始于 2013 年 4 月，预计 2017 年完工，旨在使司机获得更安全宽阔的连接市中心的道路。这一桥梁耗资 1.13 亿美元，将添加进达拉斯城市标志性天际线。

MAD 洛杉矶未来城市密度所作的新型住宅研究设计

近日，在洛杉矶 A+D 博物馆展出的"住所：重新思考我们在洛杉矶如何生活"（Shelter: Rethinking How We Live in Los Angeles）展览上，MAD 发布了针对洛杉矶未来城市密度所作的新型住宅研究设计"云端回廊"（Cloud Corridor）。"云端回廊"挑战了传统住宅模式，将密度渐增的城市日常生活转化为居民与自然互动的机会。针对城市密度、垂直花园、社区首层公园再现了马岩松近年实践的"山水城市"设计理念——在建筑里实现人与自然的情感互融。

福斯特事务所与尼桑日产汽车联合设计未来加油站概念方案

福斯特事务所与尼桑日产汽车联合设计未来加油站概念方案有望于本年内揭晓，福斯特建筑师事务所的设计总监 David Nelson 表示，"电动汽车将成为城市景观的主要特征。"到 2020 年为止，会有将近 100 万电动汽车在路上开，尼桑的电动汽车部主管 Jean-Pierre Diernaz 表示："我们目前的加油基础设施是过时的，前途未卜，除非它能迅速适应和满足不断变化的消费者需求，所以必须要一个基础设施来满足这种增长。"因此福斯特建筑师事务所受邀与尼桑日产汽车合作，设计未来的加油站。

日本将建 390m 摩天大楼

近日，三菱房地产有限公司公布，该公司即将建设一座 390m 高的建筑，建成后将是日本最高的建筑物，是东京车站附近重建计划的一部分。该建筑将比大阪市 Abeno Harukas（300m）还要高。三菱房地产有限公司期望新建筑将兼具主要商务区和旅游目的地的核心功能。

Frank Gehry 的"日落大道 8150 号"项目

日前 Frank Gehry 公布了受邀设计的"日落大道 8150 号"（8150 sunset boulevard）综合体项目方案，这个预计投资 3 亿美元的综合体项目共有 5 座独立建筑，围绕着一个公共广场，包含商业和居住等功能，两座塔楼高 11 层和 15 层，共提供 249 套住宅。该项目计划 2016 年底动工建设。

"建筑纪元"2015 上海展圆满闭幕

专注于建筑设计行业的创意展示平台——"建筑纪元"于 7 月 3 日在上海展览中心圆满落幕。在充满乐趣、创新及知识的两天里，近百家展商，数千名专业观众共同见证了"建筑纪元"2015 上海展。

本届"建筑纪元"和"中国办公纪元"会议系列分别就"城市主义 2.0"和"健康办公空间"展开了深入浅出的演讲和热烈的讨论。演讲嘉宾来自知名建筑设计公司及厂商：BDP、凯里森、Arup Associates、贝诺、Skidmore，Owings & Merrill LLP、K.ASSOCIATES/Architects、赫睿建筑设计咨询（上海）有限公司、Make Architects 和独立建筑师——俞挺、诺梵、杭州格度家具设计有限公司等。在小组讨论板块：世界高层建筑与都市人居学会主持了关于高层建筑的精彩讨论，Make Architects、Skidmore，Owings & Merrill LLP、阿特金斯、瑞安房地产参与讨论。

书评 Book Review

"潜"规则——《潜规则:中国历史中的真实游戏》书评
A Review of *Unspoken Rules:The Real Game in China's History*

陈娜 / 文　CHENG Na

作者简介
陈娜,女,《现代设计》主编、书评人

书籍信息:
书名:潜规则:中国历史中的真实游戏(修订版)
作者:吴思
出版社:复旦大学出版社
ISBN: 9787309063660
出版时间: 2009 年 2 月

题记:了解潜规则并非让你去厌世,而是希望让人知道更多懂事的事,让人能够更明朗地活着。

《潜规则》出版于 2001 年,而"潜规则"这个词,正是首次出现于作者吴思笔下。距离这本书第一版出版的时间,已有十五六年了,如今人们对于"潜规则"的理解,恐怕更多是在那些光怪陆离的世界里,为达目的而采取的一些见不得光的手段吧。

《潜规则》的书名全称是《潜规则:中国历史中的真实游戏》,通过讲官吏与百姓的关系、官吏与上级领导的关系、官吏之间的关系等,打开了中国传统历史真实游戏规则的密码。作者以一些历史故事为铺陈的"面",将那些皇帝、诤臣、胥吏、百姓们的所作所为娓娓道来,同时将他们的行为背后隐藏的那只"看不见的手"如"线"一般徐徐引出,这样线面相织,不知不觉中,一套渗透于历史之中的规则就展现在你面前,偏偏这些是你在其他史书或者史料中无法透彻地看到,经过此书的点拨,那些熟悉的历史事件背后的隐秘规则才被勘破,你会恍然大悟:"哦,原来如此……"

《潜规则》这本书试图对社会转型动力模式给出一个非常有效的解释范式,所以读起来能让你更深刻地理解这个世界。"潜规则"的体系很庞大,也很复杂,其影响力也不只是限于个人与利益的赌局,不限于个人道德约束力与社会明令法则的博弈。实际上,与个人博弈并不只是简单的眼前利益,还有"潜规则"长期存在后所编织成的那股力量……违背了"潜规则",并不仅仅是损失一些即将到手的利益,很有可能还会遭到它背后那股可怕力量的报复。整个社会犹如一座运行中的大型机器,作为螺丝的你,只能跟着齿轮——这个"潜规则"转,一旦违拗,就会被剔除出这个机器。

该书写得通俗易懂,读之畅快淋漓,让人痛恨这可恶罪恶的潜规则,也反思潜规则形成的根本原因,揭露真实的历史。最大的亮点是其切入的角度很好,如一把钥匙,抽丝剥茧,开启读史论今的新视角;如一把利刃般爽利地揭开了历史的遮羞布,冲击着读者既有的思维结构。当然,潜规则永远都是"潜"规则,并非是历史的全部。它或许只是规则的某种延伸和变异,甚至可以说是对规则的有益补充,但并不能作为人生的指导。毕竟,书中那些"淘汰清官"如海瑞、张居正,他们的人生是否成功,并不能简单地用荣辱是非来评价。在不同的目光下,世界将呈现出不同的形相。你可以潜进规则,但不要忘了浮出来换气。

对建筑设计的人类学思考
——关于《宅形与文化》
Anthropological Thinking on Architectural Design: A Review of *House Form and Culture*

王骁 / 文　WANG Xiao

作者简介
王骁,男,北京市建筑设计研究院建筑师,硕士

书籍信息:
书名:宅形与文化
作者:[美]阿摩斯·拉普卜特
出版社:中国建筑工业出版社
ISBN:9787112092758
出版时间: 2007 年 7 月

1.《宅形与文化》简述

《宅形与文化》是美国当代著名的建筑学教授和理论家拉普卜特在 20 世纪完成的。作者将人类学和文化地理学的角度引入建筑学领域当中,通过大量实例,分析了世界各地住宅形态的特征与成因,提出了人类关于宅形选择的命题。著者希望强调文化对于住宅乃至其它类型建筑的重要作用。

2. 悬于生活的建筑师

当代建筑一个重要的问题便是生活的缺失,尤其在当下的中国语境中,大部分建筑师们仍然在批量地生产一些功能主义或形式主义的产品。而从更大的尺度上看,建筑师这种草率的行为正在摧毁中国的都市环境。而这一问题归根溯源则是当代建筑师脱离于生活。建筑师与社会生活分离的现象在建筑师成为独立职业之时便已出现,而这是从阿尔伯蒂将几何秩序引入建筑中开始,建筑学中使其区别于工匠的部分就是其中形而上的部分。在今后长时间的发展过程中,建筑学中形而上的部分被不断加强,通过寻求艺术理论和哲学的支持,发展到当代,参数化和图解等抽象化设计工具被极致运用、演绎,建筑学科的自主性和建筑师的专业性。不断增强,建筑师越来越有别于工匠,当代建筑师与大众生活乃至建造活动也日益脱离。

建筑类型越来越多,对建筑师的依赖也就越大。而建筑师也逐渐以社会精英自居,在心理上与大众生活拉开距离。而匠人逐渐降为单纯的施工建造人员。而建筑师在评价建筑时也不自觉地将其分为两类,即作者在书中提到的风土建筑与风雅建筑(或高级建筑与低级建筑)。如果夸张一点,没有所谓建筑师参与的建筑甚至不能称其为建筑。使得很多建筑师只关注所谓的大师作品、风雅建筑而对身边的"草根"建筑的关注则少之又少。

3. 传统与文化

传统与文化一直是建筑师探讨的问题。但建筑师很少对传统进行思考并贯彻到实践中。

拉普卜特在书中提出"传统作为调适社会的作用在我们的文化里已经消失了。"他列举了主要原因:大量建筑类型的出现,缺乏共有的价值体系和世界观,道德秩序为技术秩序所取代,当代的文化崇尚创新,而且是为新而新。这些解释也适用于今天中国,在经历对传统的彻底打破与否定之后,重拾传统并不容易。

文化是本书讨论的主要议题。在论据上,作者选择的都是原始住宅或者风土住宅。在这些案例中,宗教、文化或传统习俗都起着极重要甚至是决定性的作用。随着社会的发展,经济、技术等因素的地位在近些年中的地位得到巨大的提升,那么文化的决定作用是否依旧呢?

在全球化进程中,地域性逐渐消失,各地的生活方式与价值观趋同,民间艺术衰落,在建筑设计中,文化之于形式的这种影响力似乎被削弱。

4. 关于选择,关于设计

拉普卜特在否定物质决定论时使用的逻辑是,通过这些物质因素只是限制了选择的可能性;在第三章论证文化之于宅形的重要性时,其重要的论据也是文化的否定性作用及限制选择范围方面的作用——"文化总是在明里暗里阻止着种种'不可为'的发生,而非让事情顺其自然。"这使笔者在阅读时觉得作者在论证方法上有自相矛盾之处。也是笔者质疑作者所提出的"文化决定论"观点的原因。

笔者倾向于将建筑设计过程看作一系列的选择过程。建筑设计不同于艺术创作,不止无关乎创意。建筑设计是,通过一些列因素的过滤、选择,逐渐使头脑中模糊的想法具体化为实际的建筑。这一系列因素包括:气候、场地、材料、文化和建造。在抽象具象化的过程中,文化是在前面各因素被过滤后才开始起作用的,因此会对建筑形式产生较大的影响。这些因素本身有着强制性大小的区别。各要素之间并无重要性之别,只是在起过滤的顺序上有一定的先后之别。这种观点在《文化特性与建筑设计》中也有论述,即"选择模式"。

但是偏废其中的任何一种因素都不是对待设计结果应持的态度。很多当代建筑问题源于对这些物质因素的忽视而导致对选择形式和设计的可能性被扩大了:

对气候的忽视。当代建筑物理与设备的发展带来了人们绝缘于气候的幻象,使得人们在设计时不考虑气候因素,完全靠设备来调节,但结果是耗能虽大,但依然很难达到舒适的室内环境,远不及风土建筑来得舒服。

地域材料的消失。由于交通运输的发展,使得地理距离的限制越来越小,可以用到各种各样的材料,而当代结构技术的发展也极大增加了选择和使用材料得灵活度,在这种表面的自由度下,建筑师们又忽略了对材料的考虑,单纯从美学角度选择与运用材料。

建造过程的抽象化。不少建筑师都是通过施工图的绘制来学习建筑施工与构造,很少愿意深入到脏乱的施工现场向工人们学习,进一步自以为是地忽略了这一选择环节。

传统的失语。由于历史原因,对传统的完全打破也给了人们文化上的极大自由。面对国际上的各种思潮和风格,中国的建筑师们既兴奋又不知所措,只能在形式上不停跟风。

所有上述的种种对物质因素进行选择这一环节的忽视,导致了最终的形式只能求助于各种风格。因此建筑设计应讲求各选择要素的均衡。

图书在版编目（CIP）数据

世博回望：聚焦上海后世博开发/上海现代建筑设
计（集团）有限公司主编.-- 上海：同济大学出版社，
2015.11
（H+A华建筑. 第2辑）
ISBN 978-7-5608-6076-3

Ⅰ.①世… Ⅱ.①上… Ⅲ.①博览会－展览馆－改建
－建筑设计－上海市 Ⅳ.①TU242.5

中国版本图书馆CIP数据核字(2015)第270703号

策　　划　《时代建筑》图书工作室
　　　　　　徐　洁

编　　辑　高　静　　丁晓莉　　杨聪婷　　罗之颖

校　　译　陈　淳　　周希冉　　杨聪婷

书　　名　世博回望：聚焦上海后世博开发
主　　编　上海现代建筑设计（集团）有限公司
出 品 人　支文军
责任编辑　由爱华　　　责任校对　徐春莲　　装帧设计　杨　勇

出版发行　同济大学出版社 www.tongjipress.com.cn
　　　　　　（上海四平路1239号　邮编 200092　电话021-65985622）
经　　销　全国各地新华书店
印　　刷　上海双宁印刷有限公司
开　　本　787mm x1092mm　1/16
印　　张　13
字　　数　686 000
版　　次　2015年11月第1版　　2015年11月第1次印刷
书　　号　ISBN 978-7-5608-6076-3
定　　价　68.00元

向迪士尼公司学习，将主题公园的文化与旅游、休闲、娱乐等合为一体，打造全新的商业场所。

城市的历史是一座城市的生命源泉。城市历史传统文脉的延续，是城市历史记忆的沉淀，是城市空间肌理、建筑形态的保护，是城市生活的延续。这样的城市建筑保护、利用是城市的再生，可以是一幢建筑、一个旧街区、一个历史片区、一座城市。城市的再生就是尊重历史，延续物质与非物质文化遗产的生命。

上海院在历史建筑保护和再利用方面有多年的实践与研究的积累，形成了完整的方法体系。在外滩历史文化保护街区进行历史建筑保护、修缮工作，完成了和平饭店与外滩2号（华尔道夫酒店）项目，工程还原了建筑形态、空间、结构、室内细节、纹饰大样、家具陈设等，从材料工艺和细节上再现了建筑的辉煌，重塑了上海的经典。这次的四行仓库项目，定格在中国抗日战争的重要一刻，呈现中国人民不屈的精神和上海这座城市的抗争。

中国社会城市的转型在路上，需要我们关注城市发展，更多地参与城市研究和实践中，上海院已积累了经验与项目，引领行业的发展趋势，希望设计服务能让我们的城市更美好。

城市空间的综合开发和利用
Comprehensive Development and Utilization of Urban Space

李定，张路西 / 文

超大型集群开发公共建筑的总控设计
Overall design of super large public building cluster

近年来，我国大城市以及中小城市新区建设过程中，正在逐渐形成"总体规划—区域城市设计—控制性详细规划—单体建设"操作程序，由此形成的区域开发，改变了以往建筑单体各自为政、城市无序扩张的状况。随着城市规模不断扩张，建设项目规模大型化，功能复合化，逐步衍化出多子项、多业主、多设计单位共同工作的复杂形势，由此形成集群建筑一体化开发新模式。

集群建筑项目规模巨大，关系复杂，给设计、审批、建设、管理工作都带来了新的挑战。在项目推进过程中，一方面要将控规提出的各项要求落实落地，寻找规划理念与单体项目需求共赢的策略；另一方面由于控规的超前性和局限性，往往难以满足消防、交通、绿化等各政府主管部门的各项常规要求，需要总体考虑综合平衡；同时还要协调解决各单项间的对接、配合问题。因此必须由一家独立的总控单位，完成项目各项总体控制、协调工作，并为边界问题提供合理的总控设计方案。为迎接这项挑战，上海院建筑一院自2011年建立总控设计团队，经过四年多的探索和实践，先后完成世博A片区（部分地块）、世博B片区央企总部基地项目的总控设计、协调工作，并正在全力推进徐汇滨江西岸传媒港项目总控各项设计工作。

1.世博B片区央企总部基地项目

世博 B 片区央企总部是世博后续开发的第一个片区，总建筑面积约 100 万 m²，整个片区将建设成为环境宜人、交通便捷、低碳环保、富有活力的知名企业总部聚集区和国际一流的商务街区。

针对该项目基地紧凑、建筑密度高、时间紧、子项多、业主多、设计条件复杂等问题，设计从总体格局出发深入设计，从单体细节入手积极协调。它的总控设计策略是：空间共享、设施共享、资源共享；空间连续，红线边界平滑衔接；公共服务空间片区共享；跨红线设施共同设计；统一施工；大物业管理。

目前，世博 B 片区的央企总部基地项目的一体化地下空间已经全部完工，成为黄浦江边上一个"超级地下工程"，大部分也已经完成结构封顶。整个央企总部集聚区将形成小街坊、高密度、低高度、紧凑型的布局模式，创造尺度宜人的街坊空间。

9

2.徐汇滨江西岸传媒港项目

　　与世博 B 片区隔江相望的徐汇滨江西岸传媒港项目是上海"十二五"期间六大功能区中的徐汇滨江地区开发建设的重要先导项目。项目以文化传媒和信息通信产业为核心，将打造成集文化传媒产业聚集区、复合型商务社区、滨水休闲活动区于一体的立体化新城市空间，占地约 19hm²，总建筑面积超 100 万 m²。

　　由于基地紧凑、建筑密度高、时间紧、子项多、业主多、设计条件复杂等问题，西岸传媒港项目继续秉持"统一规划、统一设计、统一建设、统一管理"的原则，从总体格局出发深入设计，采取了从单体细节入手积极协调的工作设计方式。由于本项目地下工程与平台工程为西岸集团开发，地上各单体单独开发，与世博 B 片区地上地下按单体整体开发的模式不同，因此需要针对各个单项间产权界面、设计界面、施工界面和运营管理界面做严格的切分，以便各单项明确自己在项目整体中的责任范围和工作范围。

　　区别于世博 B 片区的单地块开发模式，为了积极推进九地块大区域地下室的整体性并先行施工，同时又尽量与地上各单体设计保持最大可对接性，总控团队在先期以控规为依据，以设计指标最不利情况为前提，进行总体设计方案试做，进而完成总体设计导则、地下空间的方案及初步设计，从而确保了后续集群建设效果，便于指导地上单项设计建设过程中对控规的落实。

　　由于西岸传媒港项目地下空间独立立项，地上地下产权、设计、施工、管理分离，导致早期启动的一些地上单项设计在设计和报审过程中难以有效推进，而总控的加入与协调将成为问题的最佳解决途径。

3.小结

　　除了"世博 B 片区央企总部基地"项目和"徐汇滨江西岸传媒港"项目，上海院还参与了上港十四区、徐汇滨江商务区等项目，这些超大型集群开发公共建筑无论从占地、建筑面积还是从建筑功能、各方协调的复杂性上来说，都超出了常规的建筑范畴，这种整体开发模式可以充分发挥城市土地资源的潜力，为节约城市资源、塑造区域形象、打造宜人的公共环境、创造连续的公共空间提供了有利条件。但是同一地块内存在地上地下空间相互牵连，地上空间分地块设计建设进度协调复杂，以红线为界的产权、设计、管理界面接口多、复杂程度高等问题，在这种大型集群建筑一体化开发背景下，由总控单位来完成项目各项总体控制、协调工作，并根据不同的开发模式采取灵活的总控设计策略，对于高效率、高质量的完成项目起到至关重要的作用。

9.徐汇滨江西岸传媒港
10. 上港十四区
11.12.徐汇滨江商务区（合作设计单位：KPF建筑设计事务所（方案设计））

城市的休闲娱乐功能
Recreation& Entertainment Functions of City

关欣/文

向迪士尼学习，创造我国新的城市休闲游乐综合体
Learn from Disney to Create a New Urban Recreation & Entertainment Complex in China

随着我国国民收入的不断提高，在衣食住行得到基本满足后，旅游度假成为新趋势。因此，符合广大公众的城市休闲游乐综合体正逐渐受到欢迎。游乐性主题公园，即主题乐园就是城市休闲游乐综合体的典型形式，也是最具吸引力的城市休闲游乐综合体，完全迎合了当今公众的需求。目前，我国大量主题乐园建设方兴未艾，成为各方竞相开发的建设热点。

上海迪士尼乐园就是众多主题乐园中最引人瞩目的佼佼者。上海迪士尼乐园作为我国内地第一个具有世界先进水平的一流品牌主题乐园，为中国主题乐园的发展提供了一个具有划时代意义的里程碑样板。她的成功不但是迪士尼集团的成功，也凝聚了所有中外参与者集体心血和智慧的结晶，更是上海智造的贡献。

1.不断创新，永不完工

在刚接触迪士尼项目时，所有参与者都被告知，

"迪士尼乐园是永远不完工的"。迪士尼乐园的主旨是为所有家庭创造"快乐"。为了吸引游客，乐园永远会创造新项目，保持新鲜感。

创意是主题乐园项目众多专业的首领，是主题乐园的源头。主题创意优先是整个迪士尼乐园的基础，也是迪士尼集团的强项和优势。上海迪士尼有着世界最高的迪士尼城堡，这是创新。但是，未来聚集所有"迪士尼公主"在城堡中的集体亮相，更是可以预见并值得期待的创新。上海迪士尼乐园的创新，不只是迪士尼集团的创新，更是中外所有参与者的集体创新。主题创意有创新，总体规划有创新，游乐项目有创新，建筑设计有创新，设计管理也有创新，建设及其监理更有创新，法律法规和政府管理也少不了创新。

2. 重视运营，以人为本

以人为本，就是游客至上，一切以游客感受为目

1. 上海梦中心B地块
2.3. 上海国际旅游度假区
4. 上海海昌极地海洋公园

5. 中弘济南鹊山新奇世界主题乐园
6.7. 海南三亚海棠湾亚特兰蒂斯酒店及主题乐园

标。为此迪士尼的所有设计从总体规划到装饰细部均为运营服务作了周密考虑。除了游乐项目全面关注游客体验外，餐饮、购物更是无微不至、无所不周。乐园还为儿童和老人提供各种辅助服务，并全面安排了无障碍设计和家庭卫生间，还为演职人员和残障员工配设专门卫生间。为了预防万一，迪士尼乐园还在全园各处配置了心脏除颤器。创意为乐园的源泉，运营是乐园的目标，运营专业在迪士尼拥有绝对的否决权。

3.尊重科学，合法合规

上海迪士尼乐园落地上海的最大挑战是法律法规和规范标准。完整的主题乐园在我国还是个新鲜玩意，无现成的规范可依，大量的创意设计与现行法律法规存在或多或少的冲突和矛盾。

在乐园规划和设计过程中，各方尊重中国规范和法律，广泛运用各行各业的专家资源，汲取中外专家的意见和建议，创造了大量既符合迪士尼乐园要求又切合我国国情的设计方法和设计标准，如"主题乐园设计人流量计算方法"、"主题乐园建/构筑物分类设计法"、"大型主题乐园建/构筑物防火设计指南"、"上海迪士尼主题乐园项目游艺类开口建筑节能设计导则"和"上海迪士尼主题乐园项目绿色建筑设计导则"等，为上海迪士尼乐园合法合规的建成奠定了基础。

4.追求卓越，尽善尽美

为了完美的细节，迪士尼与国内所有主题乐园建设单位不同，将室内外装修装饰设计包括主题包装设计委托给专业设计院独立完成，并由专门的设计师监督施工和验收成果。这样，设计和验收可以不受建造成本影响和施工工艺干扰，完整地体现主题原创的细节效果和艺术意境，避免了主题包装设计施工一家承担，既当运动员（施工）又当裁判员（设计），权责混乱，效果丧失。为了涂料效果，迪士尼提前3~5年就开始用不同的涂料，以不同配比试验和检验开园时的效果，为最终实施建造积累最佳数据。由此可见，迪士尼乐园在细节上费尽心思，极尽"奢侈"，尽显完美，只为卓越，无与伦比。

5. 小结

迪士尼乐园有许多独到之处，有些是它几十年的积累，我们一时半会无法追比。但是，上述经验完全值得我们借鉴和学习，在主题乐园的设计和建设中为我所用。要创造一个让公众喜闻乐见的城市休闲游乐综合体，向迪士尼学习是必不可少的。

邹勋/文

记得住历史，留得住乡愁
History Remembered, Nostalgia Remains

1~7. 四行仓库修缮工程

上海是一座文化积淀深厚、人文遗产丰富的城市，从老县城、嘉定老城、松江老城的江南传统城镇，到开埠后以外滩、法租界为代表的近代西式城区，这些建筑遗产构成了上海独特的城市形态。上海又是一座快速发展的国际化大都市，我们所在的这片土地为两千万市民提供了赖以生存、发展的城市空间，上海的这些建筑遗产并未远离人们日常生活，仍然作为城市生活当中的重要建筑物而存在。对这些建筑遗产来说，在秉承"真实性"、"可逆性"、"可识别性"的基础上，协调好保护与利用的关系是有序传承这些建筑遗产的关键。做到谨慎保护、合理利用，让这些建筑遗产有尊严地走向未来。

上海院长期以来专注于建筑遗产保护领域，在陈植老院长、章明总建筑师、唐玉恩总建筑师等前辈专家的引领下，完成了上海城市历史传承中的一系列标志性设计项目。这些项目涵盖各类建筑遗产类型，如传统木构与园林建筑、近代西式公共建筑、传统里弄建筑、近现代工业建筑等。经过了整整一个甲子的积淀与发展，上海院的建筑遗产保护设计历程与国家、城市发展的各个时期紧紧联系在一起，留下了骄人的篇章。

近年来，随着上海城市发展进程，建筑遗产保护与再利用在城市发展中日益重要。为此，上海院应时而动，成立了以"城市文化建筑设计研究中心"为主的专项设计团队，在中国设计大师唐玉恩女士领衔下，完成了"外滩和平饭店北楼"、"外滩华尔道夫酒店"、"上海青年会大厦"、"四行仓库抗战纪念地"等一系列重要的建筑遗产保护与再利用设计，成为上海市建筑遗产保护设计领域的中坚力量。

除了列入各级保护名录的近现代建筑遗产外，上海的中心城区内还有着建于 20 世纪 80 年代至 90 年代的既有建筑。这些改革开放初期兴建的建筑用物质的方式记录了我们发展史上的一段独特时期，经济投入较少，空间和用材标准较低，已渐渐不满足现在人们的使用需求。存在着平面布局不尽合理、结构不满足抗震设防需求、设备设施老化、外立面形象有待提升等问题。在可持续化发展、绿色城市等城市发展思路的引领下，如何最小代价地对这些建筑进行改造与更新，已然成为城市发展的重大课题。上海院为此也开展了一些科研和项目探索，希望能为上海市新一轮的"创新驱动、转型发展"提供更多助力。

"记得住历史，留得住乡愁"，我们深爱这座城市，让我们一同为上海良性有序的可持续发展贡献力量。

6

7

8.9. 上海东风饭店保护与利用（合作设计单位：HBA联合酒店顾问有限公司（室内装饰设计））

10~12. 和平饭店保护与扩建（合作设计单位：HBA联合酒店顾问有限公司（室内装饰设计））

城市人口老龄化的解决策略
Solution for Urban Population Aging

唐茜嵘/文

创造健康美好的银龄生活
Create a Healthier and Better Life for the Elders

城市是人类生活、工作的主要集合空间，记录着文化的发展和文明的演变。现代的城市随着发展不断扩张，人口不断向城市集中。随着中国步入老龄化社会，现有的社会养老体系尚不完善，无法满足老年人追求高品质的生活需求，同时也障碍了城市的发展。

近年养老已逐渐成为社会关注的焦点，我们将迎来养老建筑的建设热潮，期间养老市场将创造出新一轮的创新及变革。发展带来新视点，新理念及多元化选择的同时，也形成了新的困惑与挑战，而设计师在此过程中将承担重要的角色。

目前是养老产业逐渐形成的初期，国外的养老模式也存在落地"水土不服"的现象。上海院利用原有的医疗建筑经验，结合现代城市建设的发展趋势，从绿色可持续、适老宜居、改造创新等多维度探究如何创建适合健康银龄生活的设施和空间。

1.适老性

设计要从老年人的需求及体验出发。适老设计，首先需要充分了解老人生理特征的变化，从感官能力衰退，到神经、运动等身体机能逐渐退化引发的通行

障碍、使用障碍、信息交流障碍等，在流线设计、功能使用及细部设计中满足其使用安全性、便捷性及舒适性的要求；其次从老人心理特征出发，关注其对邻里交往和归属的需求，了解老人怕孤独、喜交流的特点。即使有些老年人需要他人辅助生活，仍然要考虑其对私密性和尊严的诉求。只有充分了解老人生理特点和行为特征，了解运营管理的要求和老年护理的特点，才能从全方位创造适合老人需要的设计。

2.多样化

老人的生活方式可划分为居家自理、居家护理、入院护理三大类。对应于养老设施的建设也可分为三大部分，分别为适老化住宅、社区服务系统建设和养老机构。由于老年人年龄跨度大，身体情况、文化水平、生活习惯、个人爱好等均存在差异化，因此需求完全不同，需要细分养老市场，满足多样性需求，建立多元化养老设施类型。医养结合、康养结合、全龄社区、复合型社区、可持续护理社区（CCRC）等多类型养老模式给老人提供多种选择。其中居家养老与社区养老是主流模式。此外旅游养老、生态养老和

1～3. 上海众仁乐园

文化养老也可以为老人提供更多的选择，从全新的视点创造丰富的养老选择。

3.可持续性

适老设施及空间需要关注养老的全过程，适应老年人家庭结构、自理能力的变化，设计应具可持续性及灵活可变，满足老年家庭结构的变化、老年人与子女家庭空间的变化，以及不同年龄段的老年人对养老社区设施，住宅的居室空间的不同需求。居住者可在全生命周期中，不离开原有住宅社区的情况下，通过部分或全部的改造持续使用，满足各阶段养老的要求。老年建筑项目也需要考虑绿色节能及降低能耗，研究及尝试在未来大量兴建的中低端以及老年经济适用住宅中实现低能耗、可持续的绿色建筑。

4.适老改造

我国养老体系建设规划中确立"居家为基础，社区为依托，机构为支撑"的养老服务体系，即"9037"。中国老年人不愿离开自己长期熟悉的家庭和社区环境，居住在自己家容易保持与家庭成员和社区邻居最

密切的联系。新建适老化住区在一定阶段内很难满足大多数无法离开或不愿离开生活了多年环境的老人，因此旧小区的适老化改造和新建适老化住区同等重要。对现有住区设施、空间环境及家庭住宅内进行适老化改造，将是满足居家养老，延长老人的自理时间，提升养老生活品质的首选之一。

5.文化与创新

中国地域广阔，民族众多。各地区文化和生活方式均呈现多元化特点，如何尊重历史文化特点和人们的传统生活方式，生活习惯也是养老建筑需要考虑的重要因素。另一方面，时代在发展，科技在进步，当今人们也越来越注重健康和幸福的综合体验。人在变，建筑也在变。建筑有时不仅是居住、使用的空间，还创造了生活的模式。随着养老产业的不断发展，需要设计师，运营管理者的不断创新思考及尝试，从理念、服务、模式到设施全方位开拓，为老年人创造更美好的银龄生活。

H+A 华建筑 别册
HUA ARCHITECTURE

aISA architecture 上海院
Innovation Superior Associate
INSTITUTE OF SHANGHAI ARCHITECTURAL DESIGN&RESEARCH(CO.,LTD.)

现代设计集团
上海建筑设计研究院有限公司
地址: 上海市石门二路258号
电话: 021-62464308
网址: www.isaarchitecture.com

ISBN 978-7-5608-6076-3

9 787560 860763 >
定价: 68.00元